华北水利水电大学高层次人才科研启动项目资助

U0735701

山水城市 视野下

秦岭北麓（西安段）

适应性保护模式及规划策略研究

肖哲涛 和红星/著

中国水利水电出版社
www.waterpub.com.cn

内　容　提　要

　　本书主要从山水城市的视角出发，对秦岭北麓（西安段）适应性保护模式及规划策略进行了研究，通过分析秦岭北麓（西安段）的生态环境的具体状况，提出了相应的保护模式与规划策略。全书理论与实践结合紧密，逻辑清晰，具有一定的现实指导作用。

图书在版编目（ＣＩＰ）数据

山水城市视野下秦岭北麓（西安段）适应性保护模式及规划策略研究 / 肖哲涛，和红星著. -- 北京 ： 中国水利水电出版社，2014.7（2022.9重印）
ISBN 978-7-5170-2278-7

Ⅰ．①山… Ⅱ．①肖… ②和… Ⅲ．①秦岭－生态环境－环境保护－研究－西安市 Ⅳ．①X321.241.1

中国版本图书馆CIP数据核字(2014)第156189号

策划编辑：杨庆川　　责任编辑：杨元泓　　封面设计：马静静

书　　名	山水城市视野下秦岭北麓（西安段）适应性保护模式及规划策略研究	
作　　者	肖哲涛　和红星　著	
出版发行	中国水利水电出版社	
	（北京市海淀区玉渊潭南路 1 号 D 座 100038）	
	网址：www. waterpub. com. cn	
	E-mail：mchannel@263. net（万水）	
	sales@mwr.gov.cn	
	电话：(010) 68545888（营销中心）、82562819 （万水）	
经　　售	北京科水图书销售有限公司	
	电话：(010) 63202643、68545874	
	全国各地新华书店和相关出版物销售网点	
排　　版	北京鑫海胜蓝数码科技有限公司	
印　　刷	天津光之彩印刷有限公司	
规　　格	170mm×240mm　16 开本　17.25 印张　309 千字	
版　　次	2015年4月第1版　2022年9月第2次印刷	
印　　数	3001-4001册	
定　　价	52.00 元	

前　言

　　秦岭北麓(西安段)位于秦岭分水岭至关中平原南缘之间,具有重要的生态功能,是关中地区的生态屏障和水源涵养地。秦岭北麓(西安段)生物、矿产、旅游等资源丰富,为西安乃至陕西的发展提供了巨大的资源依托。但多年来,由于重开发轻保护,导致该区的植被退化,河谷断流,环境污染,水土流失加剧,生态危机四起。随着西安城市的发展,秦岭北麓(西安段)已经纳入到大西安的建设体系之中,到处可见建设开发的痕迹。然而,无序的开发建设活动已经对秦岭的生态环境和可持续发展造成了威胁! 因此,从城市规划的角度研究秦岭北麓(西安段)的保护利用,具有十分重要的理论和现实意义。

　　本书主要是在山水城市视野下研究秦岭北麓的保护利用问题。首先,分析了山水城市理论背景以及其发展演变过程,揭示了山水城市理论对于保护利用秦岭北麓的启示;然后讨论了山水城市空间建构的影响因素和基本内容,以及山水城市空间建构与生态环境适应性保护利用的相互关系;进而阐述了在山水城市视野下秦岭北麓有关生态环境保护及适度利用的理论问题。从系统论角度分析了秦岭北麓生态环境保护利用的现状问题,然后对其中的深层次原因进行了剖析,进而梳理了秦岭北麓的具体法律基础和各个层面的规划要求,以及秦岭北麓生态环境保护利用的发展定位,提出了秦岭北麓生态环境保护和适度利用的发展诉求。

　　其次,本书构建了秦岭北麓生态环境适应性保护模式体系。从适应性保护的理念出发,结合适应性保护的评价模型,提出了相互关联的区域整合、结构形态的类型保存和空间修复与功能协调三个适应性保护模式,并从建立激励机制、完善法律保障和管理保障机制、建立多元经济保障机制和强化公众参与角度构建了适应性保护的政策及管控措施。

　　秦岭北麓的保护和利用是始终并存的。本书研究了秦岭北麓生态环境适度利用的规划策略体系。通过对秦岭北麓适度利用评价和适度利用理念的分析,从多方参与、多元投资的适度利用政策引导出发,提出了秦岭北麓适度利用规划的技术手段,进而对秦岭北麓适度利用规划的管理措施进行了分析研究。同时,对秦岭北麓的新农村建设、建筑风格和品牌营建等典型问题的适应性也做了探讨。

最后，通过秦岭北麓空间保护利用规划实践对秦岭北麓适应性保护模式和规划策略加以解释说明。

本书选题并非偶然心血来潮得之，始于作者的导师和红星教授。2011年5月和导师受命于西安市政府，着手筹建并管理领导西安市秦岭生态环境保护管理委员会办公室（书中简称"西安市秦岭办"）。随着导师工作重心的转移（从西安市城市规划管理转移到秦岭西安段的规划管理），作者和同门师兄弟也有幸追随导师参与了与秦岭西安段生态环境保护有关的研究课题，故才有"秦岭北麓适应性保护模式及规划策略研究"的选题，它是秦岭生态环境保护与适度利用系列课题的一个子项。本书第五章的第5.5节、第六章的第6.4节和第七章的第7.3节由西安建筑科技大学和红星教授编写，其余部分均由华北水利水电大学肖哲涛编写。

目　录

图表目录

1. 导论

　　秦岭是我国自然地理要素和人文环境的南北天然分界线,是我国东西过渡、衔接和转变的中心地带,是不可再造的生物资源库。大秦岭对于西安市,对于陕西省,对于中国均有着非常重要的意义,它被誉为中华龙脉,中华民族的父亲山。秦岭山水所孕育的中华文明是世界文明宝库中璀璨的明珠,秦岭是世界著名的三大山脉之一,与欧洲的阿尔卑斯山、美洲的洛基山并称为地球"三姐妹"。如同阿尔卑斯山脉对欧洲的重要性一样,秦岭为中国的中华文明做出了伟大的贡献。

1.1　研究背景与意义

1.1.1　研究背景

1.1.1.1　秦岭北麓的特殊区位认识

1. 地理位置

秦岭地理位置十分重要,有广义和狭义之分。

　　广义的秦岭是横亘于中国中部,东西走向的巨大山脉,西起甘肃临潭县北部的白石山,以迭山与昆仑山脉分界,向东经天水南部的麦积山进入陕西。横穿陕西,在陕西与河南交界处分为三支:北支为崤山,余脉沿黄河南岸,东向延伸,通称邙山;中支为熊耳山,南支为伏牛山。山脉南部的一小部分由陕西延伸至湖北郧县。广义的秦岭全长 1600 公里,南北宽数十公里至二三百公里。[①]

　　狭义的秦岭是指位于陕西省南部,渭河和汉江之间的山脉,东以灞河与丹江河谷为界,西止于嘉陵江。陕西秦岭是广义秦岭的主要组成部分,横亘

<hr />

① 严艳. 秦岭北麓观光农业旅游资源开发研究[M]. 北京:中国社会科学出版社,2012:9

在关中平原和汉江谷地之间。在行政区划上,陕西秦岭涉及西安、咸阳、宝鸡、渭南、汉中、安康、商洛7市(地区)13个县的全部和22个县的部分区域。汉代即有"秦岭"之名,又因位于关中(西安)以南,故名"南山",史上曾称为"南山"或"终南山"。秦岭在陕西境内的呈蜂腰状分布,东西两翼各分出数支山脉。[①]

秦岭北麓位于秦岭分水线至关中平原南缘之间,泛指秦岭主脊以北至渭河以南地区。秦岭北麓是秦岭北部的防线,扼守着众多的山川、河流和百余公里的山缘线,北部山外即是人口密集的关中盆地,这种区位特殊性使得其在保护秦岭上占有举足轻重的地位。秦岭北麓处于温暖带半湿润区,是高大巍峨山地和广阔无垠关中平原的过渡地带。在新构造运动作用下,秦岭山地具有雄伟山势,拥有多样地质地貌风景资源和瀑布资源。秦岭北麓的山体岩性主要为石英岩、片麻岩、花岗岩和碳酸盐岩等,形成以流水侵蚀剥蚀的中低山和洪积扇为主的地形地貌,土壤生物气候具有明显的过渡性特征,山地和平原在一定条件下的相互作用,促使秦岭北麓形成"边缘效应",呈现出既不同于山地也不同于平原的独特景观。[②]

秦岭北麓,地势相对平缓,土质肥沃,水源丰沛、生物资源丰富,发展历史悠久,自然和人文景观众多,人口密度较大,生产主要以农业为主,是传统的农业耕作区,但现状经济增长缓慢。如何利用秦岭北麓丰富的资源条件,既能发展区域经济又能保护生态格局,维护秦岭北麓的生态屏障作用,正是本书需要研究解决的问题。

2. 地质地貌

秦岭是我国大陆上南北地质的主要分界线,是世界著名的大陆造山带之一。由于不同的构造地质发展演变,秦岭在发展中形成了四种地貌类型:秦岭山地、沿山丘梁、黄土残垣和峪口冲积扇。整体上秦岭山地陡峭俊朗、沟谷深邃河流急促,形成太白山、翠华山、华山等秀美独特的山岳景观,以及石头河、沣峪、辋川峪和华清池、东汤峪温泉等丰富迷人水域景观。特殊的地质地貌蕴含了丰富的矿产资源,秦岭矿产资源主要有钼、金、铜、铁等,矿种齐全,品质优良,开发潜力大。[③]

3. 气候与河流水系

由于秦岭的海拔高度,对气流和季风具有遮挡作用,所以秦岭南北气候分明,南部是北亚热地带,北部是暖温带。秦岭北麓为暖温带气候,年平均

---

① 严艳.秦岭北麓观光农业旅游资源开发研究[M].北京:中国社会科学出版社,2012:9

② 同上

③ 严艳.秦岭北麓观光农业旅游资源开发研究[M].北京:中国社会科学出版社,2012:12

气温 8.7℃～12.7℃,1 月平均气温－7℃～2℃,7 月平均气温 20℃～30℃,10 月上旬到来年 3 月下旬为霜降期,年降水量为 650～800 毫米。四季冷暖和干湿分明,气候温和,温度适中。①

秦岭由数条平行山岭和介于山岭中间的河谷和山间盆地组成,重连叠嶂下河溪纵横,蕴含着丰富的地表水资源。秦岭北麓是黄河一级支流渭河和其他支流的发源地,渭河水系占整个秦岭山地面积的 24%。秦岭七十二峪,每一个峪都是山为水开道,而水又因为形态秩序不同而成为河流、溪水、湖潭和瀑布等。②

秦岭北麓水资源比较丰富,除了河流外,还有温泉、堰塞湖、高山侵蚀湖泊和山泉瀑布等,多数可以用来开展旅游开发。秦岭北麓具有丰富的地热资源,水温高达 72℃,对人体有益,极具开发价值。对于西安等大中城市而言,秦岭丰富的地表和地下水资源,是生活生产用水的主要来源,也是城市工业用水、生态环境用水的主要来源,当然也是秦岭自然环境和景观的主要生态因子之一。③

4. 生物资源

秦岭是巨大的天然生物"基因库",是生物种类最丰富的地域之一。由于秦岭北麓的暖温带气候特点,造就了秦岭北麓的丰富多彩的动植物种类。④ 为了保护和开发利用这些珍贵的资源,陕西省政府在秦岭北麓陆续建设了多个森林公园,并建立国家级、省级和市级的多 21 个自然保护区,这些自然保护区在改善环境、保持水土、涵养水源和维系生态平衡,保护生物多样性方面发挥重要的作用。

1.1.1.2 秦岭西安段再认识

秦岭西安段自古有终南山之称,全长 166 公里,面积 5852.67 平方公里,自西向东涉及周至、户县、长安、蓝田、灞桥、临潼 6 个区县,占西安市总面积的 57.9%。有包括楼观台国家森林公园、王顺山国家森林公园、陕西骊山国家森林公园、朱雀国家森林公园、终南山国家森林公园、黑河国家森林公园、太平国家森林公园在内的 14 个国家级、省级森林公园(详见表 1-1 秦岭北麓西安段森林公园名录)。秦岭西安段已建立了 4 个国家级自然保护区和 2 个省级自然保护区;1 处国家级风景名胜区,3 处省级风景名胜区

① 严艳.秦岭北麓观光农业旅游资源开发研究[M].北京:中国社会科学出版社,2012:12
② 严艳.秦岭北麓观光农业旅游资源开发研究[M].北京:中国社会科学出版社,2012:13
③ 同上
④ 严艳.秦岭北麓观光农业旅游资源开发研究[M].北京:中国社会科学出版社,2012:14

（详见表 1-2 和表 1-3）。[①]

表 1-1　秦岭北麓西安段森林公园名录

序号	名称	面积(平方公里)	位置	级别
1	楼观台国家森林公园	274.87	周至	国家级
2	王顺山国家森林公园	36.45	蓝田	国家级
3	陕西骊山国家森林公园	18.73	临潼	国家级
4	朱雀国家森林公园	26.21	户县	国家级
5	终南山国家森林公园	76.75	长安	国家级
6	黑河国家森林公园	494.12	周至	国家级
7	太白山国家森林公园	2949	周至	国家级
8	牛背梁国家森林公园	21.23	长安	国家级
9	太平国家森林公园	60.85	户县	国家级
10	洪庆山国家森林公园	74.62	灞桥	国家级
11	大兴山森林公园	53.33	长安	省级
12	沣峪森林公园	62.73	长安	省级
13	祥峪森林公园	19.14	长安	省级
14	翠峰山森林公园	39.18	周至	省级

表 1-2　西安市秦岭自然保护区名录

名称	面积(平方公里)	级别	位置	主要保护对象
秦岭国家植物园	639	国家级	周至县	植物、动物、微生物、自然景观
陕西省牛背梁国家级自然保护区	164.18	国家级	长安区	珍稀动物扭角羚秦岭亚种
陕西省太白山国家级自然保护区	563.25	国家级	周至县	暖温带自然生态系统及自然历史遗迹
陕西省周至国家级自然保护区	563.93	国家级	周至县	金丝猴及其栖息地
陕西省黑渭湿地省级自然保护区	102.54	省级	周至县	湿地生态系统及水禽鹭类、雁鸭类
陕西老县城省级自然保护区	126.11	省级	周至县	大熊猫及生境

[①] 和红星. 感恩秦岭[Z]. 西安市秦岭生态环境保护管理委员会办公室,2012(02):26

表 1-3　西安市秦岭风景名胜区名录

名称	面积(平方公里)	位置	级别
临潼骊山风景名胜区	316	临潼区	国家级
翠华山—南五台风景名胜区	17.85	长安区	省级
楼观台名胜区	524	周至县	省级
蓝田玉山风景名胜区	154	蓝田县	省级

资料来源:表 1-1～表 1-3 来自西安市秦岭办内部统计资料

秦岭西安段水资源量 222 亿立方米,约占全省水资源总量的 50%,是主要水资源涵养区,秦岭北坡水资源量约 40 亿立方米,约占关中地表水资源总量的 61%。西安境内 54 条河流中的 51 条河流均发源于秦岭、骊山丘陵。其中,"八水"中的六水均发源于此(图 1-1)①。

图 1-1　西安地区水系分布图

资料来源:《西安市第四轮总体规划》,由西安市秦岭办提供

---

① "八水"源自"八水绕长安"的说法,"八水"指的是渭、泾、沣、涝、潏、滈、浐、灞八条河流,它们在西安城四周穿流,均属黄河水系。西汉文学家司马相如在著名的辞赋《上林赋》中写道"荡荡乎八川分流,相背而异态",描写了汉代上林苑的巨丽之美,以后就有了"八水绕长安"的描述。

　　林地面积占秦岭山地总面积 75.2%，森林每公顷年涵养水量 800～1000 立方米。西安段现有森林 42.65 万公顷，森林蓄积量 0.29 亿立方米。秦岭兽类 144 种，占全国 29%，西安段 55 种；鸟类 399 种，占全国 34%，西安段 248 种；植物，西安段 138 科，681 属，2224 种。中草药种类 1119 种，列入国家"中草药资源调查表"的达 206 种。矿产、煤炭资源含量高，主要矿产有金、银、煤、钒、铝、锌等，钾长石储量位居中国第一，世界第二；钒矿亚洲第一。文化古迹中，国家级 8 处，省级 9 处，市级 28 处，县级 48 处。佛教宗祖庭 6 个，非物质文化遗产资源 8 个。佛教场所 60 处，道教 25 处，天主教 3 处，基督教 2 处（表 1-4 和图 1-2）。秦岭西安段共有 50 个镇（街道），山区涉及有 45 个镇；村庄 719 个，山区内 420 个；人口 809740 人，山区内人口 225939 人（表 1-5 和表 1-6）。①

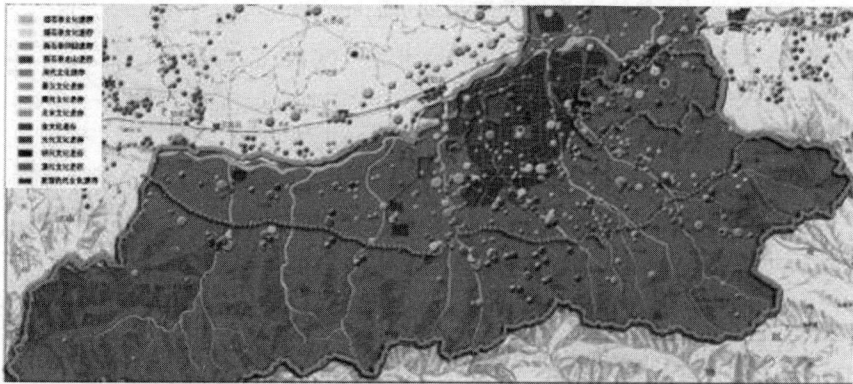

图 1-2　西安地区文物古迹分布图

表 1-4　秦岭西安段国家级、省级文物统计表

文物保护单位等级	数量（处）	文物保护单位名称
全国重点文物保护单位	8	姜寨遗址、华清宫遗址、蓝田猿人遗址、水陆庵、圣寿寺塔、鸠摩罗什舍利塔、大秦寺塔、仙游寺
省级文物保护单位	9	扁鹊墓、秦东陵、锡水洞遗址、鼎湖延寿宫遗址、二龙塔、清华山石窟、敬德塔、老子墓、楼观台

---

　　① 和红星. 感恩秦岭［Z］. 西安市秦岭生态环境保护管理委员会办公室, 2012(02):26

表 1-5　各区县不同坡线人口统计表

区县	25 度坡线以下（人）	25 度坡线以上（人）	合计（人）
周至县	83908	35420	119328
户县	29412	11303	40715
长安区	129086	14396	143482
蓝田县	139335	149332	288667
临潼区	93435	49113	142548
灞桥区	75000	—	75000
总计（人）	550176	259564	809740

表 1-6　各区县乡镇、街道统计表

区县	乡镇、街道数量	人数（万人）
临潼区	4 个街办 3 个乡镇	14.3
灞桥区	洪庆街办	7.5
长安区	6 个街办 3 个乡镇	14.4
户县	5 个乡镇 2 个管委会	4.0
周至县	13 个乡镇	11.9
蓝田县	14 个乡镇	28.9
总计	10 个街办、38 个乡镇、2 个管委会	81.0

资料来源：图 1-2 和表 1-4，表 1-5，表 1-6 来自西安市秦岭办内部统计资料

　　秦岭主要山峰 31 座，其中西安段 17 座，平均海拔多为 1500 至 2500 米。其中包括太白山（主峰，海拔 3767 米）、华山（海拔 2155 米）、终南山（海拔 2604 米）、鳌山（海拔 3476 米）、首阳山（海拔 2720 米）、冰晶顶（又名静峪脑，海拔 3015 米）、草链岭（海拔 2646 米）等。秦岭最高峰迭山（海拔 4811 米）。秦岭共有 72 个峪口，其中西安段有 43 个，其中最为有名的峪口为东汤峪、沣峪、祥峪、高冠峪、太平峪、库峪、大峪、子午峪等。[①]

1.1.1.3　秦岭的特殊地位

1. 在国家层面

（1）是中国地理和气候的南北分界线，长江和黄河的分水岭，天然的气候调节器。

---

① 和红星. 感恩秦岭[Z]. 西安市秦岭生态环境保护管理委员会办公室，2012(02)：26

(2)是我国重要的生物基因库,动、植物区系过渡地区,动物古北界和东洋界及植物南北区系的交汇区,世界生物多样性典型代表区域之一。

(3)是中华文明重要的孕育地和塑造者,我国农业文明的发祥地。秦岭和黄河并称为中华民族的父亲山、母亲河,是嘉陵江、汉江、丹江的源头区,国家重要的水源涵养区。

2. 在西安层面

(1)是西安千年文明的造就者,西安历史文化不可或缺的组成部分。

(2)是实现西安城市转型发展的重要依托。

(3)是西安市的生态安全屏障,西安市建设山水城市的主要凭借。

(4)是西安城市重要的水源供给区和西安重要的水源涵养林地。

(5)是西安市民日常休闲的重要场所和绿色家园的精神寄托。

1.1.1.4　秦岭生态环境历史变迁

秦岭造就了西安城市历史发展的轨迹。由于秦岭的存在,西安成为世界上最为独特的大都市。秦岭滋润过十三个王朝,周、秦、汉、唐这些让中国人骄傲的王朝,无一不与秦岭血脉相连。秦岭生态环境与西安城市历史变迁密不可分。

1. 秦代以前的早期秦岭生态环境

早期秦岭生态环境的演变主要是由自然因素尤其是气候条件变化引起的。生产力水平低下的人们的生产、生活实践活动对秦岭生态环境的影响是十分有限的,而秦岭的生态环境对人类活动的影响是非常巨大的,对城市建设的发展也有显著的影响。秦岭山脉孕育的众多水系,在提供农业灌溉的同时也提供了丰富的水产资源。丰沛的水量可以满足行船的要求,西周都城丰镐,就是在沣水提供充足用水的基础上建立起来的。周人熟练排水、灌溉技术,所以傍河临湖,高不近旱、下不近水,土地肥沃的丰镐一带成为理想的建都之地。[①]

春秋时期,秦岭北麓石质山地上多生长暖温带阔叶林和针叶林,在洪积扇及河流附近,多生长温暖带落叶阔叶与常绿阔叶混交林与灌草丛,在河滨洼地、低河漫滩与秦岭北麓洪积扇前缘积水及湖沼陂池附近发育为水生沼泽植被,生态系统在优越的生态条件下显得种属繁多,各得其所,相互促进,共生共荣,自然生态系统相对稳定。[②]

---

① 朱士光,吴宏岐. 西安的历史变迁与发展[M]. 西安:西安出版社,2003:625
② 朱士光,吴宏岐. 西安的历史变迁与发展[M]. 西安:西安出版社,2003:627

2. 秦代至清代前期的秦岭生态环境

从公元前221年至18世纪前期,中国封建体制下的传统农业耕作得到了长足的发展,农业耕作精细化发展促进了农业生产的不断进步。在这样的社会背景下,秦岭的生态资源利用率比秦代以前的早期社会有所提高,社会的发展导致人口的成倍增加,这给秦岭生态环境的压力超过了资源节约的效益。城市发展,人类活动的增多不但加剧了对秦岭资源的索取,而且由单一需求层次发展到多层次、多方式和多渠道。农业生产活动的开荒垦壤使土地肥力下降,水土流失,大量林木被采伐,特别是长安京畿的人口密集地区,人类活动的范围已经达到海拔1000米左右。[①]

从秦阿房宫到汉唐长安,再到明清西安府,秦岭为城市发展提供了不可限量的资源。都城兴建和陵墓修筑中的木材大多来自秦岭山区,林木资源消耗巨大,这在杜牧的《阿房宫赋》中有所记载:"六王毕,四海一,蜀山兀,阿房出。"除了这些,居民生活用木材也多取自秦岭,尤其是隋唐京都一带,烧炭业兴盛。白居易的《卖炭翁》中"伐薪烧炭南山中"便说明了当时的烧炭成本比较低,烧炭业流行,木材就近取自秦岭(南山)。[②] 由此可见,人类生产、生活对秦岭生态造成的影响:秦岭大量的木材不但成就了皇都的空前繁华,也化成秦汉陵墓的"黄肠题凑",进而化作人间的繁华烟尘,这些人类活动已成过眼云烟,只留下大片的濯濯童山。

从秦代到清朝,每到社会动乱,战事迸发事件的时候,秦岭山地每每被垦荒植田,以屯军需。并且,穿越秦岭,需要修建栈道,木材也来自秦岭自身,尤其明清时期,社会动荡,大批农民进山躲避灾荒,毁林开荒时有发生,秦岭山区的自然生态环境受到严重的冲击。秦岭环境的破坏伴随着气候转旱,河流改道、河湖干枯,引发更多的灾害。

纵观这段历史时期,人类活动中的兴修水利工程、建设皇家苑囿对秦岭生态环境具有一定保护作用,但对秦岭周边的生态环境整体破坏而言,作用微不足道。

3. 清代中后期至20世纪70年代的秦岭生态环境

这个时期社会发生了历史性的巨变,除了原有的农牧业,采矿、炼铁、缫丝、造纸、樵采、烧炭、木材加工、手工业、运输业都得到很大的发展。尤其是陕南地区的手工业,其中以木、纸、炭、铁厂最为繁荣。造纸主要以砍伐竹木为主。清代中叶,陕南多地已是"深山邃谷,到处有人,寸地皆耕,尺水为

---

① 和红星. 感恩秦岭[Z]. 西安市秦岭生态环境保护管理委员会办公室,2012(01):67

② 同上

灌",至道光初年更是"低山尽村庄,沟岔无余土"。对秦岭植被破坏最严重的是近代兴起的大型工业,据《三省边防备览》的不完全统计,共有冶铁厂数十家,对森林的破坏是十分严重的。因此,秦岭上大多数都是天然次生林,原始林仅存在太白、周至、宁陕等人烟稀少的高山区。[①]

1935年的陇海铁路和1936年的川陕公路的通车,由于管理的无政府状态,更加加剧了对秦岭生态环境的破坏。新中国成立后,虽然对秦岭生态进行了许多恢复性工作,但由于盲目扩大耕地,超载滥伐,人口剧增,以及缺少合理规划等失误,也影响了秦岭的生态环境的发展。到了20世纪70年代后期,秦岭植被破坏已相当严重。80年代开始,在陕西省政府和西安市政府的统筹监管下,秦岭才得以进入封山育林的自然恢复阶段。[②]

4. 20世纪70年代至今的秦岭生态环境

经过40多年的天然生长,秦岭地区的植被恶化得到了控制,但远远达不到恢复的状态。并且,秦岭的自然生态破坏还时有发生,环境污染、水土流失、水源涵养功能下降仍在继续。秦岭的生态环境时刻给人们敲响警钟:渭河污染严重,西安严重缺水。怎样保护和恢复秦岭的生态环境成了政府和社会各界必须面对的问题,限制污染工业,增加民众环保意识,封山育林,成为恢复秦岭生态环境的重要手段。然而,影响秦岭及周边生态环境的事件并没有全然消失,在经济利益的驱动下,急功近利的事情时有发生。秦岭西安段的生态环境建设不容乐观,更不能忽视,这其中自然因素和人为因素并重。

1.1.2 研究意义

秦岭山脉延绵于我国中部,西起甘肃,穿越陕西,东至河南,横跨三省,总面积12万平方千米,是我国重要的生态功能区。"八水绕长安"中的七条水系来自秦岭山脉,它养育了瑰丽耀眼的华夏文明,也孕育了西安这座历史悠久的人文之城。秦岭山脉的生态系统的多样性、物种的多样性和遗传基因的多样性,均具有重要的典型性和代表性。

从古代到现代,人类活动对秦岭山脉的干扰与破坏就没有停止过,尤其是在西安城市发展快速化的当今时代,秦岭山脉的生态问题已经是一个必须解决的问题。秦岭北麓(西安段)的生态平衡,合理保护和开发利用,对于整个秦岭山脉和西安城市发展都具有重要的意义,这也是本书研究的第一个意义所在。

---

① 和红星.感恩秦岭[Z].西安市秦岭生态环境保护管理委员会办公室,2012(01):68
② 同上

对于秦岭的生态保护,已经通过国家级森林公园建设而得到有力的控制。西安市第四轮总体规划将秦岭北麓(西安段)作为南部自然保护带列入西安历史文化名城的保护体系中,全市各个部门发挥各自的职能作用,加强对秦岭山区水源地及诸河流水系的生态保护,对秦岭北麓(西安段)生态保护区实行严格的开发控制,对历史自然文化遗迹则予以前所未有的保护。在这样的生态保护大背景下,秦岭北麓空间保护利用有了一个良好的规划建设契机,但整个秦岭的生态保护只是一个总体框架,并没有更详细的保护利用具体措施。随着对秦岭生态保护研究的深入,秦岭北麓的问题摆在了大家的面前:如何在秦岭北麓进行有效保护和合理开发利用呢? 这是本书研究的第二个意义所在。

秦岭对西安市水源涵养、水土保持、净化空气、调节气候、维护生物多样性等方面具有不可替代的生态功能,是城市生产生活用水的主要来源,在西安市经济社会发展和人民生产生活中发挥着极其重要的作用。在秦岭北麓这个特定范围下,在研究《陕西省秦岭生态环境保护条例》等法律法规下,以及关中——天水经济区和西安国际化大都市的战略规划背景下,如何限制和禁止在秦岭北麓(西安段)的生态环境脆弱区、敏感区和重要生态功能区进行各类开发建设和生产生活活动,如何保证生态功能的充分发挥,如何规范秦岭北麓地区的开发利用活动,依法保护秦岭生态环境,为西安市、陕西省乃至全国经济社会发展提供生态安全保障,将具有以下几个方面重大而深远的意义。

1. 秦岭的生态保护是西安建设国际化大都市的有力保障

秦岭是天然的生态宝库,对于大西安而言是弥足珍贵的,是建设国际化大都市的有力保障。在构建大西安山水格局中自然要以绿色的、原生态的大秦岭为基础。让大秦岭成为全国的"绿肺"、大西安的生态屏障和负氧离子库是社会各界的共同目标,所以秦岭北麓是一个不能回避的、必须重点关注的区域。

2. 秦岭的历史人文资源是西安国际化大都市的重要组成部分

老子说,"仁者乐山,智者乐水"。大凡城邑之山,都凝聚着地方文化的精华,深藏着圣贤名人的遗迹,既是城市文化品位的标志,也是地域特色的象征。对外可以骄人,对内可以励志。秦岭的历史文化是一种无形的精神文化资源,是当地人心灵成长的精神后花园。[①]

大秦岭自古就是古长安择地建都的重要依据之一。象天法地,回龙顾

---

① 和红星. 感恩秦岭[Z]. 西安市秦岭生态环境保护管理委员会办公室,2012(01):68

祖，秦岭龙脉回首见朝，秦岭既是主山又是朝山。"婉转回龙势挂钩，未做穴时先做巢，朝山皆是宗和祖，不举千里远昭昭，穴前筑关皆带龙，千派万派皆入朝"。①

中国有许多名川大山，但以秦岭最为独特。没有哪一座山脉像秦岭这样哺育着中华文明的进程，也没有哪一座山脉像秦岭这样深刻地影响着中华文明的进程。秦岭在很久以前，就成为华夏大地的重要山脉。仰韶文化、龙山文化在这里孕育。从公元前 11 世纪开始，先后有 13 个王朝在此建都，为西安留下了丰富的文物古迹，香火旺盛的名刹古寺，秦时皇家花园，汉代的上林苑，唐代更是以它的壮观、广阔和美景吸引来大批文人墨客，李白、杜甫、柳宗元、韩愈、苏轼等人都曾游历过秦岭，并写下脍炙人口的名篇。唐代柳宗元说："中南居天之中，在都之南。国都在名山之下，名山随国威而远扬。"②

悠久历史赋予西安掘之不尽、观之不胜的文化遗产，形成了天然历史博物馆。秦岭以其自然特色和厚重的历史文化，成为中国和世界宝贵的自然历史遗产、人类的共同财富、民族的福祉，名副其实地成为"送给地球的第83 份礼物"。

在秦岭北麓的保护利用研究中正视秦岭的历史文化资源，传承和发扬秦岭的历史文化，是秦岭北麓的历史使命所在。

3. 秦岭北麓是推进城乡一体化发展的必由之路

推进城乡一体化发展是当前全国上下加紧实施的共同目标。通过秦岭北麓的城乡协调发展、生态建设、品质提升，在优先生态保护的基础上，整合资源，组团发展特色小村庄，促进大西安地区城乡一体化发展，推动建设国际化大都市历程。

基于上文论述的研究意义，对于秦岭北麓而言，本书的研究有如下的应用前景：

第一，促进秦岭北麓（西安段）的生态保护，维护大秦岭的生态安全，达到可持续健康发展的最终目标。

针对整个秦岭生态保护的重要性和特殊性，本书结合相关基础理论、城市人居环境理论和景观环境理论，剖析秦岭北麓存在的问题，提出多层次、多角度的生态环境保护利用的管控措施，实现整个秦岭北麓的有效保护和合理管制，既利于秦岭的环境保护与发展又利于构建和谐的城乡统筹景观。

---

① 和红星. 感恩秦岭[Z]. 西安市秦岭生态环境保护管理委员会办公室,2012(01):68
② 同上

第二,从理论角度分析秦岭北麓空间保护利用现状存在的各种问题及其成因,总结秦岭北麓的发展定位和发展诉求,延续山水文脉,山、水、城共生共融,构筑山水城市生态格局,并使秦岭北麓(西安段)形成健康有序的规划、管理、实施体系,为西安成为国际化大都市奠定生态基础。

山水城市格局的延续是构建生态城市的基础,秦岭山水是城市生态结构的重要组成部分,通过本课题研究,从城市规划角度,促使在秦岭北麓形成一个经济发展、社会进步、生态保护三者高度和谐,技术和自然充分融合,促使城镇文明程度不断提高的稳定、协调与永续发展的自然和人工环境复合系统。以秦岭北麓为基础,结合关中平原综合发展地带、渭河干流河谷低洼地带、渭北黄土台塬地带,和以沪、灞、沣、涝、潏、滈等南北方向的纵向水系特征带,共同构成一个纵横交错的网状生态格局。

第三,通过本书的研究,为建设特色村镇,促进城乡统筹发展提供理论实践基础。

秦岭北麓现状分布众多宛若星辰的小村落,这些村落或有着上千年的古老印迹,或有着近年经济腾飞的朝气表情,隐逸在大秦岭的生态怀抱中。伴随城市建设的步伐的调整和经济建设的加速,对该地区众村镇在发展调整中系统地规划改造成为必然之选。在有效利用秦岭给予的优良生态环境和传统山水文化熏陶下的民俗文化等优势的同时,本书尝试构建具有鲜明特色秦岭北麓新型农村社区体系,以期促进城乡统筹发展。

从整个秦岭北麓系统出发,研究迁村并点规划和古村落保护规划,打造星罗棋布的综合卫星小集镇、山水文化小村庄。并可结合利用西安市这一大腹地,通过便利的交通和稳定的客源等良好条件,积极开展农家乐等旅游食宿接待服务,优化该区产业结构,提升产业经济收入。建立农民长效增收机制的有效途径,促进城乡统筹发展。

第四,通过本书的研究,以期对秦岭北麓的生态环境开发利用研究和建设有指导意义。

秦岭作为我国南北的自然分界线,其自然景观独特且变化多样,这一资源与佛教、道教等人文资源相结合,是极具竞争优势的资源。本书的研究可以促使秦岭的生态开发利用,以"秦岭"为整体品牌形象统领主题旅游线路,将秦岭自然风光带分成不同特色、不同探险等级(如低度、中度、重度)的生态探险产品,如秦岭·翠华山、秦岭·太白山、秦岭·朱雀森林公园等逐步推向全国市场。以其独具特色的山水相映、田园怡然、寺院密布、生态多样的自然和人文景观为依托,形成与文物遗产旅游功能互补的自然生态型旅游区。

1.2 研究对象的界定

结合城市规划专业特点,本书研究的对象主要涉及山水城市、秦岭北麓、山水城市空间建构,以及适应性保护及规划,具体界定如下。

1.2.1 山水城市

山水城市是 1990 年钱学森先生在中国传统的山水自然观、天人合一哲学观基础上提出的未来城市构想。本书以山水城市作为研究秦岭北麓的理论视野,这和山水城市理论对未来城市的界定是相符的。山水城市体现了国人向往山水环境,追求人与自然和谐,城市走向生态文明的美好图景。而秦岭北麓所包含的生态景观,是西安国际化大都市区建设的重要组成部分。在功能区划上,秦岭北麓是大西安重要的生态功能带,是重要的休闲旅游带,是构建大西安山水城市格局的重要组成部分。所以对秦岭北麓空间保护利用问题的研究,运用山水城市理论,或者说在山水城市美好图景的视野下是最贴切不过了。有关山水城市的提出背景、概念、演变发展等在本书第二章会有详细分析论述,所以这里就不再赘述了。

1.2.2 秦岭北麓

"麓",根据《说文》的解释其有两重含义:"一是林属于山为麓,山足大林也;二是守山林吏也。"所以"麓"常和山关联,称山麓,即山脚下的意思。[①]秦岭北麓就是秦岭山脉的北坡山脚,由于和秦岭北部的平原区域联系紧密,因此,生态环境相对脆弱,人工干扰痕迹明显,在学术研究上具有典型的地域特点和区域特殊性。

秦岭北麓即是秦岭北部浅山区。地质地貌学上对高山、中山和低山界定比较明确,对于"秦岭浅山区"的概念则相对模糊,从字面意思来看是针对"深山区、高山区"而来,是山区中的特殊部分。研究区域不同对浅山区的界定也会有所不同,所以,海拔高度和相对高差,人类干扰程度以及与城市的空间关系,都是界定"秦岭浅山区"必须考虑的因素。对于秦岭北麓的研究应该侧重于土地利用、空间规划等,研究该区域在土地利用开发、空间部署规划、人口转移、交通建设适宜性等多个方面的内容。

比如对于北京而言,北京西、北、东三面环山,自古就有"北枕居庸,西崎

---

① 百度百科.山麓[EB/OL].http://baike.baidu.com/

太行,东连山海,南俯中原"之说。其地形骨架形成于中生代的燕山运动。西部山地,从南口的关沟,到拒马河一带,统称西山,属太行山余脉,由一系列东北—西南走向、大致平行的褶皱山脉组成。因此,北京市浅山区是指北京市域内海拔100~300米的区域(《北京城市总体规划(2004年—2020年)》)。北京市浅山区的核心特征是:山地和平原的过渡地带;具有一定开发价值,并已经承受一定开发压力或未来极有可能受到城镇化影响的区域;对北京市生态系统至关重要的区域。[①] 北京市浅山区被界定为:"浅山是城镇化速度相对较快,是中心城、新城与山区联系的过渡地区";"山前生态保护带,是北京重要的果粮生产区,是山前地下水的重要保护地带,也是连接山地生境环境和平原生境环境的过渡区域。"[②]

由北京浅山区概念的界定可以明确看出,对于整个区域而言,浅山区不仅包含有地质、地貌等自然属性,也包含有经济和社会属性。单纯用海拔高度来界定浅山区的范围,不能反映浅山区各要素之间的相互关系,因此,这是不科学的。基于系统论整体分析的视角,浅山区作为空间地理的过渡地带,本身具有多种典型特征(表1-7),这些特征必须作为浅山区概念界定的必要因素来考虑。

表1-7　不同角度下的浅山区典型特征

不同角度	浅山区所呈现的典型特征
自然地貌	平原和山区的过渡地带,特有的海拔、坡度变化,对城市空间拓展形成限制
空间距离	与山区比,临近城市或城市中心,相对可达性较好
环境资源	特殊的环境资源,天然植被、野生动植物繁衍地,优良的农业耕作垦殖地区
城市形态	由中心到边缘,开发密度和强度逐渐降低的过渡区域
城市功能	城乡结合部,活跃的城市边缘地带,连接城市中心和乡村腹地的重要场所

资料来源:作者整理,柯敏. 北京浅山区土地利用潜力与利用模式研究[D]. 清华大学,2010:5

对于秦岭北麓来说,结合其区域的特殊性,便于研究有一个可以展开的

① 俞孔坚,袁弘,李迪华等. 北京市浅山区土地可持续利用的困境与出路[J]. 中国土地科学,2009(11):3~8+20
② 柯敏. 北京浅山区土地利用潜力与利用模式研究[D]. 清华大学,2010:3

合理边界,首先限定为西安段(本书后续论述的秦岭北麓均指西安段),其次秦岭浅山区限定为秦岭北麓 25 度坡线①以下至环山路以北 1000 米,平均宽度 2.5 千米,东西长约 166 千米,规划总用地面积 533.03 平方千米,具体位置详见图 1-3。

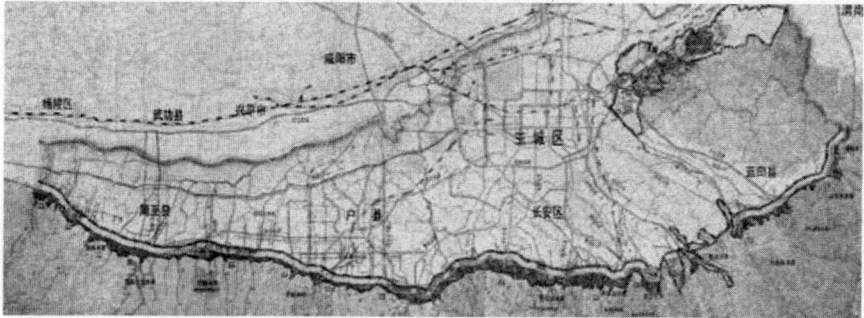

图 1-3 秦岭北麓边界范围图

资料来源:《大秦岭西安段生态环境保护规划》,《大秦岭西安段保护利用总体规划》,西安市秦岭办,2012

1.2.3 山水城市空间建构

建筑学意义的建构是指"对结构(力的传递关系)和建造(构件的相应布置)逻辑的艺术表现形式",包括设计、构建、建造等内容,是一个三位一体的集合,是一个全过程的综合反映。

山水城市空间建构是指在大的自然环境中、在山水格局中的城市空间营造,其更强调在生态环境和谐基础上的城市空间发展与自然山水之间的协调可持续发展关系,即城市空间格局发展与自然山水空间生态格局、美学格局相匹配,城市空间的发展应尽量减少对生态环境造成影响与破坏。

1.2.4 适应性保护及规划

适应性(Adaptation),是一个生物学词语,指生物的遗传组成赋予某种生物的生存潜力,它决定此物种在自然选择压力下的性能。适应性体现了

---

① 关于 25 度的来历:(1)《中华人民共和国水土保持法》第二十条明确规定:"禁止在二十五度以上陡坡地开垦种植农作物。在二十五度以上陡坡地种植经济林的,应当科学选择树种,合理确定规模,采取水土保持措施,防止造成水土流失。"(2)《陕西省秦岭生态环境保护条例》第二十五条明确规定:秦岭 25°以上的坡耕地应当逐步退耕还林(草)。另外,根据《城市用地竖向规划规范》中规定,居住用地最大坡度为 25%,折合成坡度为 22 度。为了便于和国家和地方的法律接轨,所以论文还是以 25 度坡为界。

生物种群进化与生存环境的关系,最早在生物学家达尔文的进化论被提出。

"保护"的字面意思就是尽力照顾,使自身(或他人、或其他事物)的权益不受损害。而"利用"就是物尽其用的意思,借助外物已达到某种目的,用手段使人或事物服务。而"规划"就是进行比较全面的长远的发展计划,是对未来整体性、长期性、基本性问题的思考、考量和设计未来整套行动方案。

规划可以用在多个领域,本书探讨的领域限定在城市规划领域,也就是限定在城市空间上,因此保护利用规划就是以具体物质空间规划为主,结合社会条件、经济发展状况、文化背景和环境发展目标,遵循空间发展的基本规律,重点对空间保护和空间利用的整体性和协调性发展所作的综合安排和战略部署。

对于秦岭北麓而言,适应性保护及规划主要从生态环境保护及适度利用角度展开,可以从山体与植被保护、生物多样性保护、水资源保护、矿产资源保护、地热资源保护、文化保护、峪口保护、村庄保护及整合建设规划、综合防灾规划、污染防治基础设施规划,以及生态观光利用规划、旅游文化利用规划、康体养生利用规划、研发创意利用规划等适度利用规划展开。这些规划的具体描述,根据本书的框架结构,在书中的后续章节会有所涉及。

1.3 研究内容和范围

1.3.1 研究内容

本书在分析秦岭北麓现状问题的基础上,围绕秦岭北麓适应性保护和规划展开研究,研究的内容包括以下几个方面。

1. 秦岭北麓生态环境有关的历史文献资料归纳整理分析

寻找秦岭北麓生态环境变迁发展的历史脉络,总结秦岭保护的经验教训,对于合理的部分加以利用,对于不合理的部分总结并在研究中进行规避。

2. 与秦岭北麓保护利用有关的理论梳理

梳理山水城市理论的概念和发展趋势,并分析山水城市带给秦岭北麓空间保护利用的启示,并对山水城市空间建构的影响因素与内容进行研究,形成研究的理论视野。研究人居环境科学理论、景观生态学理论和景观美学理论,寻找秦岭北麓空间保护利用的理论支撑,并且提出秦岭北麓有关的空间发展理论。

3.秦岭北麓生态环境保护利用现状及成因研究

首先,对秦岭北麓的空间类型进行划分,对其有一个较明确的认识,然后运用系统论的观点分析秦岭北麓空间保护利用的现状问题,在此基础上,剖析秦岭北麓问题的深层原因(成因)。

4.秦岭北麓生态环境保护利用发展定位研究

剖析秦岭北麓保护利用的已有法律,总结法律特点;分析秦岭北麓的上位规划要求,明确秦岭北麓的发展背景,提出秦岭北麓生态环境保护利用的发展定位。最后,引出秦岭北麓生态环境保护利用的发展诉求——适应性保护和适度利用,并讨论适应性的方法对策。

5.秦岭北麓生态环境适应性保护模式构建

首先研究秦岭北麓适应性保护的理念,然后构建适应性保护的评价体系,继而对适应性保护的技术手段,从区域整合、类型保存、空间修复和功能协调三个方面展开探讨,最后从激励机制、法律保障机制、管理保障机制、多元经济保障机制和公众参与方面构建秦岭北麓适应性保护的政策和管控措施体系。

6.秦岭北麓生态环境适度利用规划策略

对秦岭北麓适度利用评价进行讨论,提出秦岭北麓适度利用的理念,讨论秦岭北麓适度利用的规划策略,具体从适度利用规划的政策引导、技术手段、管理措施三个方面展开研究,并对秦岭北麓农村建设的适应性、秦岭北麓建筑风格的适应性和秦岭品牌营建的适应性分别展开研究讨论,形成秦岭北麓适应性规划的整体策略体系。

1.3.2　研究范围

任何研究都应该有明确的研究范围,这样才能有针对性。本书的研究大的区位范围界定为秦岭西安段,具体落脚在这个区域内极具特点的秦岭北麓内,具体范围详见图1-3秦岭北麓边界范围图。这里需要解释一下,秦岭山脉比较长,光其陕西段就涉及宝鸡、西安、渭南3市15个县、区。每个市县的具体情况不同,所以每个市县和秦岭北麓的关系也不同,而西安由于自身地位的特殊性,其和秦岭北麓的关系已经发展到了必须认真面对的地步,所以选择西安段作为研究对象。

1.4　国内外研究现状

1.4.1　国外相关研究现状

秦岭与美洲的落基山脉和欧洲的阿尔卑斯山脉齐名,所以本书对于国外相关研究的梳理建立在落基山脉和阿尔卑斯山脉的研究上。

1. 落基山脉之黄石国家公园

落基山脉又译作洛矶山脉,是美洲科迪勒拉山系在北美的主干,由许多小山脉组成,被称为北美洲的"脊骨",从阿拉斯加到墨西哥,南北纵贯4500多公里,广袤而缺乏植被。除圣劳伦斯河外,北美几乎所有大河都源于落基山脉,是大陆重要分水岭。限于本人研究能力有限,不直接述评对于落基山脉的研究,而是选取落基山脉最著名的黄石国家公园作为述评对象。[①]

黄石公园地处号称"美洲脊梁"的落基山脉,总面积8987平方千米。黄石公园的自然景观以石灰石台阶为主的热台阶、大峡谷、瀑布、湖光山色、间歇喷泉与温泉等为主,除了自然景观,还是世界珍惜野生动物(北美野牛、灰狼、棕熊、驼鹿、麋鹿、巨角岩羊、羚羊等)的乐园。为保护大自然的美景,使黄石地区不再落入探矿者、在未占用公地上的擅自定居者、大农(牧)场主和伐木场主手中,1872年3月1日,美国国会通过了建立黄石国家公园的提案。该提案将黄石公园永远地划为"供人民游乐之用和为大众造福"的保护地。黄石公园制定了如下的战略目标,作为公园可持续发展的行动指南。

(1)保护公园资源。

(2)成为向公众提供娱乐和游客体验的场所。

(3)确保机构的高效率。

黄石公园管理的首要使命:资源保护;第二,是社会功能的开发与利用:教育与科研基地;第三,是旅游与休闲。具体见表1-8。

---

① 巅峰智业. 黄石国家公园管理模式综述[EB/OL]. http://www.davost.com/peakedness/13572907168170211257605312908021.html

表 1-8 黄石公园管理类型和具体内容

管理类型		具体内容
资源保护	总体保护措施	公园的所有工作人员都参与公园资源的保护工作。所有的雇员都被鼓励参与对游客的教育活动,尤其是教育的内容涉及资源保护时
	野生动物保护	包括狩猎限制、垂钓限制、禁止给野生动物投食、防止北美野牛外流,以及管理那些习惯于人类活动的动物和害虫
	本地植物保护	包括消除外来动植物对本地植物的危害,并整治有安全隐患的树木
	地质资源保护	花费了大量的精力和数以千计的美元用以制作告示、讲解、演示,以便教育游客对那些极易受到损害的地热资源进行保护
社会功能的开发与利用	教育	对游客进行关于公园的自然和文化特点的教育是为游客提供愉快的旅游经历的重要组成部分,因为采用这种方式能够使公园不被破坏,从而让子孙后代继续享用。从游客进入公园之前就开始讲解持续到游览结束之后 传播数以千计的关于公园方面的书面咨询、电话问询、电传或电子邮件来增进公众对公园价值和资源的理解和好评 在网站上开展了对景点的"真实"游览、互动地图、详细介绍黄石公园等活动 每年出版大约 60 种与公园有关的读物,并在公园设置收音调频,介绍公园的简短信息和注意事项
	科学研究	公园每年批准 250~300 个科研项目,其中大约 50% 的项目是由大学的教授或与大学有密切联系的研究人员所主持或监督的,还有近 25% 的项目是由私人基金会、企业或个人完成的,其余的项目是由公园的工作人员或其他的政府机构的科研工作者完成的
旅游与休闲	初级守护者	针对 5~12 岁的孩子开展,目的是向孩子们介绍大自然赋予黄石公园的神奇以及孩子们在保护这一人类宝贵财富时所扮演的角色
	野生动物教育—探险	在黄石公园协会的一名有经验的生物学家的带领下,探寻黄石公园内珍惜的野生动物
	寄宿和学习	借助于黄石公园住宿条件,该项活动为游客提供了最为美好的两个不同的世界——白天,参与者在黄石公园研究会的自然学家的带领下饶有兴趣地探寻黄石的有趣之处;夜晚,他们返回住处享受美味佳肴和舒适的住宿设施,并且在有历史性的公园饭店内体验丰富多彩的夜生活

续表

管理类型		具体内容
旅游与休闲	现场研讨会	为游客提供一段相对比较集中的近距离的教育经历,主要涉及一些专门领域,如:野生动物、地质学、生态学、历史、植物、艺术以及户外活动的技巧
	徒步探险	在公园守护者的带领下,游客花半天的时间,参观鲜为人知的地热区、探寻野生动物的栖息地、经历黄石公园的一段荒凉地带
	野营和野餐	黄石公园内共有12个指定的野营地点,其中大部分野营地遵循谁先到就先为谁服务的原则

资料来源:作者整理

美国黄石公园的国家公园管理模式,堪称世界典范。黄石公园在资源与环境保护、社会功能的开发与利用——教育、科学研究、旅游与休闲(初级守护者、野生动物教育—探险、寄宿和学习、现场研讨会、徒步探险、野营和野餐)等方面能为秦岭北麓的生态资源保护型旅游景区管理提供许多有益的借鉴。

2. 阿尔卑斯山脉

阿尔卑斯山脉是欧洲中南部大山脉,覆盖了意大利北部边界、法国东南部、瑞士、列支敦士登、奥地利、德国南部及斯洛文尼亚。欧洲许多大河都发源于此,水力资源丰富,为旅游、度假、疗养胜地。

阿尔卑斯山地区旅游业的长盛不衰,离不开长期以来山区政策的支持。阿尔卑斯山山区政策属于"前瞻性策略"(Proactive Strategies)。这种策略用于建构一种"新的山区经济",具体包括旅游产业、高品质的农业产品、乡村旅游、交通设施,还有一些高科技产业和特定的服务门类(如保健产业)等。① 这个政策体现了欧盟对于山区政策的转变——从传统的保护补偿拓展为多元的发展引导。这打破了长期以来,只能依靠农业政策的传统观念,进而把山区的自然障碍,在更为广阔的乡村视野中转化为优势,使得山区的乡村景观、地方产品和文化遗产等特色得到重视和发展。

由于阿尔卑斯山覆盖了多个国家和地区,在发展过程中涉及多方利益的协调,跨国机构和国际组织由此孕育而生,其中最具代表性的有《阿尔卑斯山公约》和位于多国边境交界的跨国合作机构。

---

① 陈宇琳. 阿尔卑斯山地区的政策演变及瑞士经验评述与启示[J]. 国际城市规划,2007(6):63~68

阿尔卑斯山脉的瑞士经验:瑞士是阿尔卑斯山地区的主要国家之一。瑞士是欧洲第一个颁布山地法律的国家(《山区投资法》,1974),现发展为较为完善的山地政策体系。同时,瑞士有丰富的跨国合作经验,围绕阿尔卑斯山开展的跨国合作项目十分频繁。瑞士的山地政治和政策包括显性政策和隐性政策两种类型。显性政策以《山区投资法》为主体,经历了从平衡地区差异转为提高效率和增强竞争力的转变;隐性政策早期以农业政策为主。①

与瑞士经验相比,我国大部分山区政策还处于"反应性策略"阶段(以农业、财政补偿为主);政策类型以隐性山区政策为主(农业政策和扶贫政策),山区综合开发方面的显性山区政策还在起草过程中;山区政策的制定主体是国家,只有部分省市自治区制定了加快山区建设的政策(如广东省、辽宁省)。

秦岭的保护和利用可以从以下几方面借鉴阿尔卑斯山地区的政策经验。

(1)建立多层次的政策体系:阿尔卑斯山地区的山区政策制定的主体是国家,其在空间尺度上相当于我国省一级层面;欧盟是更高层面的政策制定主体,政策主要集中在农业、林业、基础设施和环境保护方面;山区的经济发展(包括旅游业)主要是由国家或地区层面的经济系统进行支持,即使像瑞士这样的多山国家,也没有针对山区旅游的联合政策。秦岭山区政策的制定主体是国家(相当于欧盟层面),由于秦岭范围广阔,不同地区的差异也很悬殊,仅仅依靠国家层面或者省域层面的补偿性政策不可能满足不同秦岭山区的发展需求,尤其现阶段,秦岭山区政策正逐渐从单一补偿向综合发展过渡,更需要加强下一层级即区域或省市级的政策制定主体作用,这一级政策主体不论是在对秦岭山区状况信息的获取、政策制定的针对性还是政策实施的有效度方面都比国家和省级层面更容易实现而且有更多的灵活性。

(2)加强政策的综合性:从我国目前情况看,政策的实施过程中多通过单一部门予以落实,没有实现跨部门的联合。倡导发展综合政策,促使部门之间的融合,将有利于政策从被动的平衡地区差异转为主动的提高效率和增强竞争力,同时也是实现可持续发展的基础。借鉴阿尔卑斯山经验,可以从以下方面思考未来的政策导向:从单纯的直接补偿转向地区经济的综合开发,从传统山区农业政策转向鼓励文化遗产、乡村景观等多样化发展,鼓励发展传统生产工艺、支持旅游业创新,动员多方社会力量并加强国际合作。

---

① 陈宇琳. 阿尔卑斯山地区的政策演变及瑞士经验评述与启示[J]. 国际城市规划,2007
(6):63~68

（3）促进山区的区域协作：秦岭山区聚集了大量的自然资源和历史人文景观，随着旅游业的发展，秦岭的旅游经济也日渐繁荣。但是目前秦岭山区旅游发展"单门独户"、"坐井观天"现象严重，景区分散、难以联系，景观雷同、重复建设时常发生，区域间的合作（尤其是行政区划交界地区）困难重重（甚至还存在为争夺资源发生纠纷的现象）。秦岭是区域性的人文地理景观，由于自然地理的延续性和历史发展的长期性，形成独特的秦岭地域文化，这些历史渊源是区域协作的良好基础。未来政策应加强区域层面的整合，可以从两方面共同推进：一是"自上而下"，在整个秦岭北麓范围内根据自然地理特征和历史文化渊源，将山区划分若干个区域，制定整体性的保护和发展策略用以指导区域发展；二是"自下而上"，地方从联合发展的角度，成立打破行政边界的跨区工作团体，围绕基础设施建设、生态环境保护、文化景观发展等方面进行小范围的合作。

（4）发挥山区小城镇的带动和疏解作用：秦岭山区的小城镇既是秦岭山区发展的核心地区，又是城镇体系的组成部分。应充分考虑秦岭特殊性的基础上明确统一的发展策略，对共有基础设施和公共服务设施，进行投资建设以改善当地人们综合生活水平，实现其作为秦岭山区商品交换枢纽和文教、生活服务中心的核心作用；同时，又要从城乡一体化的区域视野出发，制定面向秦岭山区发展的战略性的引导政策，并通过鼓励机制引导小城镇多元发展，发挥其作为秦岭山区工业、乡镇企业基地的带动作用，吸引大城市的产业和引导人口向外疏散，强化秦岭山区小城镇在地区网络中的作用。

1.4.2　国内相关研究现状

1.4.2.1　山水城市研究述评

"山水城市"经过 20 世纪 90 年代的全国性讨论热潮，目前已进入冷静的深层次研究时期，经过 14 年的研究，取得了相当的成果，发表了以下一系列相关的学术论著：[①]

1994 年 9 月，首先出版了《杰出科学家钱学森论城市学与山水城市》，由鲍世行、顾孟潮主编，书中收录了钱学森先生与各方专家、学者探讨山水城市的书信 62 封以及各方专家论述山水城市的文章 28 篇。由于受到广泛欢迎，1996 年 5 月再版，增补了书信 42 封以及钱先生推荐的文章 10 篇；1996 年 6 月，出版了《杰出科学家钱学森论山水城市与建筑科学》，由鲍世行、顾孟潮主编，收录了 1996 年以后的书信 70 余封，各方专家、学者的论文 43 篇；1999

---

① 杨柳. 风水思想与古代山水城市营建研究［D］. 重庆：重庆大学，2005：15

年出版《建设自贡市山水城市研究》,由自贡城科会编;2001 年出版《中国古代山水城市营建思想研究》,由龙彬著;2002 年出版《中国山水文化与城市规划》,由汪德华著;2004 年出版《"山水城市"研究》,由傅礼铭著。[①]

从研究的情况看,20 世纪 90 年代对山水城市的基本概念的探讨和实践较多,出现了形形色色的"百家言",在思想的广度上影响深刻。但山水城市概念的偏差反映了内涵研究的不足,山水城市流于一个时髦概念,成为表面文章。当下总结古代山水城市实践的研究率先推动了山水城市研究的深化,弥补了初期基础理论方面的不足,但目前的数量、广度和深度还远远不够,有待进一步加强。实践中的经验规律与成效情况还有待反馈与总结。[②]

1.4.2.2　秦岭北麓研究述评

秦岭北麓是一个特殊区域,国外文献相对较少,主要集中在国内,具体概述如下:

李海燕等[③](2005)分析了长安秦岭北麓发展带的现状,提出长安秦岭北麓发展带的规划目的是维护和恢复景观生态过程及格局的连续性和完整性,规划原则是整体优化、持续发展、自然优先、适度开发和文化特色原则,探讨了规划分区、廊道建设等问题,以及如何形成"水体—绿林—城市—群山"的风貌特色,通过蓝道、绿道网络的建立,促使区域中的自然斑块和人文斑块与秦岭有了联系的通道,在整体上形成斑块—廊道—基质系统。职晓晓[④](2009)分析了长安区开展生态旅游的开发依据,从旅游产品、旅游线路规划、空间管制和生态旅游资源及生态环境保护途径四个方面讨论了长安区秦岭北麓生态旅游资源开发与保护的共同发展。杨莹等[⑤](2006)从区域经济发展、西安城市空间结构扩展以及地域背景环境 3 个层面上对长安秦岭北麓发展带的发展定位进行分析研究,指出长安秦岭北麓发展带的发展方向是以生态旅游、科教研发、休闲度假为主的功能性郊区,应以旅游商贸业、都市型农业、科教产业和地产开发业为发展方向。严艳等[⑥](2008)在分

---

①　杨柳 . 风水思想与古代山水城市营建研究[D]. 重庆:重庆大学,2005:15

②　杨柳 . 风水思想与古代山水城市营建研究[D]. 重庆:重庆大学,2005:16

③　李海燕,李建伟,权东计 . 长安秦岭北麓发展带生态景观规划研究[J]. 云南地理环境研究,2005(05):64～67

④　职晓晓 . 长安区秦岭北麓生态旅游资源的开发与保护[J]. 陕西教育学院学报,2009(01):71～74+106

⑤　杨莹,李建伟,刘兴昌等 . 功能性郊区发展的定位分析——以长安秦岭北麓发展带为例[J]. 西北大学学报(自然科学版),2006(4):655～658

⑥　严艳,宋秀云 . 基于旅游消费偏好的秦岭北麓观光农业园发展研究[J]. 西安电子科技大学学报(社会科学版),2008(6):73～79

析秦岭北麓观光农业存在问题的基础上,指出秦岭北麓农业旅游资源的数量、类型、级别和开发程度在空间分布上具有分散与集中并存的特点,并提出相应的观光农业旅游发展建议。张小明[①](2008)分析了秦岭北麓"农家乐"存在的问题。杨松茂等[②](2009)分析了秦岭北麓"峪口型地域"的问题,提出了促进经济与生态协调发展的"峪口型地域"深层次开发的基本思路。王克西和任燕等[③④](2007)从秦岭北麓地区经济发展与自然保护角度,提出应限制传统农业,在整治裁撤各类污染型工业及采矿采石业,积极推广循环经济模式的同时大力发展绿色产业,在生态敏感和脆弱区域实行生态移民,设置环山带的管理特区,以统一行政强化产业环保监管,调整产业结构,走产业绿色化和绿色产业化之路等建议。乔彦军等[⑤](2010)研究公路生态旅游景观的涵义和构成功能,提出了秦岭北麓公路生态旅游景观开发的原则、总体构思。李勤[⑥](2007)对秦岭北麓森林公园进行了研究,提出采用绿色营销策略,开发生态旅游项目,形成当地经济效益、生态环境利益和旅游者需求三者的统一,实现当地旅游业的可持续发展。蒋建军等[⑦](2010)从秦岭北麓水资源的角度提出秦岭北麓生态景观特色构想,并提出相应的水资源生态景观维护措施:加强河道基流的生态调度、对河流湿地景观进行生态功能分区、编制水系综合整治与景观生态保护规划、加强峪口外沟道的治理、河道生态林建设、河岸交通廊道建设、人文历史遗迹及水绿斑块建设。泰秀[⑧](2010)对秦岭北麓休闲产业发展的资源、市场产品进行分析,构建秦岭北麓休闲产业带,并提出开发的总体策略。董红梅[⑨](2011)分析秦岭北麓生态旅游现状与存在的问题,提出了秦岭北麓生态旅游可持续发展的对策与建议。郭威[⑩]

① 张小明. 秦岭北麓"农家乐"存在的问题及对策[J]. 新西部(下半月),2008(10):98~99

② 杨松茂,任燕. 秦岭北麓"峪口型地域"深层次开发研究[J]. 西北大学学报(哲学社会科学版),2009(5):55~59

③ 王克西,任燕,张月华. 秦岭北麓环山带生态环境保护问题研究[J]. 西北大学学报(哲学社会科学版),2007(2):44~49

④ 王克西. 秦岭北麓环山带的生态保护与经济发展模式选择[J]. 人文地理,2007(2):23~26

⑤ 乔彦军,徐冬寅,杨敏等. 秦岭北麓公路生态旅游景观开发研究[J]. 生态经济,2010(2):91~93

⑥ 李勤. 秦岭北麓森林公园生态旅游绿色营销策略研究[J]. 陕西行政学院学报,2007(1):62~64

⑦ 蒋建军,冯普林. 秦岭北麓水资源利用现状与生态景观维护[J]. 人民黄河,2010(7):68~70

⑧ 泰秀. 秦岭北麓休闲产业带的开发策略[J]. 西安工程大学学报,2010(3):344~351

⑨ 董红梅. 陕西秦岭北麓生态旅游可持续发展研究[J]. 安徽农业科学,2011(2):928~929+932

⑩ 郭威. 西安市发展秦岭北麓农业休闲观光旅游应注意的问题[J]. 西北建筑工程学院学报(自然科学版),2001(4):101~104

(2001)分析秦岭北麓农业休闲观光旅游的优势及可行性,提出秦岭北麓发展农业休闲观光旅游应注意的问题。王永胜等[1](2010)结合秦岭北麓自然地理与生态环境特点,以西安市周至县为例,分析了乡镇分布与秦岭北麓自然地理环境的关系,提出与自然地理环境相结合的村镇生态化建设理念,探讨不同类型村镇其生态化建设策略及规划引导,促进与秦岭北麓生态保护相协调的村镇建设。温艳[2](2011)提出进行大秦岭旅游资源开发,应以关中—天水经济带为依托,在整合旅游资源的基础上形成精品旅游路线,加强与湖北、河南合作,构建陕豫鄂秦岭旅游带,同时整合陕西省内秦岭人文、生态资源,构建旅游大省,并指出国家级生态示范区是大秦岭保护与发展的必由之路。王宇等[3](2011)通过分析秦岭的生态演变过程及生态恶化的主要影响因素,得出清代中后期是秦岭生态状况由优变劣的关键时间,秦岭生态变化的主要因素是人为因素。何红[4](2011)提出秦岭区域旅游合作与发展对策是提升规划高度、构建"无障碍旅游区"、拓展旅游空间、实现资源共享、深化旅游认知、突出生态特色等。史斌等[5](2011)分析了秦岭北麓环南山户外运动存在的问题,并对秦岭北麓环南山户外运动的可持续发展进行了研究。朱美宁等[6](2009)提出陕西秦岭旅游的空间结构为:十大旅游空间结构、六大对接区域、九大亮点发展区域,并指出秦岭旅游发展点轴空间组织规划。孔庆蕊等[7](2009)分析山地旅游资源分布的特性,总结了秦岭山地旅游开发的几种模式:乡村旅游开发模式、森林公园开发模式、地质公园开发模式、生态主题公园开发模式、遗址公园开发模式、山地运动开发模式等。王书转等[8](2006)基于生态承载力理论,计算和分析了秦岭北麓的生态承载力状况,结果表明:秦岭北麓的生态弹性指数大于50,生态系统具有中等的自我维持与自我调节能力;水资源已成为社会经济发展的"瓶

① 王永胜,张定青.西安市秦岭北麓村镇生态化建设规划初探——以周至县为例[J].华中建筑,2010(12):126~130

② 温艳.大秦岭生态示范区的构建[J].安徽农业科学,2011(23):14278~14280+14284

③ 王宇,延军平.秦岭生态演变及其影响因素[J].西北大学学报(自然科学版),2011(1):163~169

④ 何红.陕西秦岭区域旅游合作与发展的对策研究[J].安徽农业科学,2011(12):7216~7219

⑤ 史斌,靳淑玫,张军.秦岭环南山户外运动的可持续发展研究[J].价值工程,2011(26):293~294

⑥ 朱美宁,宋保平.基于大尺度旅游地规划空间组织结构研究——以陕西秦岭为例[J].江西农业学报,2009(6):175~177

⑦ 孔庆蕊,孙虎.基于垂直地带性的秦岭旅游资源开发研究[J].江西农业学报,2009(12):197~199+202

⑧ 王书转,肖玲,吴海平.秦岭北麓生态承载力定量评价研究[J].水土保持研究,2006(1):148~150

颈"。郑生民等①(2006)分析秦岭山地的五大生态水文功能以及恢复和重建秦岭山地水文生态系统功能的立体生态化保护性开发模式。齐杰等②(2007)运用 SWOT 分析法对秦岭北坡森林公园进行分析,并提出可持续策略。吴晓娟等③(2008)对秦岭北坡森林公园游憩价值与生态因子关系进行研究,指出多种生态因子影响森林公园游憩价值,游憩价值与植被类型、地文景观、区位因子的相关性最为密切。王香鸽和孙虎④(2003)论述秦岭北坡浅山地带的环境问题,指出在旅游景区环境恶化、矿区环境破坏严重、生态多样性减少及水土流失和洪涝灾害加剧等方面表现突出,提出以生态环境保护为前提,以生态旅游和生态农业为支柱产业的保护性经济开发模式。刘康等⑤(2004)在对秦岭山地生态特征和功能进行评价的基础上,探讨该区域存在的主要环境问题,指出秦岭生态功能区应统一规划,合理划区;建立和完善自然保护区网络;合理开发利用自然资源并提出重点生态建设工程和保障措施。杨新军等⑥(2004)将秦岭国家级生态功能区的生态旅游资源划分为森林、山地和水体三类,并进行了分类评价和综合评价,采取带—区—亚区三级方法对秦岭进行了旅游功能区划。提出通过退耕还林、建立生态预警机制、严格控制开发建设、分区管理等措施促进生态旅游与环境保护的协调发展。张晓慧等⑦(2002)分析秦岭北坡森林公园整体发展的态势,指出存在的主要问题。认为制定总体规划,组建旅游集团是秦岭北坡森林公园可持续发展的理想模式,并对森林公园的主题形象规划,分区和分项规划等问题进行探讨。李印⑧(2012)指出秦岭终南山地质公园发展旅游中存在着诸多问题,提出秦岭终南山地质公园发展旅游应加大宣传力度,制定宣传策略,应立足秦岭文化,突现秦岭地域特色;设立统一管理机构,并补充

① 郑生民,井涌.秦岭山地水文生态功能的战略地位[J].中国水利,2006(15):56~58

② 齐杰,王芳.秦岭北坡森林旅游产业发展的 SWOT 分析[J].安徽农业科学,2007(28):9074~9075

③ 吴晓娟,孙根年,孙建平.秦岭北坡森林公园游憩价值与生态因子关系分析[J].中国生态农业学报,2008(3):754~759

④ 王香鸽,孙虎.陕西秦岭北坡浅山地带生态环境保护研究[J].陕西师范大学学报(自然科学版),2003(3):120~124

⑤ 刘康,马乃喜,胥艳玲,孙根年.秦岭山地生态环境保护与建设[J].生态学杂志,2004(3):157~160

⑥ 杨新军,李同升.秦岭国家级生态功能区生态旅游开发与保护[J].水土保持通报,2004(3):64~68

⑦ 张晓慧,苟小东,王谊.陕西秦岭北坡森林公园总体规划初探[J].西北林学院学报,2002(1):80~83+90

⑧ 李印.关于发展秦岭终南山世界地质公园旅游的思考[J].西安财经学院学报,2012(2):89~93

完善相关法规。刘彦随[①](1999)以陕西秦岭北坡为例,系统分析了土地类型结构格局,并根据山地结构格局的特点(空间层次性、结构多级性和功能多元性),提出了不同空间尺度下山地生态模式设计,以及土地利用优化配置的模式和相关方案。蔡平[②](2002)分析了秦岭北坡旅游资源的优势和存在的问题,提出秦岭北坡旅游资源开发的相关思路和对策。张中华[③](2012)以陕南秦岭地区为例,立足西部山地的地域特色、生态环境和经济、社会文化特征,按照城乡统筹发展规律,并借鉴国内外其他城市人口转移模式,提出通过对关键影响要素的识别,构建基于城乡居民点、产业园区、交通、生态的人口转移发展模式。杨侃等[④](2010)对秦岭环南山体育旅游经济圈进行 SWOT 分析。黄曦涛[⑤](2010)介绍遥感、地理信息系统、全球定位系统(3S 技术)在秦岭地区生态环境保护信息化建设的应用,同时对 3S 技术在应用中出现的问题和对策进行了总结。尚书等[⑥](2012)分析了秦岭植物在西安地区生态园林城市建设中的作用、价值和应用前景,为提高生态园林城市建设的生物多样性,营造与自然更加和谐优美的城市生态环境提供依据。刘珺[⑦](2012)分析秦岭绿色产业开发的现状和存在问题并提出改进对策,推动大秦岭地区实现科学、有序、生态化持续发展。

总体来看,国内对于秦岭的研究,起因于秦岭特殊的地理位置和重要的生态作用,多从秦岭的地质地貌、动植物群落、森林保育等角度展开,对秦岭北麓(西安段)的空间规划研究相对较少。如王香鸽等研究陕西秦岭北坡浅山地带生态环境保护问题,对秦岭北坡生态环境现状进行概述,并指出开发过程中所存在的环境问题[⑧];孙建平等研究秦岭北麓森林公园游憩价值,讨论了森林公园的深层生态旅游问题[⑨];刘彦随等研究了秦岭北坡的山地类

---

① 刘彦随. 土地类型结构格局与山地生态设计[J]. 山地学报,1999(2):9~14

② 蔡平. 西安市秦岭沿线旅游资源开发研究[J]. 唐都学刊,2002(3):108~110

③ 张中华. 陕南秦岭地区城乡统筹发展的适宜模式及实施措施研究[J]. 现代城市研究,2012(10):72~81

④ 杨侃,史斌,刘长江. 对秦岭环南山体育旅游经济圈的 SWOT 分析[J]. 体育世界(学术版),2010(12):117~118

⑤ 黄曦涛."3S"技术在秦岭生态环境保护领域的应用[J]. 安徽农业科学,2010(9):4707~4709

⑥ 尚书,陈宪章,谢亚红. 秦岭植物在西安园林建设中的应用[J]. 中国园林,2012(7):80~82

⑦ 刘珺. 大秦岭绿色产业发展与优化战略[J]. 宝鸡文理学院学报(社会科学版),2012(6):92~95

⑧ 王香鸽,孙虎. 陕西秦岭北坡浅山地带生态环境保护研究[J]. 陕西师范大学学报(自然科学版),2003(3):120~124

⑨ 吴晓娟,孙根年,孙建平. 秦岭北坡森林公园游憩价值与生态因子关系分析[J]. 中国生态农业学报,2008(3):754~759

型结构格局、山地生态设计①。这些研究涉及到了生态环境的定性研究，如王香鸽的研究具有很大的意义，尤其是刘彦随从山地生态设计上着手研究则独辟蹊径，研究具有较大应用价值。这些研究弥补了该区域研究上的一些空白，但是仍然不够全面系统。

其他学者的研究并不局限于秦岭北麓（西安段），只是在研究中有所提及，如周涛②（2001）研究了在创建生态示范省中秦岭地区的地位和作用，高雪玲③（2004）等研究了秦岭山地生态系统服务价值，刘康等④（2004）研究了秦岭山地生态环境保护与建设，井涌⑤研究了秦岭生态保护区水文水资源特征，王冬英、胡粉宁等研究陕西省发展循环经济时涉及秦岭等。

由以上可以看出，对秦岭北麓（西安段）这个特定区域的环境、资源、生态承载能力，空间保护利用等的研究相对涉及较少，对该区域的空间保护利用虽有提及但都不是十分系统全面，由此也显示了本研究的必要性。

1.5　研究的方法和框架

1.5.1　研究的方法

1.5.1.1　研究方法的理论基础

本书研究方法的理论基础主要是来自系统论。系统论揭示了客观事物和现象之间的相互联系和作用的本质共同点和规律内在性，并认为一切事物都是以系统方式存在和运行的，都可以用系统观点来认识，一切问题都需要用系统方法来处理。⑥ 把这个观点应用于秦岭北麓系统，就是运用系统观点来考察秦岭北麓空间保护利用所涉及的系统组分、结构、环境、功能、演化等。

① 刘彦随. 土地类型结构格局与山地生态设计[J]. 山地学报，1999(2)：9～14
② 周涛. 浅谈秦岭地区在创建生态示范省中的地位和作用[J]. 陕西环境，2001(2)：9～11
③ 高雪玲. 秦岭山地植被生态系统服务功能及其空间特征研究[D]. 西安：西北大学，2004
④ 刘康，马乃喜，胥艳玲，孙根年. 秦岭山地生态环境保护与建设[J]. 生态学杂志，2004(3)：157～160
⑤ 郑生民，井涌. 秦岭山地水文生态功能的战略地位[J]. 中国水利，2006(15)：56～58
⑥ 苗东升. 系统科学大学讲稿[M]. 北京：中国人民大学出版社，2007：4～6

系统论指导下的系统方法有如下原则：①

整体性原则——系统方法的核心就是整体性，避开整体性原则去谈系统方法，是毫无意义的。观察和认识客观事物，必须站在事物所处系统之外，从周围环境和更高级的系统出发去研究。

层次性原则——认识和管理系统对象，应从系统对象的层次性展开，并注重整体与层次之间的作用和影响研究。克服各层次的不协调，保证最大限度的整体一致性，才能发挥系统的最佳性能。

结构原则——认识和管理系统对象，应以系统对象的各组成部分和系统层次结构方式为出发点和突破口，并注重分析结构方式和系统整体之间的作用和影响。只有认识系统的空间、时间、数量结构，才能把握和掌控系统的整体功能。

环境相关原则——认识和管理系统对象，既要考虑系统整体还要注意系统整体与环境之间的相互联系。在分析系统整体和环境相互作用中认识系统对象，并考量系统整体和环境之间的相互作用对系统整体功能和环境的影响。

系统论为秦岭北麓空间保护利用的研究提供了方法论依据和理论范式，用系统论观点来分析秦岭北麓空间保护利用规划的相关问题，能开阔眼界，打开思路，科学地研究秦岭北麓区域内部和外部的有机联系，寻求秦岭北麓适应性保护和规划的模式和策略，从而达到最优发展的目的。本书在系统论思想的指导下，整体建构研究体系，并具体应用下述系统论观点，对秦岭北麓保护利用中协调发展问题进行系统分析。

1. 整体性观点

系统论认为，系统整体的功能一般并不等于组成该系统的各子系统功能的简单相加。各子系统的最佳运转状态、最优发展之和并不等于系统整体的最佳运转状态和最优发展。整体可以大于部分之和，也可以小于部分之和。相对于子系统的功能来说，系统整体可以具有"全新"的功能。在秦岭北麓的研究中，始终把系统整体功能的要求为出发点，把系统整体功能的实现作为落脚点和出发点。

2. 系统发展的目的性观点

系统论认为，系统在与环境进行物质、能量、信息交换的过程中，具有朝向其最稳定的状态，即目标发展的自然趋势，这就是系统发展的目的性表

---

① (美)冯·贝塔朗菲(Von Bertalanffy, L.)著；林康义、魏宏森译. 一般系统论基础、发展和应用[M]. 北京：清华大学出版社，1987.

现。现存系统的自然发展目标并不符合人们的要求,人们要对它进行改造、设计。而这种改造、设计的主要依据是人们根据各种约束和要求而确定的系统发展的新目标。因此,秦岭北麓发展的战略目标的研究在本书整个研究工作中有着特殊的地位。

3. 层次性观点

任何系统都是由一系列子系统所组成,而系统本身又是另一更大系统的子系统。因此,系统的组成具有层次性。任何系统的研究和设计都要明确该系统所处的层次,并考虑到上下层次之间的关系。对于秦岭北麓而言,其上一个层次是国家和陕西省,中间层次是西安市,下一层次是秦岭北麓自身各个职能空间和实体部门。上层和中间层次对秦岭北麓系统的要求主要是发展战略目标以及生态环境的约束。秦岭北麓系统在上层系统的要求和约束下所得出的优化研究的结果是其下层系统优化研究的前提和约束。运用层次性观点开展逐级优化研究是确保系统整体功能的实现,使系统整体具有人们预期的发展目标的有效方法。

4. 功能结构性观点

功能,从质的方面来看,有种类多少之别;从量的方面来看,有能力大小之分。所谓系统的功能是指系统与外部环境之间实现交换的内容种类和能力大小的总称。系统结构指组成系统的各子系统之间的相互联接关系和相互作用。系统的功能结构性观点认为,系统的结构是使系统保持整体性,使之具有一定的整体功能的内在依据,是一个系统区别于另一个系统的重要标志;系统功能是系统结构的外在表现。因此,在秦岭北麓系统的研究中,在山水城市视野下从秦岭北麓空间保护利用入手,研究适应性保护模式及规划策略以确保秦岭北麓系统整体功能的实现。

5. 最优化观点

系统的功能决定系统的结构,但不同结构的系统可以具备相同的或人们所需的功能。因此,人们可以根据某一指标在这些具有相同功能、不同结构的系统中的不同作用做出最优选择。对秦岭北麓这一具体的区域系统,本书通过空间的保护利用规划来调整、改变它的结构,使系统整体具备人们预期的功能,同时,根据最优性观点,通过分析研究,在使得秦岭北麓系统成为一个有机整体的基础上进行适应性优化,以求得最优化的空间保护利用规划方案。

6. 开放的观点

开放系统概念的提出是系统论的一个重要贡献。系统论认为,只有开放系统即与环境不断地有物质、能量和信息交换的系统才能抵御外界的不利影响,保持自身的生命活力,不断提高系统本身的有序程度。一个系统,一旦停止与外界的一切交换就成封闭系统,此时系统内部的不可逆过程将导致系统有序程度不断降低,系统将失去活力。任何区域系统本质上是一个开放系统,区域系统的开发过程就是不断提高其有序程度的过程。实现这一过程的必要条件是系统与环境有物质、能量和信息的交换。因此在任何研究区域的空间保护利用体系中必须有反映这一交换的物质、能量和信息的调入调出。物质、能量和信息的调入调出研究涉及面较广,关系比较复杂,不确定因素较多,研究难度较大,但是不能回避。为此,在秦岭北麓适应性保护和规划策略体系的研究中,着力研究秦岭北麓的物质、能量和信息调入调出在空间上的反映。

7. 协同性观点

系统内各子系统之间的协同是系统稳定有序结构的体现。这是使系统整体具备预期功能的内在依据。所谓"协调开发"指的就是要求系统内各子系统之间在发展过程中保持协调、匹配。在秦岭北麓空间保护利用模型体系研究中为了体现各子系统之间协调、匹配的要求,本书对秦岭北麓适应性保护和规划策略体系进行了总体设计。总体设计的主要工作是建立一个总体适应性的优化模式,通过总体适应性模式使各子系统联接成一个有机整体。同时据此对子系统的建立从联接的角度提出要求。这样形成的适应性保护和规划策略体系不仅反映了系统之间的协调、匹配的要求,同时各子系统的规划研究工作既可同时并举,也可前后穿插,且能保证研究结果的整体性、协调性。

1.5.1.2 研究的具体方法

借鉴社会学的研究,本书研究具体采用定性分析为主,定量分析为辅的研究方法。定性主要是用准确的语言来描述秦岭北麓的现实问题,用于研究秦岭北麓本质层面的内容,秦岭北麓空间和使用者之间关系等。定量主要是针对需要数量测量变量的地方,比如秦岭北麓的空间规模大小,空间构成尺度、秦岭北麓的人口容纳量等。本书研究方法具体可以归结为调查研究、比较分析研究、理论梳理归纳研究、实践探讨等方面。

1. 调查研究

调查研究从调查和资料收集分析方面展开。

调查,针对秦岭北麓研究对象以及可能涉及到的使用人群进行调查,对秦岭北麓进行实地调查,对使用人群首先确定调查的总体对象,选取调查的样本,通过问卷和访谈等多种调查手段,对秦岭北麓的使用人群进行研究,鉴于研究能力所限,调查主要通过现场踏勘和交流访谈展开,了解社会各个层面对秦岭北麓的认知和需求,通过前人所做的大规模调查资料,提炼总结用于补充研究的不足。

资料收集分析,通过各种途径收集秦岭北麓以及秦岭北麓有关的资料,对收集的资料进行整理,提炼和分析其中对研究有价值的内容,丰富对秦岭北麓的认识,为规划策略的提出奠定基础。

2. 比较分析

透过各类与秦岭北麓有关或者相似的规划经营及管理维护等相关文件资料,首先综合整理、归纳相关资料,得到初步成果后,再透过同异比较法进行分析;比较秦岭北麓的属性定位与管理体制,发现其中的差异点与共同点,为本研究提供依据与建议。另外,也对各类调查结果与数据进行统计比较分析。通过运用比较分析的研究方法,为探讨秦岭北麓规划策略作了研究铺垫。

3. 理论梳理归纳

认识研究对象的关键和基础莫过于理论研究了,所以,本书对相关的理论进行了深入的梳理归纳,以期抓住研究对象秦岭北麓的本质性问题,为研究工作提供理论指导。

4. 实践探讨

实践出真知,通过实践一方面能细化说明研究成果,另一方面也可以深化研究体系,作者在读博期间,跟随导师参与了秦岭北麓有关的具体规划项目,在实践过程中,通过与规划密切相关的政府、开发商和具体使用人群的接触,认识到秦岭北麓空间保护利用规划的迫切性,也深入了解了有关秦岭北麓运作机制的具体内容,正是这些实践的积累,既坚定了研究的选题,也深化了作者对秦岭北麓这个研究对象本质的认识。

1.5.2 研究框架

本书的研究框架详见图 1-4。

山水城市视野下秦岭北麓（西安段）适应性保护模式及规划策略研究

研究背景意义、研究对象内容范围、相关研究述评

理论基础研究

山水城市的背景、演变发展以及对秦岭北麓的启示

山水城市空间建构的影响因素：需求因素、人口因素、生态因素、景观因素、管控因素；山水城市空间建构的五个基本内容

秦岭北麓有关生态环境保护利用理论：规模门槛、错位发展、自组织理论

分析现状提出发展诉求

秦岭北麓空间类型分类

秦岭北麓生态环境的现状问题

秦岭北麓生态环境现实问题成因

系统整体效益下降

系统层次不足

系统开放性不足

整体规划统筹缺乏

生态保护研究缺乏

明细化的法规缺乏

秦岭北麓保护利用的发展诉求

适应人与自然、社会文化、形体空间、运作机制

适应的方法对策

秦岭北麓保护利用的法律基础和上位规划剖析

秦岭北麓空间保护利用发展定位：系统网络化、多元化、公益性和开放性、生态文明

适应性保护模式

适应性保护理念

适应性保护的评价指标模型

适应性保护的技术手段：
• 相互关联的区域整合模式
• 结构形态的类型保存模式
• 空间修复与功能协调模式

适应性保护的政策管控措施

保护规划实践

适应性规划策略

适度利用评价、理念

适应性保护政策引导

适应性保护的技术手段：
• 弹性规划模式
• 宏观层面、中观层面、微观层面的规划策略

规划管理措施

适度利用规划实践

研究框架图结论：适应性是秦岭北麓空间保护利用的永恒主题

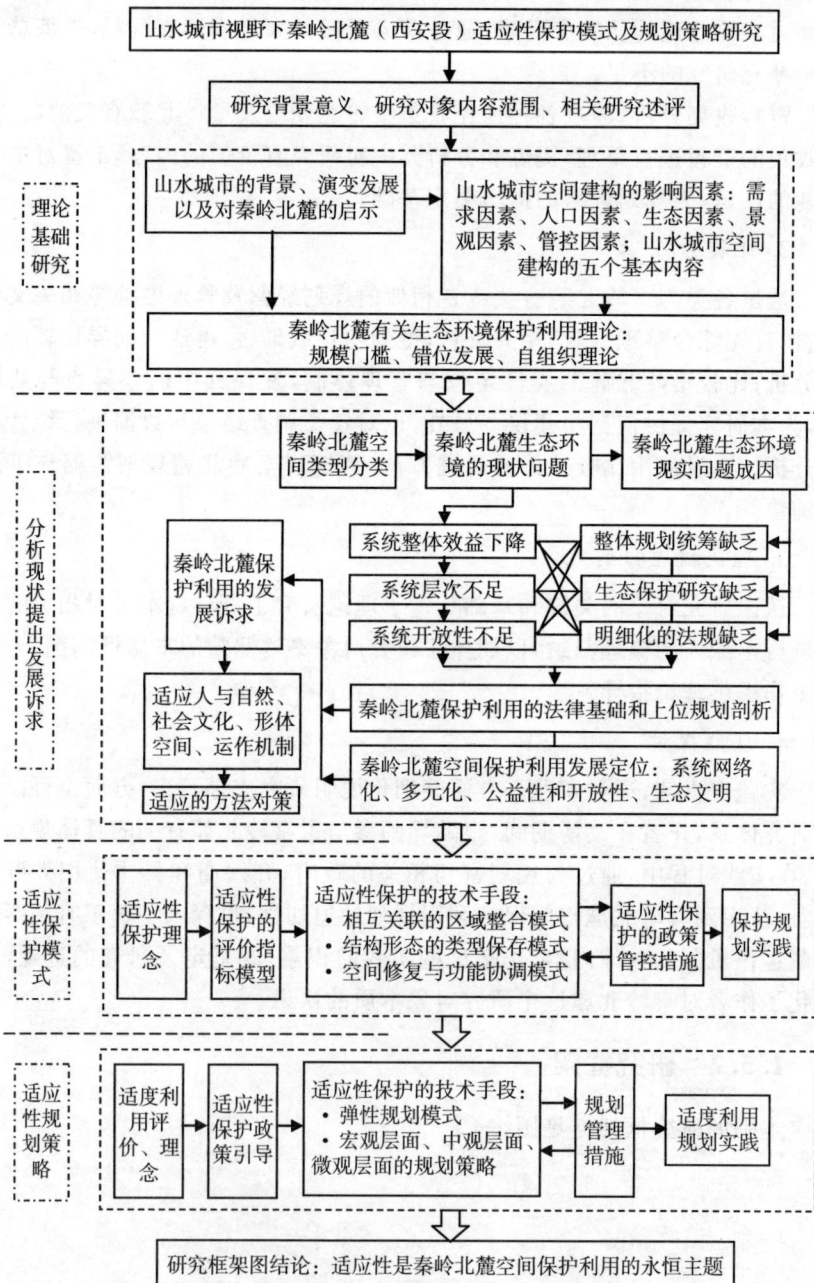

图 1-4　研究框架图

资料来源：作者自绘

1.6　本章小结

　　本章从秦岭北麓的特殊区位、秦岭西安段、秦岭的地位以及秦岭生态环境历史变迁角度，介绍了与秦岭北麓的相关背景，以此作为研究背景，然后提出研究意义是：保障秦岭北麓的生态环境和历史人文资源的可持续发展，促进西安国际化大都市建设，并在秦岭北麓的发展中推进区域城乡一体化的发展。

　　本章界定了课题研究对象是山水城市、秦岭北麓、山水城市空间建构和适应性保护及规划，并在研究内容和研究范围加以说明，然后对相关研究进行了述评，总结提炼其中对本课题有用的相关信息。最后，指出课题研究的方法和具体研究框架。

2. 山水城市视野下秦岭北麓保护及适度利用的相关理论

2.1 山水城市理论

2.1.1 山水城市的背景

2.1.1.1 中国紧迫而严峻的社会发展形势

近现代中国的发展道路是一条学习西方文化、追赶工业时代潮流的道路。1978年推行的中国特色的社会主义建设的改革开放大发展战略,走完了西方工业国家百余年的工业化历程,成就卓著,但也暴露出众多的问题:人口增长、资源危机、生态破坏、环境污染等,这不得不引起决策者和社会各界的关注。

1. 人口基数大,绝对增长快,资源短缺,浪费率高

从某些自然资源的绝对量来看,我国是世界上少数几个资源大国之一,但若以人均拥有量来衡量,却是资源贫瘠国。由于人口众多,我国人均资源占有量不到世界平均水平的一半,多数资源质量较差,石油、富铁矿、铬铁矿、铜矿、钾盐等重要矿产更严重短缺。我国人口密度是世界平均值的3倍,人均资源不足世界的1/2;单位产值资源能源消耗量为3倍;单位产值废物排放量为数倍,污染总量增长率是总产值增长率之数倍,每年利用资源环境价值应在国民生产总值数倍以上。我国单位GDP的废水、固体废弃物排放水平都大大高于发达国家,环境污染严重。不合理开发造成的资源浪费十分惊人,使短缺更趋严重。水资源已成为制约我国经济发展最重要的瓶颈,我国人均水资源拥有量仅为全球平均水平的1/4,且分布极不均衡。中国的水循环也出了问题:100年以来,从西北到华北,一系列湖泊干涸,黄河淮河从泛滥变为断流,随即是淤积和荒漠化。地下水位下降,泉水不再涌

出。90 年代以来,每年因缺水造成经济损失达 100 多亿元。①

2. 环境恶化加速

工业化使大气污染十分严重,我国西南、华南酸雨区(广东、广西、四川盆地和贵州大部分地区)是与欧洲、北美洲并列的世界三大酸雨区之一。水污染日益突出,2005 年国家环保局地表水质报告表明,全国七大水系中,被有机物或重金属重度污染是 3 条,中度污染 2 条,只有长江、珠江水质较好,几大湖泊也普遍存在富营养化的问题。② 大片的森林被砍伐,致使水土流失达每年 50 亿吨,是全世界的 1/5,目前,我国水土流失已达 356 万平方公里,占国土面积的 37%,我国已成为荒漠化较大,分布较广,危害最严重的国家之一。③

越来越多的证据表明,随着对自然生态的破坏性开发,城市在经济和科技进步的光环下依然成为生态环境问题最严重的地方,中国的生态环境及资源问题的源头,主要集中在城市。

城市正变成危害人自身健康的聚居地。由国内外环境领域专家组成的工作小组及来自亚洲开发银行的专业团队联合完成的《迈向环境可持续的未来——中华人民共和国国家环境分析》指出:"中国日益增长的能源需求、机动车数量以及工业的迅速扩张,导致空气质量严重恶化,对人体健康和生态系统产生了负面影响。"报告列举一个关键的事实是,"中国最大的 500 个城市中,只有不到 1% 达到了世界卫生组织推荐的空气质量标准;世界上污染最严重的 10 个城市之中,有 7 个在中国。"④城市在破坏自身环境的同时还通过对资源的需求和废弃物的排放,对区域乃至全国的自然生态进行破坏,沙尘暴、泥沙雨、南海赤潮、长江大水等均是城市工业污染的全国生态连锁反应。

急剧扩大与超强度开发也使得城市出现了功能性失调的问题,北京、上海等特大城市中心高峰期交通瘫痪状态,正是这种功能性失调的最好写照。

工业文明的盲目崇拜,"贪大求洋","人定胜天"的对自然的蔑视,传统文化被贬低,这些思想在城市泛滥。历史文化在城市的发展中被无情扭断,自然景观被蚕食破坏,源自工业时代的个人英雄主义,在对标新立异的洋风

---

① 联合国开发计划署. 2002 年《中国人类发展报告》[EB/OL]. 百度百科 http://baike. baidu. com/

② 中华人民共和国环境保护部. 2005 年国家环保局地表水质报告 [EB/OL]. http://www. zhb. gov. cn/gkml/hbb/qt/200910/t20091023_179882. htm

③ 人民网. 我国每年水土流失 50 亿吨[EB/OL]. http://www. people. com. cn/GB/huanbao/57/20020528/739148. html

④ 亚洲开发银行. 迈向环境可持续的未来:中华人民共和国国家环境分析[EB/OL]. http://www. adb. org/publications/toward~environmentally~sustainable~future~country~environmental~analysis~prc~zh

堆砌歌功颂德时,将城市整体特色淹没、扼杀。

经济的发展导致城乡差距的增大,中国已成为全球人均收入差距最大的地区之一。经济的不协调导致社会的不协调,进而加剧了社会的不稳定,中国已经进入了一个社会矛盾累积、多发的危险期。

现今中国的城镇化率已经超过 50%[①],中国的发展决定于城市已经是不争是事实。正如联合国原秘书长安南在 1997 年的"世界人居日"上指出一样,"城市可能是主要问题之源,但也可能是世界某些最复杂、最紧迫问题得以解决之所在。"[②]

2.1.1.2 "山水城市"概念的提出与研究的兴起

在中国,城市快速发展和规模激增,与环境恶化、特色消退、文化迷失的历史危机时刻,一系列强调生态环境和历史文化,力图解决危机的城市新概念被引进或创立,像"生态城市"、"花园城市"、"绿色城市"、"园林城市"、"森林城市"、"风土城市"等等,就像清新自然的绿色之风一样,令人耳目一新,这掀起了在城市中"回归自然"和"人文寻根"的研究和实践热潮。

在这种历史背景下,"山水城市"的概念由钱学森先生在 1990 年与吴良镛先生谈城市的书信中首次提出,随后钱学森先生又在多次书信论文中,对"山水城市"构想进行细化阐述[③]。"山水城市"所描述的城市概念具有鲜明本土文化特色的,有着丰富想象力和强烈感召力,一经问世便引起了学术界的关注,并展开了广泛的讨论,兴起一股研究的热潮(表 2-1)。

表 2-1　山水城市有关学术会议列表

时间	名称或主题	组织者
1993 年 2 月	山水城市——展望 21 世纪的中国城市	建设部
1996 年 3 月	建设山水园林城市	重庆市城科会
1996 年 10 月	山水城市和风景区规划	中国城市规划学会风景环境设计学术委员会

---

①　由中国市长协会主办、国际欧亚科学院中国科学中心承办的《中国城市发展报告(2011)》卷 2011 年 5 月 9 日在北京首发。报告认为,虽然 2011 年中国城镇化率历史性突破 50%,但未来城镇化道路将面临更多挑战。

②　鲍世行,顾孟潮. 杰出科学家钱学森论城市学与山水城市[M]. 北京:中国建筑工业出版社,1996:420

③　根据 1995 年 11 月 19 日钱学森先生在"关于'山水城市'提出时间给顾孟潮的信"的意见,有文字记录可查最早提出时间是 1990 年 7 月 31 日给吴良镛先生的信,信中提出:"能不能把中国的山水诗词、中国古典园林建筑和中国的山水画溶合在一起,创立'山水城市'概念"。

续表

时间	名称或主题	组织者
1997 年 11 月	山水城市与城市山水	风景环境设计学术委员会
2000 年	第六次中国建筑文化学术研讨会,山水城市是主要议题之一	中国建筑学会
2000 年 11 月	广州山水城市建设论坛	南方日报报业集团和中国城科会
2000 年 12 月	广州山水城市文化研讨会	广州炎黄文化研究会、广州市环保局等
2006 年年底	建设"山水城市"主题集会	浙江省和杭州市的城科会
2007 年 10 月	"探索中国山水城市的科学道路"全国第九次建筑与文化学术讨论会	中国建筑学会
2010 年 4 月	钱学森科学思想研讨会——园林与山水城市	中国风景园林学会
2011 年 11 月	纪念钱学森诞辰 100 周年暨风景园林与山水城市学术研讨会	中国风景园林学会

资料来源:作者整理

　　"山水城市"的主题研讨会的召开,使得建设山水城市成为众多城市的奋斗目标,比如,广州、重庆、武汉、苏州等在实践中对山水城市进行了持续的探索。山水城市开始被国际学术界的重视,并给予极高的评价,尤其是在亚洲儒文化影响下的国家和地区。中国台湾提出了青山青水的山水城市建设,美籍华人规划师卢伟民在日本、中国台湾、美国等地的多场学术报告均以山水城市为主题,并以此理念指导了台中市的建设。1995 年日本名古屋的世界公园大会明确提出将山水城市作为亚洲的一种花园城市。德国 Frederic Vester 教授(生态控制论的创导者)在天津国际生态学术研讨会上,大力赞赏山水城市概念,并认为山水城市对生态、社会、文化产生巨大效益的同时也有巨大的经济效益。[①]

---

　　① 杨柳 . 风水思想与古代山水城市营建研究[D]. 重庆:重庆大学,2005:4

山水城市的讨论也引起了传媒的关注。山水城市概念在各种媒体上报频频亮相,在具有深厚山水文化传统的民众中广为传播,唤起了他们对居住环境的强烈关注和对未来城市的向往之情。众多房产开发商也纷纷打出"山水牌",以获取民众对楼盘的认同与好感。广大民众的参与讨论把山水城市的影响从学术界扩展到更加广泛的社会领域,无形中在广大民众间掀起一场山水文化精神的复兴运动。

2.1.1.3 山水城市概念的界定

山水城市概念,钱学森先生首先把它表述为:"把中国的山水诗词、中国的古典园林建筑和中国的山水画,溶合在一起,创造'山水城市'概念"。[①]

对于山水城市的理解,学术界从不同的角度和立场,发挥和完善了山水城市的概念内涵。对山水城市的界定,主要有两种看法:一种是强调有山有水才是山水城市。可以是真山真水,也可以是概念上的人造山水也行;另一种是将山水广义化,泛指自然环境。

山水城市归纳起来有 5 种思想,具体见表 2-2。

表 2-2 山水城市内涵分类列表

代表人物	主要观点	观点强调的内容(内涵)	
汪菊渊、陈传康、吴翼、孙筱祥等	认为山水城市是园林城市、森林城市、田园城市的升华或相似的概念,如居城市须有山林之乐等思想,注重的是山水对城市环境景观特色的影响。	强调山水自然形态在城市中的运用	注重于实践的运用
吴良镛、邹德慈等为代表	山水泛指自然环境,城市泛指人工环境,山水城市"是提倡人工环境与自然环境相协调发展,其最终目的在于建立'人工环境'与'自然环境'相融合的人类聚居环境"[②]	强调人工环境与自然环境的融合	
郑孝燮、美籍华人卢伟民、杨赉丽	卢伟民认为山水、人情与东方气质的融合,山水是城市与自然的协调,人情是人与人类情感需求相呼应。杨赉丽认为,山水城市是具有山水物质环境和精神内涵的理想城市[③]	强调文态环境与生态环境的融合	

① 钱学森.关于山水城市给吴良镛的信(1990.7)[A].鲍世行、顾孟潮.杰出科学家钱学森论城市学与山水城市[M].北京:中国建筑工业出版社,1996:47

② 吴良镛."山水城市"与21世纪中国城市发展纵横谈——为山水城市讨论会写[J].建筑学报,1993(6):4~8

③ 杨柳.风水思想与古代山水城市营建研究[D].重庆:重庆大学,2005:4

续表

代表人物	主要观点	观点强调的内容(内涵)	
顾孟潮、王如松	认为山水城市是国际上"生态城市"的中国提法	强调山水城市与未来城市发展趋势的接轨	倾向于一种理想的境界
黄光宇、李德洙、李先逵、汪德华	认为山水城市是与中国古代哲学思想相一致的"天人合一"的理想城市	强调山水城市与传统文化、传统哲学思想的内在联系	

资料来源:作者整理

鲍世行先生将山水城市的核心归纳为:"尊重自然生态,尊重历史文化;重视现代科技,重视环境艺术,为了人民大众,面向未来发展。"[①]

本书引用杨柳在其博士论文《风水思想与古代山水城市营建研究》(2005年)的观点:"界定山水城市为物质和精神上尊崇自然的意义的城市美好图景。"[②]

自然环境中丰富的生物群落,稳定生态链的区域都是山水,山水作为自然要素,在维护生态、限定环境、调节小气候方面最为有力。古代中国就认为山川是自然的精华,山川交汇之处是生气凝结之地,山水是自然生态环境当之无愧的代表。山水城市提升山水,并使其与城市人工环境并行,保护与维育以山水为代表的自然环境,这具有深刻的生态学哲理和自然保护意识。

山水的界定比较广泛,既可以是绵延千里的区域性大山水,也可以是宅园、盆景中的小山水。广义而言,绝对没有山水的城市是不存在的,只是尺度不同罢了,加之人工山水的补充,山水在城市处处可见。比如西安,位于关中平原,本是缺水城市,但和秦岭结合而谈,加之城市区域内八水环绕,形成一个十分庞大的山水格局。

在中国,山水体现的是一种文化符号,承载着中华民族独特的令其他民族羡慕的文化精神。山水中既蕴含了宗教意识中对自然山水的生命崇拜,也体现了哲学范畴的"道法自然"的山水感悟,更体现了美学领域的"比德山水"人生追求。山水诗词、山水绘画、山水园林等辉煌灿烂的山水艺术均是山水情感外化、物化的体现。山水文化具有深厚的民众基础和强大的精神

① 鲍世行. 21世纪中国城市向何处去—也探山水城市. 鲍世行,顾孟潮. 杰出科学家钱学森论山水城市与建筑科学[M]. 北京:中国建筑工业出版社,1999:421

② 鲍世行,顾孟潮. 杰出科学家钱学森论城市学与山水城市[M]. 北京:中国建筑工业出版社,1996:6

号召力,因此,命名到城市,叫"山水城市",这其中的中国传统文化特色则体现的既天然又强烈。

城市是物质财富与生活之利的象征,自然山水是人们修养身心的场所,在哲学范畴,城市和自然山水是对立统一的矛盾体。人对走进城市和回归自然均有需求,这体现了人类天然的两面性和对立统一,正如钱学森先生所言"人离开了自然,又要返回自然"[①]。而山水城市恰恰统一了人对城市和自然的矛盾需求,上升到追求人与自然和谐的城市理想,体现了"天人合一"的中国古代哲学基本精神,这是历代山水艺术、山水文化的共同心声。

因此,从广义上看,山水城市具有山水环境特色、山水文化气质,是一个理想城市模式,体现了人工与自然环境,以及人文环境与实质环境和谐共生。山水城市并不是农业文明的简单回归,而是更高层次的人地协同,是生态文明的中国城市理想模式。山水城市是在天人合一的理想下,以生态为前提,经济为动力,文化为调控,技术为手段,山水为特征,追求社会、经济、生态可持续发展的具有中国特色的社会主义城市模式。[②]

2.1.2 山水城市理论演变与发展

2.1.2.1 中国古代山水城市思想演变

追根溯源,由于中国特殊的自然地理环境和由其孕育而成的社会人文环境,中国古人的"山水"情结早已有之,这体现了中国古人对自然环境的崇尚和敬畏。"山水"思想经历了从本能意识到精神信仰,从经验积累到系统学说的过程。从早期淳朴的自然崇拜观,到对山川河流等地理形势研究,并分析水形势的利害来进行城市、宫舍、陵墓等的选址、营造;从神化"山水"到赋予其一定的精神内涵,融入祈福吉祥、占卜未来的精神追求,产生了一套系统的相宅、卜地的论说,形成了早期的风水术(山水环境选择意识的升华);从崇尚自然真山真水到师法自然模仿理想山水意境;从环境选择、利用山水环境进行营建到能动地创造和改善山水环境,中国古人在不断的发展演化中形成了完善的山水城市营建思想理论系统,城市的选址、形制、布局、空间、景观等诸多方面都融入了山水思想,山水思想的实践运用达到了空前高度,元大都、明清北京城的建设是这种山水思想的集中体现和实践升华(表2-3)。

---

① 鲍世行,顾孟潮. 杰出科学家钱学森论城市学与山水城市[M]. 北京:中国建筑工业出版社,1996:186

② 杨柳. 风水思想与古代山水城市营建研究[D]. 重庆:重庆大学,2005:06

表 2-3　中国古代山水城市营造思想演变历程

阶段	时期	相关理论思想	代表性实践活动	成就
缘起阶段	先秦时期	"相土尝水"、《考工·匠人·营国》、《管·乘马篇》	从原始聚落的选址、营造到夏、商、周三代都城的营建	趋利避害的环境选择意识
萌芽阶段	秦汉时期	"象天法地"、儒家礼制思想、风水学说的"堪舆"、"形势"	秦咸阳城、汉长安城、汉上林苑、甘泉宫等离宫别观	"山水"思想的升华，哲学观的融入，象天法地的营建思想
成型阶段	魏晋南北朝时期	"道法自然"的玄学思想、风水学说的"生气"思想、"营国制"等礼制的复兴	曹魏邺城、东晋建康、北魏洛阳等，师法自然的山水园林	礼制思想的复兴和山水情结的结合
发展阶段	隋唐至宋辽金时期	佛道儒三教、风水学说"龙、穴、砂、水"模式、"阴阳"学说	隋唐长安城、宋东京城艮岳的营建	能动的创造和改善山水环境
鼎盛阶段	元明清时期	对历代营建思想的继承发展、朱程理学的哲学观、龙脉诸山的划分、《园冶》	元大都、明清北京城、明清江南园林、清代"三山五园"	山水城市营建的系统化

资料来源：作者整理，张耀辉．山水城市格局的营造[D]．西安：西安建筑科技大学，2011：19

中国古代山水思想是中国传统哲学自然观的体现，而这种哲学思想是中国千年历史得以传承的重要因素。古代山水思想中的传统哲学自然观，无论是阴阳共生、五行相生、天人合一还是"道、气"等，都是古人在与自然共处的生活情趣和实践经验中对自然美的哲学思辨，使人们追求自然环境与人居环境之间达到真正的协调统一。在这些哲学思辨的影响下，在城市营建的实践过程中所形成的融合自然山水环境的城市规划思想和山水城市格局，既是城市特色的重要元素也是城市文脉延续的基因和载体。

尽管在近现代，在西方文明的冲击下，传统的山水思想和风水理论在一段时间内被视为迷信而被否定，但随着工业文明弊端的暴露，人们对自然环境的重新审视，中国古代山水城市思想中蕴含的人与自然的思想又迎来了新的发展时期。

2.1.2.2 现代山水城市理论

工业革命使得人类的科技水平空前提高,改造自然和破坏自然能力也空前强大,经济的快速发展带来了环境的不断恶化,各种城市问题接踵而来,自然环境开始对人类进行了严厉的惩罚,人们必须重新思考人类社会发展与自然生态的关系。

在城市规划领域,霍华德(Ebenezer Howard)、盖迪斯(Patrick Gedds)等人提出"田园城市"、"区域思想"等学说,思考了城市发展与自然生态的关系,对近现代城市规划理论产生了深远的影响。麦克哈格(McHarg)在《设计结合自然》(Design with Nature)中提出将生物生态学的适应性原理结合到景观设计与城市规划之中。随着人们对自然的重新审视,"绿色城市"、"森林城市"、"花园城市"、"园林城市"、"生态城市"等希望将山川、河流、森林、绿地等自然环境与城市格局有机统一起来,营造出人工环境与自然生态相协调的复合生态环境的概念不断被提出,它们或多或少地都体现了人与自然相和谐的规划观,这与中国传统"山水"思想可谓异曲同工,不谋而合(图 2-1,图 2-2)。[①]

图 2-1　新疆特克斯八卦城

资料来源:搜狐微博.特克斯八卦城[EB/OL]. http://t.sohu.com/p/m/1777918113

注:建于 1937 年的特克斯城,在易经思想下城市与自然环境的协调观和西方规划思想不谋而合。

---

① 张耀辉.山水城市格局的营造[D].西安:西安建筑科技大学,2011:19

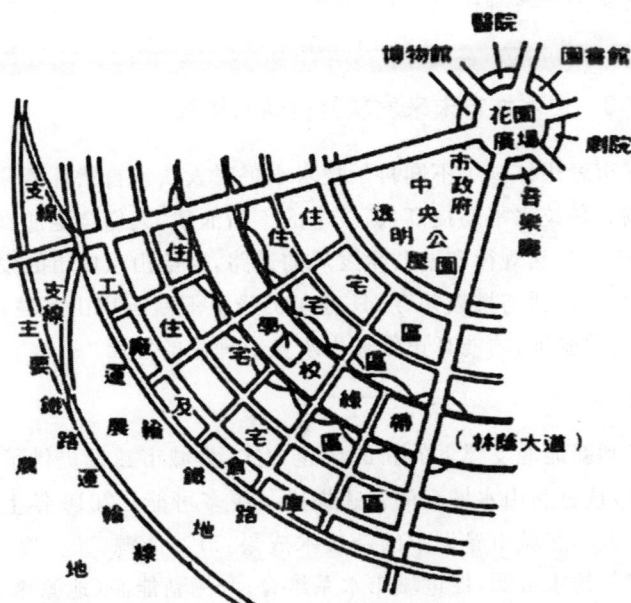

图 2-2　霍华德"田园城市"示意

资料来源：中国城乡规划行业网. 田园城市[EB/OL]. http://www.china-up.com/hdwiki/index.php? doc-view-21

在中国，钱学森先生提出的建设山水城市的构想，体现了尊重自然生态、尊重历史文化、实现城市与自然的和谐的美好城市发展图景。"山水城市"的思想就是对我国古代"山水"思想的继承与发展。

实际上，钱学森先生提出的山水城市，是继承中国传统山水思想中人与自然和谐发展的哲学观即"天人合一"哲学观，融合现代社会发展大背景，追求人类社会发展与自然生态的和谐、科技进步与历史文化传承的和谐、城市建设与保护自然环境的和谐的思想体系。

吴良镛先生曾说："城市要发展，建设要前进，由城市山水建筑所构成的城市景观，他的文化内涵应当继承，但这继承决不是抄袭照搬古代的乃至国外式样，而是建立在现代生活基础上的创造、'抽象继承'其美学规律，'迁想妙得'地去创造新的形势。"[①]可以这么认为，今天的"山水城市"是"'山水城市'与自然高度融合，而又有别于自然状态，是以山水文化为根基，以'天人和一'的哲学思想作指导，运用先进的技术手段，强化对城市建设中

---

① 鲍世行，顾孟潮. 杰出科学家钱学森论城市学与山水城市[M]. 北京：中国建筑工业出版社，1996：242

山水物质要素的运筹与维育,所营造出来的特色鲜明、舒适宜人的理想人居模式"①。

2.1.2.3　山水城市未来发展的机遇和挑战

山水城市思想体现了不同科学技术水平对人认识自然环境和改造自然环境的影响。科技水平的提高,新技术的不断涌现,人们会更加真实地了解自然规律,走与自然规律和谐共生发展的道路,这给山水城市的发展赋予了许多新的内容,机遇与挑战并存,只有在实践中不断运用山水城市理论,并不断修订、完善验证,才能真正促进山水城市理论的发展。

1. 机遇

新技术和新能源支撑下的新的城建方式,为城市建设提供了前所未有的技术支撑,这也为山水城市的营建提供了更多可能。2010 年上海世博会集中展示了人类在城市建设中的新技术成果:节约能源、减少废气排放,利用雨污收集节约水资源,促进城市水系维育;利用新能源(地源热泵、江水源热泵、太阳能电池和风能发电能技术对地热、太阳能和风能等清洁型新能源的利用),减少传统能源消耗和对环境的污染;利用新材料,避免了土壤山石等的开采,利于保持地形地貌的原真性和保持良好的生态环境;利用技术手段,在城市营建中引入垂直绿化、屋顶绿化等由平面变为立体的多种绿化生态系统,对现代拥挤的大城市具有非常重要的意义……新技术促进了城市和生态环境的和谐发展,也为新时期继承和发展山水城市提供了技术支持,为山水城市思想的实践带来了新的机遇。

2. 挑战

科技的发展改变了人类的生活方式,人们对现代新生活方式的追求也为营造山水城市带来了挑战。山水城市思想要满足现代人的生活方式,应该考虑如何与现今快速节奏下人们的审美情趣相统一。新的技术使城市的空间维度和时间维度都发生了改变,汽车通行需求成为城市空间划分的尺度标准,城市在不断扩宽道路、扩展边界的同时,导致了城市的无序发展,传统城市风貌在与功能的权衡中被抛弃,城市特色在不断泯灭,城市中迷失了人的尺度,这给山水城市带了挑战——如何以人的尺度来研究城市空间的发展。正所谓"科学技术是一把双刃剑",在人类以及城市的发展过程中,科技是双面的,所以,今天我们具备空前技术的同时更要以慎重的态度对待自

---

① 龙彬.风水与城市营建[M].南昌:江西科学技术出版社,2005:8

然环境,在山水思想的指导下,充分发挥现代的科学技术,使人居环境与自然环境达到和谐共存的最佳状态。

2.1.3　山水城市理论对秦岭北麓的启示

2.1.3.1　秦岭北麓是大西安山水城市空间格局体现的重要组成部分

秦岭北麓是西安国际化大都市的重要生态功能板块,秦岭北麓休闲旅游带是整个大西安发展的不可缺少部分,所以,对于秦岭北麓而言,首先,在区域背景下,秦岭是大西安山水格局的重要支撑部分;其次,秦岭北麓是联系秦岭和大西安的纽带空间,所以,不管是大西安建设,还是秦岭的生态环境保护,首先要面对的就是秦岭北麓。秦岭北麓空间保护利用规划必须正视现今西安城市飞速发展对秦岭北麓乃至秦岭山脉新的需求,以山水城市理论为理论依据,既保证秦岭北麓经济、社会的发展,又保证区域生态环境的不被破坏,既是秦岭的生态屏障又是西安城市发展的合理边界,只有这样,秦岭北麓才能真正走向自然和谐共生发展的道路。

2.1.3.2　秦岭北麓是大西安"山—水—城"文化的重要载体

根据山水城市的理想图景,秦岭北麓是"山—水—城"文化的重要载体。山水城市蕴含了"山—水—城"文化理念,这是因为"山—水—城"文化理念体现了中国传统哲学思想,体现了中国人的山水情结。具体而言,在文化上,山水在天人合一观念、天地互通格局中所体现的沟通天地和界定四方等重要作用,对中国古代整体性环境观的理想产生了深远影响,使"山—水—城"理想模式成为一种潜在观念,指导着人们营城筑室活动;在功能上,中国古人营城十分注重考察自然山水环境,积累了资源供给、防灾防洪、军事防御等诸多方面的丰富经验,是传统"山—水—城"理念形成的功能基础;在审美上,古人在开拓、利用和改造自然的过程中,逐步发现了山水环境蕴涵的"美",进而进行诗情画意的创造,历经时间的洗练,陶冶并塑造着当地人们的性情,孕育了极具地方特色的文化传统。

整个大西安区域的发展也是遵循这种"山—水—城"格局,所以在秦岭北麓,更是应该体现"山—水—城"文化,在空间发展中延续和传承这种文化(图 2-3)。

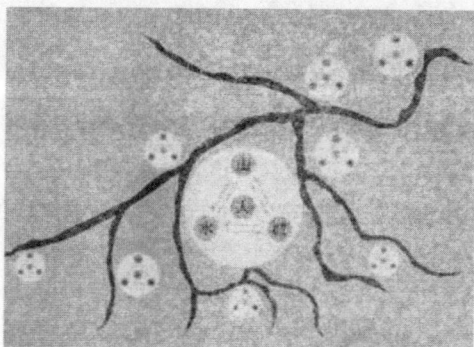

图 2-3 大西安"山—水—城"格局

资料来源:作者转绘自西安市秦岭办

2.2 山水城市空间建构的影响因素和基本内容

2.2.1 山水城市空间建构的影响因素

山水城市空间建构的影响因素主要包括"需求因素"、"人口因素"、"生态因素"、"景观因素"和"管控因素"五个方面,本书主要结合秦岭北麓论述如下。

2.2.1.1 需求因素

需求包括人亲近自然的需求与商业开发的需求两个因素。

1. 人亲近自然的需求

亲近自然是人们的本性,对于生长于秦岭边上的西安人来说,这似乎更是一个十分自然的事情。秦岭,曾被西安人自豪地称之为"后花园",可见人们对于其热爱程度。"走,进山去!"成为西安人避暑纳凉,欣赏秋色经常说的一句话。据"陕西省 2011 年景区接待人次"的统计资料显示,在西安市辖区秦岭北麓的旅游景点当中,骊山森林公园的接待人数约为 98 万;秦岭野生动物园的接待人数近 70 万;太平国家森林公园的游人接待人数约为 34 万;翠华山景区的游人接待人数约为 24 万人;西安关中民俗艺术博物院的接待人数约为 24 万人,可见游客数量之千分(图 2-4)。目前周六、周日到秦岭北麓西安段的车流量有 5 万多辆,清明、五一、十一车流量在 10 万辆左右。①

图 2-4　丰裕口河道中挤满了游客

资料来源:新浪陕西. 西安秦岭北麓多个景区收入为何比不过云台山[EB/OL].
http://sx. sina. com. cn/news/b/2012—09—03/054614608. html

　　据本人调查统计②,听说过秦岭北麓的人数为 90.78％,其中 52.36％的人表示对秦岭北麓熟悉并去过,听说过并计划去的人数占到 38.43％(图 2-5)。由此可见,人们对于秦岭自然风光亲近的需求规模很大,而且是日益增长的。而作为秦岭北麓,本身是一个生态交错带,也是秦岭山脉和西安城市之间的过滤膜,对于不断增长的人们亲近自然的需求必须做出应对,这给秦岭北麓的保护利用带来了巨大的挑战。

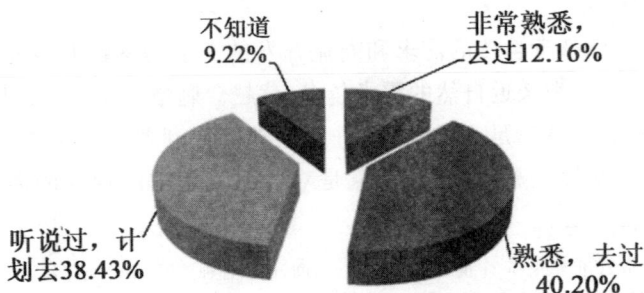

图 2-5　秦岭北麓认知程度调查图

资料来源:作者整理

---

　　①　新浪陕西. 西安秦岭北麓多个景区收入为何比不过云台山[EB/OL]. http://sx. sina. com. cn/news/b/2012~09~03/054614608. html

　　②　调查以现场问卷的形式开展,共计发放问卷 560 份,回收问卷 510 份,回收比例达到 91.07％。

2. 商业开发的需求

商业开发的需求是基于人类亲近自然的需求产生的。

秦岭北麓优美的自然风光和丰富的旅游资源也吸引了开发商的眼球,房地产建设项目在一段时间内如同雨后春笋般在秦岭北麓到处生根发芽[①]。比如,2009年建设、2010年开盘的秦岭山水房地产项目,当时均价1万元/平方米,全部为200平米以上的别墅户型,一经推出,便被业主一抢而空[②]。秦岭山水位于长安区环山生态旅游带上,南依秦岭北麓,东接西安秦岭野生动物园,北临环山公路,属于秦岭山麓别墅板块[③]。秦岭山水的对外宣传是,"营造低密度北美风情小镇,与秦岭野生动物园、园艺博览园、生态科技园及综合服务的'三园一区'有机结合,并与规划中的5815亩秦岭小镇、温泉小镇、商务酒店、秦岭主题公园及住宅群融为一体,形成了西安独具特色的综合性生态旅游度假地"[④]。可见,秦岭的自然资源是房地产开发的一个黄金优势。

除了房地产开发,还有因为旅游业而兴起的旅游景区开发。已经有多达70处的旅游景点(区)遍布于秦岭北麓,已建成度假村性质的旅游接待设施也多达50家以上。截至2008年,仅西安市区内的秦岭北麓就有上王村、汤峪镇等旅游观光农家乐项目1130个[⑤]。大量的度假山庄、宾馆、招待所和农家乐,产生了大量的生活垃圾和废水废渣,由于缺少合理的排污设施,乱堆乱排,许多废水和生活垃圾未经处理就直接进入河道和山谷。秦岭北麓西自宝鸡东至潼关的10县区的28条河流,有56.1%的河段受到不同程度的污染。[⑥]

所以,人们亲近自然的需求和商业开发的需求是秦岭北麓保护利用的根源性因素。人类亲近自然的需求越多,就越会刺激商业开发的加速,因为商业开发本身就是满足人类需求,进而追求商业利益最大化的一个过程。那么,反映在秦岭北麓的空间上,就是对于可开发空间规模的需求越来

---

① 尤其是20世纪末到21世纪初的十几年时间,由于各种原因,秦岭北麓建设了不少房地产项目,既有别墅群,也有居住小区。2011年,西安市成立了秦岭办,强化了对秦岭北麓的规划管控,地产项目有所遏制。

② 据搜房网统计资料显示,当时西安商品房的均价是5800元/平方米。

③ 西安的别墅大致分三大板块:长安区秦岭山麓、城北未央湖附近、曲江板块。

④ 西安地产信息网. 秦岭山水洋房已售罄 200 ㎡别墅闺中待嫁[EB/OL]. http://investi-gate. 800j. com. cn/xafcxxw/zx00zxzx/zx01lpdt/zx0107ca/zx010704gz/201002/t20100221_356213. htm

⑤ 资料来自西安市秦岭办。

⑥ 肖玲,王书转,张健等. 秦岭北麓主要河流的水质现状调查与评价[J]. 干旱区资源与环境,2008(1):74~78

大,并且,越是自然生态环境良好的空间,人们踏足的机会就越多,这也意味着自然环境良好的空间成为商业开发的首要空间选址区位——开发成了生态环境的破坏过程。

亲近自然与商业开发两种需求是相互影响并制约发展的,正是因为人亲近自然的需求所以更加速了自然环境的商业开发,但同时,过度的商业开发需求又对人亲近自然的需求造成了影响。

秦岭北麓的空间是客观存在的,不会因为人类亲近自然和商业开发而回避消失,所以,需要做的事情是选择如何引导商业开发,如何引导人们合理亲近自然。也就是说秦岭北麓空间保护利用规划在空间发展上必须明确空间的规模大小问题、空间开发的选址问题等,合理引导人类亲近自然,有限度的商业开发控制是空间保护利用的关键。

2.2.1.2 人口因素

人口规模的激增是现代城市必须考虑的重要因素,山水城市空间建构必须考虑人口规模增长带来的问题。

秦岭北麓在发展中也受到人口增长的影响。传统农业时代,秦岭北麓人口的增长相对缓慢,所以对秦岭北麓的破坏也相对较弱。根据西安市第五次人口普查数据公布显示(2011 年):西安市共有常住人口 741.14 万人(包括外来人口,不包括外出人口),自 1990 年第四次人口普查年平均增长 11.92 万人,增长率为 1.77%。[1] 因此,随着人口的激增(表 2-4),城市规模变大,西安市的发展边界在逐年向外扩展,加之整个休闲时代的到来和经济发展的刺激,越来越多的人选择进入秦岭北麓,或者旅游,或者暂住,或者从事其他活动,这给秦岭北麓的空间发展带来了史无前例的压力。

人口的增长带来的影响不仅体现在对城市用地的过量占有上,还体现在对资源的无序使用上。不变的资源总量要应对逐年上升的人口,资源掠夺式使用时有存在。人口增长还伴随着人类素质的下滑,各种破坏现象不断发生,秦岭北麓生态环境也随着人们过多的干扰而日趋恶化(秦岭的人为生态破坏在本书中已经多次论述)。

---

① 西安市统计网. 西安市统计局关于第五次全国人口普查主要数据公报[EB/OL]. http://www.xatj.gov.cn/tjgb/sort013/2644.html

表 2-4 西安市人口统计数据

年份	总人口(人)	人口密度(人/平方公里)	总人口指数(上年为100)
1970	4351197	436	101.9
1980	5119053	513	101.4
1990	6088901	610	101.9
2000	6880111	689	102.0
2001	6948369	696	101.0
2002	7025939	704	101.1
2003	7165784	718	101.9
2004	7250078	717	101.2
2005	7417263	734	102.3
2006	7531126	745	101.5
2007	7642527	756	101.5

资料来源:作者整理自西安市统计局

人是山水城市空间建构研究对象,人的数量和质量就不可避免地成为了山水城市空间建构的影响因素之一,人口的规模增长下的素质[1]提高对山水城市空间构建是必不可少的。

2.2.1.3 生态因素

山水城市是自然山水环境和人工环境的和谐统一体,所以,生态因素是山水城市建构的关键因素。

秦岭北麓的生态因素主要是秦岭北麓的生态承载力条件。生态承载力是指生态系统的自我维持、自我调节能力,资源与环境的供容能力及其可维育的社会经济活动强度和具有一定生活水平的人口数量[2]。对于秦岭北麓来说,生态承载力主要强调的是秦岭北麓系统的承载功能,而突出的是秦岭北麓对人类活动的承载能力。秦岭北麓系统的承载能力来自于秦岭北麓系统自身的弹性能力、资源的供给能力、环境对污染物的容纳能力,对人类活动的承载能力则通过秦岭北麓所支撑的社会经济活动强度和一定生活水平

---

[1] 这其中也包括秦岭北麓原住民的文明修养、文化素质的提高,这对秦岭北麓生态环境同样重要。

[2] 高吉喜.可持续发展理论探索——生态承载力理论、方法与应用[M].北京:中国环境科学出版社,2001:15

的人口数量来表现。一般选用承载指数、压力指数、承载压力度三个指标来描述特定生态系统的承载情况。

根据王书转(2006)的研究,"秦岭北麓生态系统的生态弹性指数均在 50 以上,生态弹性力大都处于中等水平,生态系统具有中等的自我维持与自我调节能力;资源在数量上均具有较高的承载能力,其中水资源承载指数大都介于 50～70 之间,土地资源承载指数则都在 70 以上。但仍然满足不了需求,资源的承载压力度几乎均大于 1,说明资源的承载已超负荷,尤其是水资源,承载压力非常大,超负荷最为严重;另一方面如前所述秦岭北麓河流已受到有机污染和金属污染,尤其是有机污染严重,使水环境承载能力大幅度降低,水环境安全受到威胁,水资源已成为社会经济发展的制约因素"[①]。

总之,生态因素是秦岭北麓空间保护利用的底线性、基础性要素,任何开发建设都不能以牺牲秦岭北麓的生态环境为前提。生态因素限定了需求因素和景观因素,秦岭北麓空间格局、空间尺度、空间功能和形态均需要在生态因素的基础上综合考虑,任何破坏生态因素的空间开发都是不可取的。也就是说,秦岭北麓的保护首要任务就是要在遏制破坏加剧的同时保护其生态环境,在此基础上再进行有限度的开发利用,达到人类开发与秦岭北麓生态环境和谐共生发展的目的。

2.2.1.4 景观因素

景观包括自然景观和人文景观,景观美是山水城市空间建构必不可少的目标诉求。

1. 自然景观

阿普尔顿提出栖息地理论,他认为人类从与动物共有的基本需要的满足中获得审美愉快,也就是说满足生物需要的环境会自发地在人们那里产生积极的反映,动物也会产生相似的本能反映。[②] 对景观而言,体现了一种生物法则。满足生物生长的自然环境所构成的就是自然景观,具体如下:

(1)地形地貌

地形地貌是形成秦岭北麓景观的独特、极易识别的空间特征,对视线、排水、小气候以及土地功能都有不同影响,地形坡度的变化对于秦岭北麓的生态环境、景观特色产生很大的影响。

不同的地形地貌接受的太阳辐射不同,所包含的水、营养、污染物和其

---

① 王书转."一线两带"建设中秦岭北麓生态环境保护与可持续发展研究[D]. 西安:陕西师范大学,2006:44

② (美)史蒂文·布拉萨著,彭锋译. 景观美学[M]. 北京:北京大学出版社,2008

他物质的数量也不同，从而影响整个生态环境。比如坡度影响地表水的分配和径流形成，进而影响土壤侵蚀的可能性和强度，可以说，坡度决定了土地利用的类型和方式。局部的小气候的差异也会由坡度而来，不同的坡向会使得光、热、水的分布不同，这决定了植被类型及其生长状况。

一般说来，秦岭北麓所处的地区，由于秦岭山脉山岭轮廓的变化起伏，景观秀美。秦岭北麓的建筑都可以因借秦岭丰富的视觉轮廓，结合所处地形的变化处理，形成秦岭北麓独特的审美价值，产生依山旁水之景观态势。

（2）气候

气候包括太阳辐射、温度、降水、风等。引起不同地域景观差异的重要因素就是气候。比如福建多雨就会有干栏建筑，而关中平原由于少雨，就会产生房子半边盖的独特景观。对于秦岭北麓来说，气候也是决定其景观美学特点的主要因素之一。

（3）土壤

土壤也是景观的重要组成因素之一，和气候、植被等保持一致的分布性。对于秦岭北麓自然景观而言，土壤是决定秦岭北麓景观异质性的重要因素。土壤的类型决定了植物生长的类型，如针叶林、常绿阔叶林、落叶阔叶林、季雨林等，从而产生了不同的植被景观。同时，秦岭北麓的农业生产性景观以及人工建造景观都是由土地的适宜性所决定的。

（4）水体

秦岭北麓多河流水系，水体是秦岭北麓自然景观最具有代表性的因素之一。水具有流动性，作为景观元素，是秦岭北麓景观构成中最具生动和活力的元素，富有美学价值。水是所有自然景观中生物的源泉，并且，水能使景观变得更加生动而丰富。秦岭北麓的水体多以河流线状形态为主，如果再在规划中营造点状水体景观（水井、池塘等）和面状水体景观（湖泊、较大水塘等），那将美不胜收。

（5）动植物

动植物是自然生态系统中不可缺少的一部分，在维持生态平衡和环境保护中有着重要的意义。自然景观良好的生态环境一定是动植物的栖息场所，动植物群落和谐共生的生态环境也必定是良好的自然景观。

2. 人文景观

不同的文化群体在景观中所展示的符号不同，这也就形成了不同的人文景观。秦岭是"生道、立儒、融佛"之地，因此，秦岭北麓展示的文化景观应该是多元并存、兼容并收的秦岭地域文化。关中民居的四合院空间格局，坡屋顶的汉唐建筑风格，古遗址、古寺庙、古栈道等均是体现秦岭文化的人文景观。因此，秦岭北麓保护利用必须在保护现有人文景观资源的同时，传承其中的秦岭地域文化精髓。

在山水城市空间建构中,景观因素源自于生态因素,作用于需求因素和管控因素,景观美学基础上的山水城市空间——秦岭北麓空间安全格局的建立,空间规模的划分,空间功能的分布都与秦岭北麓的景观因素不可分割。

2.2.1.5 管控因素

管控就是管理和控制,山水城市空间建构的好坏与否和其管理控制有很大的关系,良好、合理的管理和控制体系促进山水城市空间的建构,而滞后、不合理的管理控制只会阻碍或者扼杀山水城市空间的建构。

秦岭北坡深山区的管控方式是建立森林公园、自然保护区和风景名胜区。比如自然保护区,是生物多样性保护最有效和最直接的手段。秦岭北坡已建立秦岭国家植物园、陕西省牛背梁国家级自然保护区、陕西省太白山国家级自然保护区、陕西省周至国家级自然保护区、陕西省黑渭湿地省级自然保护区、陕西老县城省级自然保护区,共计面积 2159.01 平方公里,保护区群的格局初步形成。[①] 然而随着经济发展和人为活动对区域生境的干扰,濒危物种数量仍在不断增加;加之,自然保护区规划设计理论研究及实践经验尚不完善:濒危物种和特定生态系统保护是秦岭自然保护区规划和建设体系的主要考虑对象,并且,自然保护区的设置主要考虑行政地理因素而不是依据区域的生物多样性分布格局,缺乏区域性的整体考虑,这样极易导致自然生态系统的破碎化,难以形成有效的保护网络;自然保护区传统功能分区的划分存在一定的盲目性,致使主要保护对象大量分布于缓冲区内,无法从根本上解决因生境破坏导致秦岭生物多样性退化的问题,这是极不合理的。

然而以上对于秦岭北麓的管控而言,就显得弱了许多。在秦岭办成立以前,秦岭北麓的规划建设分管于各个区县,这在实施过程中难免会有所偏颇,有些区县管理严格,有些区县管理相对较松,由于没有统一标准,所以呈现各自为政的局面。

山水城市空间建构中,管控因素虽然不像需求因素对空间要求多,也不像生态因素和景观因素那么显性,但管控因素却是必须因素之一。拿秦岭北麓保护利用而言,管控因素影响着秦岭北麓空间发展的选址和空间功能分布,也对限定秦岭北麓的空间规模尺度及空间形态起着重要的作用。

2.2.2 山水城市空间建构的基本内容

山水城市空间建构的基本内容是指从广域国土的角度来探讨城市空间

---

① 和红星.感恩秦岭[Z].西安市秦岭生态环境保护管理委员会办公室,2012(2):26

与自然山水地域的整体关系的匹配架构,其包含以下五个方面[①]。

2.2.2.1　城市空间结构与自然山水空间结构的匹配

城市空间结构与自然山水空间结构的匹配是指两者空间的结构方式、结构秩序的相互契合关系。

在长期的发展中,在传统风水观念的影响下,中国古代城市结构形成了与自然山水空间结构紧密结合的匹配模式。城市空间结构与自然山水空间结构的匹配在西安古代城市建设上体现的尤为明显。

秦咸阳城的规划中,咸阳宫象征天上"紫宫",也称紫薇垣,是天极所在位置。渭河象征天上银河,银河又称之为天河、天汉。南北两岸宫庙台苑等建筑错落有序,象征天宇中密布的群星。咸阳城因借渭水,秦岭等自然山水空间,并在城市空间中模拟天象并布局于地上的象天法地规划手法,既表达了人对大自然的亲近与向往,也体现了城市空间和自然山水之间的和谐匹配。

汉长安的规划建设(图 2-6),更是注重城市与自然山水的匹配。在城市选址上,南部直通秦岭山脉中的子午谷,北面占据渭水、东面与浐河和灞河相邻,西面枕卧龙首原上。沿渭河南岸,东出函谷关可通中原,南走秦岭子午峪,可以和汉水流域便捷联系,西面出了散关便是陇西地区。尤其是渭、泾、沣、涝、潏、滈、浐、灞八水的环绕(见图 1-1 西安地区水系分布图),既

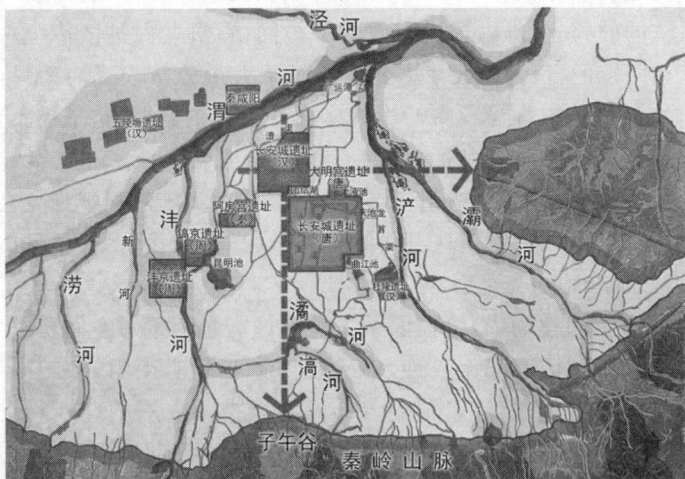

图 2-6　汉长安朱雀大街直通秦岭子午谷示意图

资料来源:和红星.西安於我 2:规划里程[M].天津:天津大学出版社,2010:549

[①]　关于山水城市空间建构的基本内容源自西安建筑科技大学汤道烈教授的学术点拨。

解决了城市水源又提供了城市交通——漕运的功能。由此可见,汉长安对于山水龙脉的尊重,而长安中轴线朱雀大街正对终南山子午谷(自然山水的骨架轴线)更是这种城市空间结构与自然山水空间结构匹配设计的典范。

2.2.2.2 城市空间形态与自然山水形态的匹配

城市空间形态与自然山水形态的匹配是指两者空间形态的状貌、气质等应当具有相互呼应匹配的内在一致性。此外,城市空间形态是以自然山水形态为基础的,自然山水空间形态从大尺度来看是城市空间形态的背景;城市空间形态应当与自然山水空间形态相互呼应匹配。

江南多丘陵,水网小而密,选址江南的传统城市形态方面也呈现了空间尺度不大,城市边界等多随自然地形水系曲折的情况。建于雄浑的秦巴山系下,开阔平坦的八百里秦川的古长安城则呈现了尺度开阔、格局严谨的大城形态,比如唐长安城朱雀大街宽约 150 米,长 5020 米[①]。

城市空间景观形态的基础是自然山水,在一定自然环境的基础之上谈论城市空间景观形态,这才是有意义的。城市空间景观形态在形成的过程之中,必须考虑或者呼应自然山水的景观形态,而不是生硬地侵蚀和破坏自然山水的景观形态,也就是说城市空间景观形态必须和自然山水景观形态相匹配。

2.2.2.3 城市生态环境空间与自然山水生态空间的匹配

山水城市空间下的城市生态环境空间,应该是和自然山水生态空间相匹配的。也就是说城市空间环境中的城市生态廊道、斑块、基质,应该与自然山水生态中的生态廊道、斑块、基质相互对接,并形成相互渗透与层次过渡的空间格局。一方面,城市人工生态环境空间应该是在自然山水生态空间上的有机重构,而不是为了建设城市人工生态环境而对自然山水生态空间进行破坏。另一方面,城市生态环境空间应该与自然山水生态空间合理渗透,比如广州的绿道建设,通过绿道网络衔接城市生态环境和自然山水环境,形成整体性、可持续性的山水城市空间。而对于秦岭北麓而言,就是要在西安市城区中形成能和秦岭北麓相互联系的生态廊道,通过西安市内的生态廊道建设,使西安市和秦岭北麓在生态环境上更加匹配,更加和谐、可持续化,只有这样才能真正实现西安市特有的山水城市空间。

2.2.2.4 城乡地域空间一体化建构

山水城市空间建构下的城乡地域一体化是指在城市空间中应当促进自然

---

① 董鉴泓. 中国城市建设史[M]. 北京:中国建筑工业出版社,2004

山水景观的渗透,具体来说就是城市公园景观在城市环境中的消解,家家都在画屏(自然山水景观环境)中;在与自然山水毗邻的乡村环境中应当倡导相关的城市公共服务等基础设施的均等化设置,提升乡村环境社会生活品质。

在当前,山水城市空间建构下的城乡地域的一体化建设,在乡村中是以自然山水的生态景观保护、以适度的迁村并点形成合适规模的乡镇聚落为基础,以发挥城市公共服务等基础设施的集约效应为目的,同时,注重自然山水秀丽风光的保护和生态功能的延续。

秦岭北麓也有星罗密布的大小村庄,所以在建构西安山水城市空间时,必须面对这些村庄发展的实际问题,通过统筹规划建设,迁村并点形成新型农村社区,在资源、设施共享共建的基础上,促进秦岭北麓城乡一体化发展。

2.2.2.5 城市历史山水地理文脉的承启

城市历史山水地理文脉的承启是指当代城市空间的发展应当尊重、继承并继续发展延续作为城市空间存在基础的历史山水地理文脉,其在当代城市空间快速扩张发展的时代具有更加重要的意义。当代一些城市为了寻求更多的城市空间用地,不惜花费巨大的人力物力,平山填湖(图2-7),

图 2-7　延安平山造城

资料来源:新浪新闻.陕西延安削平33座山造新城被批急功近利[EB/OL].http://news.sina.com.cn/c/p/2012-12-28/060325913398.shtml

注:图片显示的是延安新区北区一期工程工地的主战场。从2012年4月份开始,一场轰轰烈烈的"造城运动"正在延安市以超常规的方式进行。根据正在实施的"中疏外扩、上山建城"发展战略,延安市将通过"削山、填沟、造地、建城",用10年时间,最终将整理出78.5平方公里的新区建设面积,在城市周边的沟壑地带建造一个两倍于目前城区的新城。

延安的"削山造城"工程是目前世界上在湿陷性黄土地区规模最大的岩土工程,在世界建城史上也属首例。如此大规模的建城,一山一沟壑,平了在物理上来说可以用轻而易举来形容,但其"外科手术式"的做法对内在的生态系统的干扰,值得思考!

以破坏城市历史山水地理环境为代价换取城市的空间发展,这种做法带来了潜在的自然环境的风险,同时也破坏了城市历史山水地理文脉的传承,在全球化的背景下城市由于其自然山水差异带来的文化个性特点也被逐步弱化甚至抹杀。

就秦岭北麓而言,应当在西安城市的新城发展中继续坚持子午轴线、九宫格局,保护秦岭北麓和西安城市的山水格局,在保障秦岭生态屏障和生态作用的同时彰显秦岭历史地理文脉,在空间上、建筑风格塑造上等各个方面传承延续西安地域文化特色。

2.2.3 山水城市空间建构与生态环境适应性保护利用的相互关系

山水城市空间建构与生态环境适应性保护利用是密不可分的。生态环境适应性保护利用是山水城市空间建构的手段与工具,山水城市空间建构是城市与自然环境匹配可持续发展的方向与目的。结合不同环境对象,系统高效的生态环境适应性保护利用方法及策略研究是和谐可持续发展的山水城市空间建构的理论与管控基础。

2.3 山水城市视野下秦岭北麓相关基础理论

山水城市理论是综合自然生态环境、社会和历史文化环境的理想城市环境理论,所以在山水城市视野下的秦岭北麓空间发展主要体现在有机结合自然景观要素与人工景观要素,运用现代科技手段,以及人居环境科学、景观生态学和景观美学等有关人居环境和景观环境的原理,在弘扬山水文化和秦岭历史文化的基础上,塑造一个具有中国文化特色的、理想的景观优美、生态良好的人类栖息地。

因此人居环境科学理论、景观生态学理论、景观美学理论的研究是十分必要的,具体论述如下文。

2.3.1 人居环境科学理论

《伊斯坦布尔人居宣言》指出:"在人类迈向 21 世纪的时候,人类更加注重人居环境的持续性发展,人居建设的目标是:使每个人都有个安全的家,能过上体面、身体健康、安全、幸福和充满希望的体面生活。"人居环境的建设方向在此被明确，人居环境科学的研究受到广泛关注。①

"人居环境科学"（The Sciences of Human Settlements）是一门以人类聚居（包括乡村、集镇、城市、区域及国家等）为研究对象，着重探讨人与环境、人与社会、人与科技之间的相互关系的科学。人居环境的研究核心是人，倡导"以人为本"，以研究探讨"和谐人居"建设为目标②。

人居环境科学是一门"关于整体与整体性的科学"，强调从整体出发思考人居环境，追求人居环境建设的整体利益，其思想内涵是建立在将人居环境作为一个整体进行考虑的基础之上的。

道萨迪亚斯（C. A. Doxiadis）认为人类聚居是"人类生活其间的聚居"。根据这个宽泛而模糊的解释，任何人类居住的地方都可以称为人类聚居地，不论其定位、结构、形态、尺度如何，也不论其设施配套、各层级物质配建如何。③ 总而言之，人居环境就是人类居住的地方，这是一个整体概念。只注意病状，而不研究产生病状的原因，只把我们生活中的某些要求分开来考虑，就事论事，终将导致穷于应付。我们应该把人类聚居环境视为一个整体，将它"作为完整的对象考虑"④。在建筑与城市科学中，应有意识地运用交叉学科的观点，引入多学科理论方法去从事城市研究。

通过对目前人居科学环境科学所涉及的学科我们可以发现，人居环境科学是以"建筑—地景—城市规划"为核心的多学科群组，其外围学科涉及地理、环境、生态、哲学、艺术、民俗、历史、土木、心理、社会、经济、交通等领域，内容包含人类社会各个方面。⑤

因此，人居环境科学的研究不同于传统的多学科协作，也并非一般意义上的跨学科或交叉学科、边缘学科，更不可能发展成为一门独立的学科。它是融会贯通与人居环境有关的学科内容而形成的一种科学理论。虽然其方法论体系仍在探索阶段，但主要方法论概念已经确立，即"融贯、综合、集成"⑥。

山水城市是人居环境建设的目标诉求，为人居环境建设指明了方向。山水城市理论主要强调中西文化与科学技术的有机融合，体现了中国传统文化"天人合一"思想在人居环境方面的传承与发展。人居环境科学理论，

---

① 吴良镛. 人居环境科学导论[M]. 北京：中国建筑工业出版社，2001：37
② 吴良镛. 人居环境科学导论[M]. 北京：中国建筑工业出版社，2001：37~68
③ 同上
④ 同上
⑤ 同上
⑥ 余祖圣，赵捷. 人居环境科学思想在城市规划体系中的应用[J]. 中外建筑，2011(10)：58~59

不光是指导人居环境建设,还为人居环境建设提供了方法论指导,体现的是一个综合学科体系概念。

对于秦岭北麓空间保护利用规划而言,人居环境科学提出的"融贯、综合、集成"思想方法论仍旧适用,在解决秦岭北麓实际问题时应具备整体思考、综合协调和动态应变的能力,使秦岭北麓空间走向可持续发展之路。在秦岭北麓空间发展的规划实践和规划方法途径上均可运用人居环境科学理论,具体如下:

(1)在认识问题的过程中,应充分发挥整体性的思考能力,对秦岭北麓进行规划前必须进行全面、细致、深入的基础调查,调查内容必须包括秦岭北麓系统组成的各个要素,考虑规划过程中将会影响的秦岭北麓的各个领域,并运用技术方法对秦岭北麓的区域进行多角度多方位的考证和检验,甚至对该区域的历史形成进行研究,以求现状调查成果的科学性、真实性、有效性。

(2)在分析问题的过程中,应对分析方法进行确定,选择一定数量的已有方法,以涉及面广、典型适用为基本原则,对所选择的方法进行选择和修正,争取在整合分析方法的过程中形成新的研究方法。

(3)在解决问题的过程中,应从分析结果中找寻恰当的切入点,从解决路径中突出多学科、多专业的协同合作,在规划行为中实现秦岭北麓系统各组成要素的优化,实现秦岭北麓适应性保护与规划的最终目标。

(4)加强秦岭北麓管理实施力度,以保证秦岭北麓的整体利益为前提,确立适度超越政府的规划决策机构,明确规划审批机制,改变目前规划决策与实施管理合二为一的体制,降低规划调整的难度,增加规划调整的透明度。同时加快推进秦岭北麓规划成果的法制化,改变秦岭北麓城市规划管理中的随意现象。

2.3.2 景观生态学理论

2.3.2.1 景观生态学概述

景观生态学是现代生态学的一个分支学派,在人们对现实大尺度生态环境问题逐步重视的基础上,景观生态学应运而生,并得以发展。景观生态学发展的推力是在分析研究大尺度生态环境与可持续发展问题时,必须面对包括人类活动影响在内的各种机制与过程,为土地利用和资源管理的决策提供更具可操作性的行动指南。现代遥感技术、计算机技术及数学模型技术是景观生态学发展的技术支持。现代生态学、地理学、系统学、信息论等相关学科领域的发展,为景观生态学的发展奠定了坚实的理论基础,使景观生态学不仅成为分析、理解和把握大尺度生态问题的新范式,而且成为真正具有实用意义和广阔发展前景的应用生态学分支。[①]

景观生态学萌芽于地理学的景观学对地理现象的空间相互作用的横向研究和生物学的生态学对生态系统机能相互作用的纵向研究相结合的科学研究。景观生态学以景观为对象,通过物质流、能量流、信息流和物种流在地球表层的迁移与交换,研究景观各部分的相互作用,空间功能结构、动态变化、优化保护利用等。简单的表述景观生态学就是研究景观的结构、功能和变化。景观结构指斑块间的空间关系,景观功能指空间要素间的相互作用,景观变化指结构和功能随时间的改变。[②]

景观生态学概念由德国著名地理学家特罗尔(Troll,1939)结合景观学和生态学的概念,首次明确提出。纳维等人(《Landscape Ecology——Theory and Application》,1984)指出"景观生态学是研究人类社会与其生存空间——开放与组合的景观相互作用关系的交叉学科",以普通系统论、自然等级组织和整体性原理、生物系统和人类系统共生原理等为基本原理或基本理论。福尔曼和戈德伦(《Landscape Ecology》,1986)认为"景观生态学探讨生态系统——如林地、草地、灌丛、走廊和村庄——异质性组合的结构、功能和变化",并强调运用生态学的原理和方法,进行景观的空间结构、景观动力学、景观的异质性原理研究。[③]

景观生态学的主要研究涉及尺度、空间异质性、格局和过程、景观多样性、景观连接度、景观边界和边缘效应以及干扰几个方面。景观生态学的支撑理论是系统理论、空间异质性和景观格局、尺度理论、空间镶嵌与生态交错带、景观连接度和渗透理论、岛屿生物地理学理论和异质种群、复合种群理论与源-汇模型和地域分异规律。景观生态学的基本原理围绕景观结构、景观功能、景观演化与景观规划和管理,涉及景观系统的整体性与异质性原理、格局过程关系原理、尺度分析原理、景观结构镶嵌性原理、景观生态流与空间再分配原理、景观演化的人类主导性原理和景观多重价值与文化关联原理七个方面(图 2-8)。[④]

---

① 余新晓,牛健植等. 景观生态学[M]. 北京:高等教育出版社,2006:1
② 肖笃宁,李秀珍等. 景观生态学[M]. 北京:科学出版社,2010:4
③ 同上
④ 肖笃宁,李秀珍等. 景观生态学[M]. 北京:科学出版社,2010:30

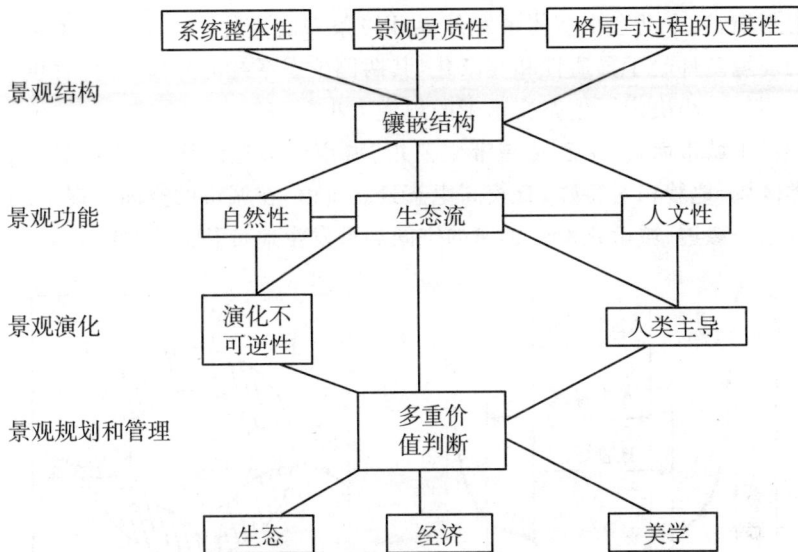

图 2-8　景观生态学核心概念框架

资料来源:肖笃宁,李秀珍等. 景观生态学[M]. 北京:科学出版社,2010:30

2.3.2.2　生态交错带

景观生态学理论认为,异质景观要素(生态系统)之间客观存在过渡带(Transition Zone),当研究的问题涉及过渡带和其两侧不同生态系统的相互作用时,过渡带常被称为生态交错带(Ecotone)或者生态过渡带。生态交错带概念由 Clements(1905)提出,最初是描述物种从一个群落大气界限的过渡分区,后经 Holland(1988)发展定义为:"生态交错带是相邻生态系统之间的过渡带,它的特征由相邻的生态系统之间相互作用的空间、时间及强度所决定"。① 生态交错带的生态环境不同于与之交界的两个生态系统的核心区域,交错区内物质、能量以及物种流等生态过程往往表现出与相邻两个生态系统中斑块内部不同的生态学特征和生态功能,因此,生态交错带是生态环境变化最明显和敏感的区域,是区域景观格局的特殊组分,往往被称为生态脆弱区。

生态交错带内相邻生态系统或景观相互不断渗透,内部环境因子和生物因子发生突变,生境对比度和生态位分化程度高,表现为利用多个生态系统共存的生态多宜性。生态交错带作为景观要素的空间邻接边界,是生态应力带(Tension Zone),相邻两个群落组分处于激烈竞争之中,并达到一个

---

① 余新晓,牛健植等. 景观生态学[M]. 北京:高等教育出版社,2006:95

动态平衡，这个动态平衡体系对外界环境条件的变化十分敏感。生态交错带的环境条件趋于异质性和复杂化，其两侧生态系统的规模、差异程度及相互作用的大小决定了生态交错带的规模大小。[①]

对于城市而言，生态交错带主要指"城市环境边缘区（Urban Fringe），这类区域，地貌相对特殊，有较高生态景观价值，在城市的空间扩展中，成为城乡互为渗透、城市化发展迅速的空间类型发生地带"[②]（图2-9）。

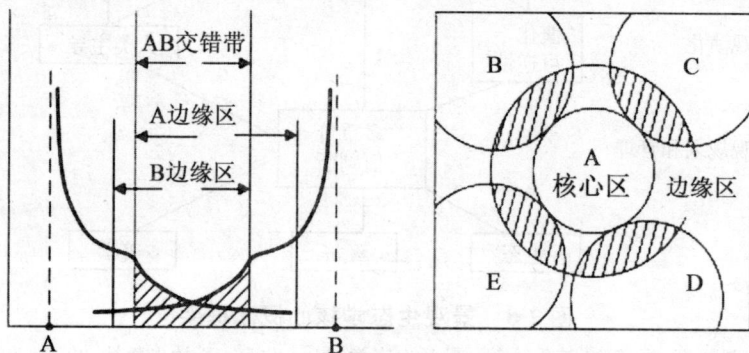

图 2-9　交错带与边缘区的关系示意

资料来源：张宇星，城镇生态空间理论[M]. 北京：中国建筑工业出版社，1998：10

秦岭北麓，由于其是连接深山区和平原区的过渡地带，所以从景观生态学角度来看是典型的生态交错带；在城市规划角度来看是典型的城市边缘区。作为平原和山区的交错地带，秦岭北麓的自然环境条件表现的生态系统特征不同于深山，也不同于平原。在城市的不断发展过程中，处于平原的城市人工生态系统会不断干扰破坏山区的自然生态系统，此时，秦岭北麓成为城乡空间类型转变发展、渗透的首要承接地带。

2.3.2.3　边缘效应

在两个或两个不同性质的生态系统（或其他系统）交互作用处，由于某些生态因子（可能是物质、能量、信息、时机或地域）或系统属性的差异和协和作用而引起系统某些组分及行为（如种群密度、生产力和多样性等）的较大变化，称为边缘效应（Edge Effect），亦称周边效应。[③] 在景观生态学领域，"边缘效应"是基于"生态交错区"的概念而提出的。由于交错区生境条

---

① 余新晓，牛健植等 . 景观生态学[M]. 北京：高等教育出版社，2006：96
② 刑忠 . 边缘效应与城市生态规划[J]. 城市规划，2001（5）：44～49
③ 百度百科 . 边缘效应[EB/OL]. http://baike. baidu. com/view/258583. htm

件的特殊性、异质性和不稳定性,通常具有不同的物种组成和丰富度,呈现独特的生物多样性格局。边缘效应有正负效应之分,效应区比相邻群落有更为优良的特性,称之为正效应,反之为负效应。

从城市规划角度看,相邻地域间具有一定宽度而直接受到边缘效应作用的边缘过度地带都可称为边缘区。边缘区具有空间尺度上的层次性,国家层面的沿海沿边地区、区域范围的流域沿边地带、城镇分隔带、自然生态环境与城市建设用地间的绿色交接带都属于边缘区。相邻地域所共有的属性赋予边缘区地域间的联系纽带,有显著的区位优势和丰富的资源组成。

秦岭北麓,从景观生态学的角度而言,也属于区域中的边缘地带,连接秦岭山脉和沿山的平原地区。某种程度上,秦岭北麓更多地体现了经济学和社会学方面的交错意义——生态因子互补性汇聚、非线性的相互协调作用、景观异质交错,这一切使得秦岭北麓超越相邻地域组分单独功能叠加总和,产生生态关联增值效益,对秦岭北麓本身、相邻腹地乃至整个区域都产生巨大的综合生态效益。

2.3.2.4 半透膜作用

半透膜(Semipermeable Membrane)是一种只给某种分子或离子扩散进出的薄膜,是对不同粒子的通过具有选择性的薄膜。[①] 从景观生态学领域看,半透膜具有控制物质流的作用,能对进入或者离开地域的流进行过滤,产生于生态交错带(Forman,1990)。半透膜作用能保证在稳定生态系统的过程中,维持源—汇交流作用的相对平衡,既适于边缘物质生活,又阻碍内部物种的扩散。[②]

秦岭北麓,从景观生态学而言,就是"重要的源—汇交流叠合地带"[③]。一方面,秦岭北麓是秦岭生态系统各类物资和各种能源的汇流地,积聚了秦岭主要的物质能量和各类资源;另一方面,秦岭北麓是西安市重要的能源物资输送地,水源、矿类、石材、农副产品不胜枚举。

半透膜具有渗透作用,不同于扩散,渗透体现了流体在多孔质中的运动规律(Stauffer,1985),一般存在一个临界值("渗透值"),"当多孔单元密度达到阈值以上时,流体才会穿越有限单元网格发生渗透。当两侧生态系统的交互作用在一定限度内,相邻两个群落成分处在激烈的动态平衡生态应力作用下,能够保持各自的稳态结构,而当作用强度超过一定阈值,破坏了

---

① 百度百科. 半透膜[EB/OL]. http://baike.baidu.com/view/337373.htm

② 余新晓,牛健植等. 景观生态学[M]. 北京:高等教育出版社,2006:49

③ 同上

交错区的半透膜结构,导致强势一侧的生态系统的全部物种向另一侧扩张蔓延,最终导致弱势一侧的生态系统结构改变,生态功能下降"。[①]

随着西安市开发强度的加大,西安市的平原人工系统逐步向秦岭山区自然生态系统蔓延,而秦岭北麓自然或半自然的土地利用形态逐渐向人工城市化的形态转变,这种趋势不可逆转,并会不断地降低秦岭北麓作为"半透膜"的生态功能。秦岭北麓由于相对深山区地势较低,十分容易受到自然灾害和人类活动的干扰,水土流失、泥石流并发,自然植被人为破坏,地下水不良开采,人为的破坏生态安全格局时有发生。这些生态扰动一旦突破秦岭北麓环境承载力的限度,必然破坏其生态结构,威胁秦岭北麓乃至整个秦岭山脉的生态涵养和生态保育作用的发挥,这是十分值得重视的问题。

景观生态学促进景观生态建设,进而促进山水城市的形成和发展。在经济飞速发展的今天,山水城市理论必须考虑人工景观和人工经营在景观中所占的比例,并考虑景观由于人类不合理的开发利用而退化的现实问题。在山水城市建设中,只有注重景观生态建设,运用景观生态学理论的研究框架和研究方法,重新审视人类活动的必然性和活动对景观格局和功能的客观影响性,调整人类活动方式,发挥人的建设性积极作用,改善受损和受胁迫的景观,实现积极的生态平衡,才能真正实现山水城市理想。

综上所述,景观生态学理论为解决在资源不断短缺、环境持续恶化条件下如何开展生态文明建设提供了新的理论视角,引领了生态文明建设新的科学研究途径。秦岭北麓是一个景观生态的特殊区域,资源与环境问题并存,因此,景观生态学理论将在秦岭北麓空间保护及规划中发挥重要作用,本书对秦岭北麓的系统分析,对秦岭北麓适应性空间保护及规划的论证都是其理论方法的运用。

2.3.3 景观美学理论

景观美学研究自然美的保护和加工,探讨自然美的成因、特征、种类以及开发、利用和装饰自然美的方法、途径等。研究范围涉及自然景观、人工景观和人文景观。

2.3.3.1 美学的相关概念

"美学常被认为是一种泡沫,难于分析,却易于消逝。我们的文化将感性形式设想成为一种表面现象,一种光辉,是在某种事物的内在本质形成后被贴上去的东西。但是,外表连接内部。它们在整体的运行中扮演着关键角

[①] 余新晓,牛健植等. 景观生态学[M]. 北京:高等教育出版社,2006:49

色,尤为外表是所有转换赖以发生的地方。所以我们认识和感受的、超出我们的遗传继承的东西,全部来自外表(凯文·林奇,1976)。"①美学是诞生于人们对人与现实审美关系研究的哲学理论分支,以对美的本质及其意义的探讨为研究主题。现代美学流派多研究艺术中美的问题,这是艺术哲学问题的体现,而不是艺术的原则、方法或具体表现,所以常被称为"美的艺术的哲学"。因此,美的本质、审美意识同审美对象的关系等是美学研究的基本问题。

从奴隶社会开始,人们就有对美的追求和对形式美的总结,这可以看作是美学的渊源。而唯心主义或朴素唯物主义者对美与艺术问题的简单思辨,可以视为美学的起点。美学成为独立科学并成为哲学一部分是近代才有的,它的发展经历了德国古典美学、马克思主义美学、西方近现代美学三个重要阶段。代表人物康德和黑格尔对美学的卓越贡献把美学推向了理论的高峰。马克思主义美学把实验的观点引入美学研究,为美学提供了另外一种研究思路。美学理论与思想是人类审美实践和艺术实践发展到一定历史阶段的产物,是人类从哲学的高度上对审美实践和艺术实践的总结概括。同时,美学作为一门社会科学,离不开全社会和全人类的物质生活与精神生活基础。②

2.3.3.2 传统的景观美学思想

景观美学思想在中国传统哲学中早有体现,从儒家的孔孟之道到道家的道法自然,从《周易》到风水理气学说,天地人合一的至善生态伦理观,处处体现了中国古代传统的景观美学思想,并与现代美学主张不谋而合(表2-5)。

表2-5　传统哲学中代表人物或思想分类及其景观美学体现式作用

代表人物或思想		景观美学体现或作用
孔子	提出了"仁者爱人"的人学观念,主张爱护野生动物	从天人合一的角度论证了其环境美学的思想,"天人合一"的传统美学思想对现代景观设计美学的发展起着非常好的启示与指导作用
孟子	从性善论出发,从社会与自然一体的角度,论证了从血亲之爱到民众之爱再到其他物种之爱的道德升华过程,主张人与环境的和谐	

---

① 凯文·林奇(Kevin Lynch).感觉品质营造(Managing the Sense of a Region),1976:68,转引自(美)史蒂文·布拉萨著,彭锋译.景观美学[M].北京:北京大学出版社,2008:8
② 袁清.现代景观设计的美学发展[J].大众文艺(理论),2009(14):96~97

续表

老子	自然规律是宇宙万物普遍存在的,主宰万物的运行	景观设计最大的道就是顺应自然。顺应自然,遵循自然规律行事,做"合乎道"的景观设计,是符合传统美学思想和现代设计发展潮流的。相反,违背自然之道的景观设计必然会给人类带来大自然的惩罚
周易	用作占卜等迷信用途,以阴阳作为基本概念的太极图和八卦描绘宇宙图像,反映了自然界运动的动态平衡和社会事物的辩证转化。物质循环运动的自然生态环境系统有着无限发展的演化过程,循环是它的基本特征	现代景观设计要学习借鉴"阴阳消长"的规律,通过设计完善社会物质生产的物质循环利用系统,实现废物的有效再利用,切实有效地改善我们的生存环境
风水学说	传统文化思想和民俗体现,作为一门择吉避凶的术学,客观地说,它在对环境的评价与选择的问题上反映了古人追求与自然环境协调统一的思想真谛,在美学上的体现是追求"天、地、人"合而为一的至善境界	风水中强调人与自然的和谐统一,关注居住与自然及环境的整体关系的生态环境理论,与现代景观设计的一些美学主张不谋而合

资料来源:作者整理

2.3.3.3 现代景观设计中的主流美学观点

1. 自然美学

随着工业化的进程,人对自然的改造加剧,这貌似体现了人类的文明进步,其实隐藏了对自然环境的高度破坏,工业文明背后是自然的严厉惩罚。因此,到了19世纪,美学不再仅仅关注艺术范畴,开始注入对美学层次的关注。19世纪末,美国人缪尔认为整个自然界在美学意义上都是美的,只有当它受到人类破坏时才显得丑陋。这些美学思想对当时西方的一些荒地保护运动产生了较大的影响。

在景观设计作为一门独立的设计学科成立并发展后,景观设计中的自然美学观点受到重视,尤其是景观设计美学领域中的自然美学研究。自然美学打破了美学艺术研究的狭隘范畴,使人们的审美对象扩大,它的观点指导了景观设计的理论和实践,对人工造物手法在景观设计中的运用提出了新的看法和原则。

2. 环境伦理美学

人们对大自然资源掠夺式的索取导致非理性的发展模式——获取财富同时也破坏了自然和环境,生存环境的恶化使得人们对环境问题的关注达到前所未有的高度。1972 年联合国的"联合国人类环境会议"通过了具有全球性影响的《斯德哥尔摩人类环境宣言》,标志着全世界开始有组织地保护环境。[①] 从此以后,人类社会对于环境的认识,从功利性发展转到道德和审美,倡导人与自然的和谐。

环境伦理美学建立在环境生态学与环境哲学的基础上,因此,在现代景观设计中具有重要的地位。众多学者都致力于探讨环境伦理美学观点对现代景观设计的指导作用。环境伦理美学观点影响了很多学者,环境美学根本上需要一种伦理的关怀成为大家的共识。

环境保护运动的兴起及其向伦理道德方向的扩展,既促进了现代景观设计的实践发展,又促进了现代景观设计评价体系的建立和完善。环境伦理美学的研究吸引了众多艺术家、工程师的加入,许多关于景观和环境的美学探讨与研究正是从这些环境伦理学研究中汲取养分而发展壮大的。

3. 景观美学的发展目标——环境美学

在景观设计起源之初,景观仅是一个美学概念——仅仅强调景观设计的可视性与视觉美,而对景观与周围环境、景观与人、景观与自然、景观与社会的诸多利害关系不作研究,因此其无法上升到美学的理论高度,只是一个形式美的概念。在多数人的概念中,环境设计就是景观设计,这是一种狭义的认识,其实,环境美学与景观美学之间还是有很多不同点的。

景观美学与环境美学的差异主要在于,第一,他们的渊源不同,景观美学起源于绘画、园林、城市规划等相关学科,而环境美学来自于环境哲学。第二,他们关注问题的角度不同,景观美学更多地面向设计实践,而环境美学更多地关注环境的美学哲思。但同时两者又是辩证统一的。环境美学首先是一种哲学,有关环境的哲学思考与思辨是环境美学的基础,环境美学思考的是人与自然、主体与客体、生态与文化的基本关系问题,寻求这些对立因素的和谐并作为感性的体验。两者之间天然的联系决定了,环境美学指导景观美学,景观美学是环境美学的理论延伸,环境美学是景观美学的发展目标。[②]

史蒂文·布拉萨在他的著作《景观美学》中为景观美学提供了一个非常

---

① 百度百科. 联合国人类环境会议宣言[EB/OL]. http://baike. baidu. com/view/1920482. htm
② 袁清. 现代景观设计的美学发展[J]. 大众文艺(理论),2009(14):96~97

实用的三分理论框架:从生物法则、文化规则和个人策略三个模式来解释景观审美问题。实际上,对审美行为的判别上哪些是生物的、文化的抑或个人,这根本就不明显,三个模式复杂相互作用。生物法则制约着文化规则,文化规则依次又制约着个人选择,另外,文化的变化源于个人的革新,人类基因的修改也源于文化实践的更新。① 所以,究其本质而言,景观美学的观点不管如何丰富,其核心思想始终还是围绕着"环境—设计—人"展开的。

实际上,景观美学也是在营造让人乐居的理想居住环境,这和山水城市的理念是殊途同归的。山水城市理论提出了将城市环境转变成景观的环境美化理想,即建筑师、规划师等环境创造者们通过对中国山水文化的借鉴,提供一个人与自然和谐统一的城市景观和城市发展模式。山水城市的景观美学意蕴主要体现在三个方面:第一,山水城市理念主张将中国传统山水诗词、园林建筑等诗性文化资源的精神、结构和要素融入城市规划与建设之中,开拓出理性与感性、物性与人性有机结合的城市景观模式,使得城市空间成为一个诗性文化空间,给人审美愉悦,有助安静与凝思。第二,山水城市理念着力塑造一种尊重地域文化传统、使人与自然和谐依恋的城市环境美,这种环境美的特质往往呈现一种让人存在、安居和乐居的"家园感"或"家园意识"。第三,理想的山水城市所营造的具有地方特色的景观意象,有助于增强人们的场所感,使生活于其中的人们感到安全、自在与惬意。"场所感"或"场所意识"是景观美学的重要理论范畴之一。②

景观美学相关理论给本书的研究指明了方向,秦岭北麓适应性保护及规划研究就是要研究秦岭北麓的环境、相关规划设计和人的关系,创造一种和谐的、高效的、富有景观环境美学的人居环境,这也是本书的核心问题。

2.4 山水城市视野下秦岭北麓有关生态环境保护及适度利用的理论

山水城市为秦岭北麓的生态环境保护和适度利用提供了一个理想图景,或者说提供了一个秦岭北麓生态保护和适度利用问题思考的思维范式。实际上,对于秦岭北麓生态保护和适度利用而言,形成山水城市格局的方法和途径是多种多样的,但是必须考虑一定的规模门槛、在秦岭北麓适度利用

---

① (美)史蒂文·布拉萨著,彭锋译. 景观美学[M]. 北京:北京大学出版社,2008:88
② 秦红岭. 环境美学视野中的山水城市理念[J]. 北京建筑工程学院学报,2008(4):5~8+21

的错位发展基础上,激发与完善秦岭北麓的生态环境保护和适度利用的自组织性,只有这样才能达到生态环境保护和适度利用的最终目标。

2.4.1 规模门槛理论

规模门槛理论需要从规模效应说起,规模效应来源于空间经济学的规模经济。所谓规模经济(Scale Economy)是指企业本身规模扩大越过一个门槛(threshold)时可带来生产集中的经济效果,提高生产效率,降低生产成本,从而带来一种乘数效应。但值得注意的是,规模效应并不是无止境的,在资源和竞争约束下,当到达一定规模,进一步扩大,收效越来越小时,甚至会出现规模负效应,只有当再次越过门槛时,才会产生新的规模正效应。[①]

秦岭北麓的经济、人口、空间开发增长也存在类似的规模效应,反映在空间上的规模效应是规模正效应与规模负效应的叠加。一般情况下,在空间开发初期,即在秦岭北麓生态环境开发利用的空间规模较小时,规模效应增长多为正效应,在空间开发的后期,即在秦岭北麓生态环境开发利用的空间规模较大时,规模效应增长会出现负效应,这主要与秦岭北麓的人口、土地、就业、资源、房屋、公共设施、基础设施等所综合形成的秦岭北麓生态环境保护及利用的门槛相关,不断产生规模效应的过程就是秦岭北麓开发利用不断超越门槛的过程。

秦岭北麓开发利用的过程中,自然地理条件的限制更明显,浅山丘陵的地形地貌、河流都是秦岭北麓发展的重要门槛。另外,秦岭北麓空间分布相对分散,基础设施、公共服务设施的投资大、集聚效益较低,突破门槛所需的费用比一般地区高;再则,秦岭北麓良好的建设用地比较少且分散,空间发展普遍面临巨大的用地制约,因此,秦岭北麓生态环境利用更应该珍惜土地资源,引导空间的集约化发展,避免门槛的过早出现。

然而,在现代科学技术的推动下,特别是快速交通、电子通讯技术等的发展,自然要素型的门槛的数量越来越小,其制约强度也越来越小,但并不代表在秦岭北麓就不需要考虑生态环境的具体情况而进行开发利用建设,因此,设置利用的门槛——通过规划制定利用的空间准入规则、通过投资机制引导空间增长的地域门槛等,应成为秦岭北麓生态环境保护和适度利用过程中人为的控制标准,这将对秦岭北麓生态环境保护和适度利用产生新的引导作用。

2.4.2 错位发展理论

城市空间总是在一些条件优越的区域先发展起来,形成城市生长

---

① 段进. 城市空间发展论(第 2 版)[M]. 南京:江苏科学技术出版社,2006:93

点(轴)(Growth Point),然后通过集聚与扩散效应,快速聚集相应的城市功能,形成充满活力的城市生长极,并带动周围地段的发展,推动城市空间的扩展与演变。[①] 秦岭北麓适度利用也存在这样的生长点(轴),在适度利用的空间发展过程中,达到新的平衡时就意味着新的生长点(轴)产生,这种空间的连续变化,或"蛙跳"式的发展形式反复进行,实现了秦岭北麓生态环境利用的不断发展。空间差异是错位发展的动因,也是错位发展的结果。条件优越的区位,对应的功能在适度利用的空间发展过程中会具有较好的竞争优势,从而吸引秦岭北麓利用空间功能的集聚,由此而产生旺盛的空间生长力,成为了秦岭北麓空间增长的最活跃点,主导着秦岭北麓生态环境适度利用的发展方向。当增长点(轴)充分发展后,秦岭北麓生态环境的适度利用进入一个平衡状态——生态环境保护和适度利用的平衡状态,同时新的生长点(轴)产生,秦岭北麓生态环境保护和适度利用将进入下一轮拓展之中。

秦岭北麓空间中的自然环境、地理条件、基础设施和已经建成环境等都是其生长点(轴)产生的重要因素。那些环境优秀,区位好的,有现状基础的,在秦岭北麓生态环境适度利用的空间发展中具有最突出的区位条件,比如已经开发的周至楼观台道文化展示区、蓝田县的汤峪镇等均具有较好的区位条件,空间的生长点(轴)多在这些地方,适合错位发展和优先开发利用(图 2-10)。

图 2-10　汤峪镇的发展现状

资料来源:Google earth

注:汤峪镇位于西安市东南 40 公里的秦岭北麓,蓝田县西南 25 公里,北与西安长安区为邻、南与商洛柞水县一岭之分、西接蓝田县史家寨乡、东连蓝田县焦岱镇,依山傍水,风景秀丽,是西安乃至西北地区著名的温泉疗养胜地,也是西安市小城镇建设试点镇,全镇总面积 132 平方公里,辖 26 个行政村、121 个村民小组、2.6 万人。

---

① 曹坤梓.城市化进程中山地城市空间形态演进与发展研究[D].重庆:重庆大学,2004:20

秦岭北麓由于生态环境和用地条件的限制,空间发展肯定是不均衡的,所以我们在规划中应该尽量控制秦岭北麓的生长点(轴),引导秦岭北麓空间错位发展,有序演进:在新建区域,选择合适的生长点(轴),注入各种生态产业,形成新的产业链条,在重点培育的基础上实现快速发展;在已建成的区域,优化产业结构,完善基础设施和社会服务设施,转化土地使用功能,培育新的增长点,引导已建成区域有机更新,重新崛起。

2.4.3　自组织理论

城市作为一个有机体系,其客观建构具有一定的自律性。在城市演化过程中,城市系统的结构与能量并非固定不变的,而是在直接受到新物质、新能量和新信息的刺激下发生着变异,城市结构进行着转化,城市的这种自发现象,即是城市空间结构增长中的自组织现象。[①] 自组织现象使得城市空间系统实现由混沌无序的状态向有序的方向转化,并产生新的空间形态。

秦岭北麓的空间发展也存在着自组织过程,这其中的根本原因是秦岭北麓空间中也存在着类似自然界的不同的生态位势差,这促使了人类活动的发生——从低势位向高势位流动,寻求适合自身活动规律的最优区位,从而整个系统从无序走向有序。秦岭北麓生态位势差,早期是由于具体地理区位和生态环境条件自然差异造成的。在发展过程中,各种社会、经济因素的集聚与扩散会改变自然的生态位势差,比如产业重组更新,功能变化发展促使空间性质变化,空间规模和结构发展等。对于秦岭北麓而言,生态环境的变化会对其空间发展产生直接的影响。秦岭北麓空间发展的自组织体现了一种涨落有序的动态发展特性。

秦岭北麓空间发展的自组织现象表现在三个方面:一是空间外扩,寻找和开拓新的优势区位,促使空间中心化,产生集聚效应;二是空间的内部演替,向着更高效有序的空间结构发展;三是空间受到秦岭北麓系统外的干扰后的自愈和进化,干扰小时,系统通过自组织调整,消解干扰并自愈,达到新的有序平衡,当系统受到较大干扰时,就会超过自身平衡干扰的能力不能自愈,系统崩溃,转化成新的结构,促使了空间的转化。

因此,秦岭北麓的空间发展过程是一个竞争、适应的过程,也是一个区位优选、开拓与占有的过程,这一内在机制决定了秦岭北麓空间发展的演进具有特定的方向性,通过空间的自组织,最终达到一个高效有序的状态。对

---

① 顾朝林,甄峰,张京祥. 集聚与扩散——城市空间结构新论[M]. 南京:东南大学出版社,2001:4

于秦岭北麓空间保护利用规划而言,就是要调动这种空间的竞争机制,择优区位,引导秦岭北麓空间有序化发展。

2.5　本章小结

　　所有的研究建立在一定的理论支撑之上,才有一定的意义。本章主要是课题的理论支撑体系。针对秦岭北麓的生态环境特点和其对于秦岭和西安的特殊作用,本章试图寻找秦岭北麓生态环境保护和适度利用的理论体系。首先,梳理山水城市理论,对山水城市理论的背景、发展演变进行了剖析,总结归纳了山水城市理论对秦岭北麓的启示。其次,研究了山水城市空间建构的影响因素和基本内容,并指出山水城市空间建构与生态环境适应性保护利用之间的相互关系。在此基础上,研究了与城市人居环境有密切关系的人居环境科学理论和山水城市理论。人居环境理论和山水城市理论对秦岭北麓而言,从具体的空间规划到中观的整体风貌,以及宏观的区域层面都发挥着重要的甚至是决定性的影响。接着研究了与景观环境有关的景观生态学和景观美学理论。景观生态学和景观美学理论发展是秦岭北麓空间形态在区域整体环境中的作用、形态发展的认识和展望的基础,并在很大程度上决定了秦岭北麓空间的外部形态,并对空间形成具有决定性的影响。最后,从规模门槛、错位发展、自组织三个方面讨论了秦岭北麓生态环境保护及适度利用的理论。

　　本章为后续章节,比如秦岭北麓生态环境保护及适度利用的现状及成因、秦岭北麓生态环境保护利用的发展定位和发展诉求的提出,提供了执论的依据。

3. 秦岭北麓生态环境保护与利用的现实问题及成因

3.1 秦岭北麓空间类型分类剖析

3.1.1 按照地理条件划分

秦岭是我国大陆上南北地质的主要分界线,也是世界著名的大陆造山带之一。秦岭造山带是在不同发展阶段以不同构造体制发展演化的复合型大陆造山带。秦岭处于中央造山带和南北构造交汇的地方,受地质作用的影响,使得地层变形,岩石变质。第三纪以来秦岭山地发生了大规模的和多次的断裂抬升,形成了秦岭山地、沿山丘梁、黄土残垣和峪口冲积扇 4 种地貌类型。[①] 对秦岭北麓而言,其空间多处于秦岭北麓山前冲积扇的黄土残垣地貌,在各个峪口附近即变为峪口冲积扇地貌。

不同的地形地貌条件下,空间开发的强度也不同。峪口冲积扇地区,由于具有相对较好的生态景观条件,所以其开发强度一般大于黄土残垣地区,景观生态的破坏也比较严重,对于这类区域,一方面是修复景观生态,恢复生态格局,另一方面是重新审视和定位区域空间规划的发展趋势,理清现状空间规模、空间功能的具体问题,在生态保护优先的基础上重新整合开发。对于黄土残垣地区,由于相对开发利用价值小,所以主要是应该考虑保护和维系周边的生态平衡,在此基础上适度开发利用。

3.1.2 按照空间区位划分

按照空间区位划分主要是便于研究的方便,本书把秦岭北麓按照从西到东的方向,结合具体的行政区划、相邻的以建设区域的联系紧密度和现状

[①] 严艳. 秦岭北麓观光农业旅游资源开发研究[M]. 北京:中国社会科学出版社,2012:12

条件依次分为 11 个区域[①],具体为:翠峰片区、楼观—集贤片区、石井片区、草堂片区、东大片区、沣峪口片区、子午片区、五台片区、太乙宫片区、杨庄片区、汤峪片区、焦岱片区、蓝关片区(图 3-1)。

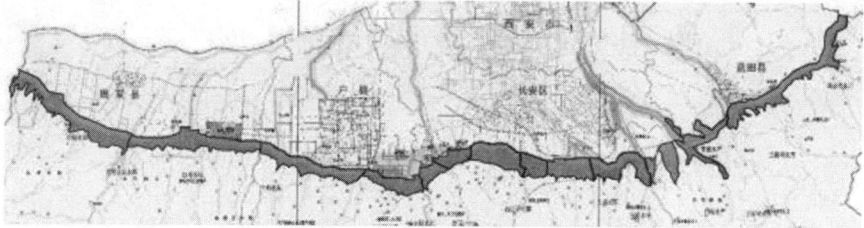

图 3-1 秦岭北麓分区示意图

资料来源:《秦岭北麓空间保护利用规划》,西安市秦岭办,2013

注:从左到右依次为翠峰片区、楼观—集贤片区、石井片区、草堂片区、东大片区、沣峪口片区、子午片区、五台片区、太乙宫片区、杨庄片区、汤峪片区、焦岱片区、蓝关片区。

根据笔者的统计分析发现,草堂片区的建设程度最高,建设用地占整个区域总用地的 94.10%,这和草堂片区比较成熟的居住、旅游、商贸等开发活动是密不可分的。其次是东大片区,建设用地占整个区域总用地的 68.60%,开发度最低的是焦岱片区,建设用地占整个区域总用地的 4.35%(表 3-1)。建设用地的比例越小说明人工干扰越少,生态景观的潜质越好,当然,开发的潜力也就越大,相对而言,已开发度高的草堂片区、东大片区的开发潜力相对就弱点,生态脆弱性会更高些,这在保护利用中应该分别予以考虑。

表 3-1 秦岭北麓分区及其建设用地面积、所占比例表

分区名称	建设用地面积(ha)	区域总面积(ha)	比例
翠峰片区	740	5157	14.35%
楼观—集贤片区	1484	4649	31.92%
石井片区	366	3561	10.29%
草堂片区	2061	2190	94.10%
东大片区	756	1102	68.60%

① 本书主要按照城镇建设用地来分类,没有按照村庄分类,原因为:如果按照村庄分类的话,整个分类将过于细化,不便于研究分析,另外,村庄作为秦岭北麓的景观斑块,规模较小,对秦岭北麓整体生态景观干扰相对较小,所以不予考虑村庄规模和数量问题。

续表

分区名称	建设用地面积(ha)	区域总面积(ha)	比例
沣峪口片区	672	1255	53.54%
子午片区	998	2936	33.99%
五台片区	637	1414	45.04%
太乙宫片区	541	2336	23.15%
杨庄片区	349	2862	12.18%
汤峪片区	1088	1802	60.37%
焦岱片区	126	2889	4.35%
蓝关片区	287	5427	5.29%

资料来源:作者整理自《秦岭北麓空间保护利用规划》,西安市秦岭办,2013

3.2 秦岭北麓生态环境的现状问题

3.2.1 秦岭北麓系统整体效益下降

3.2.1.1 作为城市发展边界的山水格局被不断侵蚀突破

在本书的第二章已经论述过,秦岭北麓是生态交错带,也是城乡发展和秦岭山脉的边界地带,生态意义极为重要。但在现实的发展过程中,由于开发商对于商业利益的追求,满足少数人亲临秦岭真山真水的需求,在秦岭北麓开发了许多地产项目、人工旅游景点、旅游商业配套建筑等,这些建设项目干扰了秦岭北麓原有的生态平衡,由于紧邻秦岭山脉,也破坏了秦岭原本美好的山水格局。沿环山路附近往南眺望,首先映入眼帘的不是秦岭美好风光,而是相对密布的地产项目。

如图 3-2 和图 3-3 所示,2005 年的时候,上王村附近以现状乡村为主,运用景观生态学理论分析,乡村斑块密度较小,面积不大,边界清晰,能较好的利于各种扩散过程(能流、物流和物种流)的产生。而随着房地产项目的侵蚀,到 2011 年,上王村周边新增房地产斑块,面积约 55.6 公顷①,致使区域斑块密度增大,根据图 3-3 的影像资料显示,左侧大的斑块已经快和原来乡村斑块结合成更大的斑块,这样一方面斑块的边界被人为模糊化,另一方面也阻塞了各种生物流的顺利扩散,表象就是山水格局被侵蚀破坏。

---

① 这个面积为测算值,存在误差,实际面积会更大。

— 77 —

图 3-2 上王村周边 2005 年 10 月 23 号影像

图 3-3 上王村周边 2011 年 6 月 4 号影像

资料来源:图 3-2 和图 3-3 影像资料来自 Google earth,作者整理

3.2.1.2 无序开发私建乱建严重导致山水生态环境被破坏

无序开发私建乱建已经使得秦岭的生态环境严重破坏,动植物的栖息地被干扰,生态平衡被打破。秦岭的生态破坏可以总结为四乱,其中三乱都和无序开发私建乱建有很大的关系:

(1)乱采乱挖,山体破坏严重。据调查秦岭西安段采矿点 41 个,其中周至县 8 个、户县 7 个、长安区 3 个、蓝田县 23 个(现已到期 14 家);炸山采石,矿产开采,秦岭伤痕累累;开发建设,破坏山体形态,地质灾害频繁发生(图 3-4)[①]。

① 西安日报数字报刊.打造一座会说话的大山[EB/OL].http://epaper.xiancn.com/xarb/html/2012~09/03/content_141579.htm

长安建业采石场 　　　　　　　蓝田徐家山采石场

图 3-4　秦岭北麓乱采乱挖景象

资料来源:作者自摄

　　(2)乱搭乱建,文化遗存逐渐消亡。不少项目突破规划,擅自扩大建设;村庄缺少总规,农家乐肆意搭建;村组村民随意出赁和倒卖土地,违建场馆、小厂、住宅、鱼塘众多;大峪、高冠峪在河道上违规筑坝搭建娱乐就餐设施尤为突出。历史文化资源缺乏保护,古村古镇历史风貌逐渐淡化,宗教人文难以传承,地域文化特色日渐消亡(图 3-5)①。

沣峪口以西新联村乱搭乱建

蓝田猿人遗址遭破坏

图 3-5　秦岭北麓乱搭乱建以及遗址破坏景象

---

　　① 西安日报数字报刊. 打造一座会说话的大山[EB/OL]. http://epaper.xiancn.com/xarb/html/2012－09/03/content_141579.htm

　　（3）乱排乱放，水环境日益破坏。休闲旅游人群在林区河道乱丢垃圾，生火搭灶现象时有发生；污水随意排放，污染河流；挖沙采石挤占河道；建构筑物占压河床……；几乎所有项目均缺少环保措施。据统计，秦岭区域共有大小电站 61 处，淤地坝 11 处，在汛期严重影响排洪、泄洪；据市旅游局的资料显示，全市有农家乐 4200 多家，在市旅游局备案符合接待标准的农家乐只有 623 家，但在沿山路、河道两侧就有近 3000 家，仅在长安就有 968 户，这其中只有 327 户有简易的污水处理设施；2011 年底监测的 19 条河流段面 9 个达标，10 个不达标；旅游旺季 5～10 月平均每天进山游客 1.5 万，产生 15.5 吨固体垃圾滞留山中，年均滞留垃圾 3000 余吨（图 3-6）[①]。

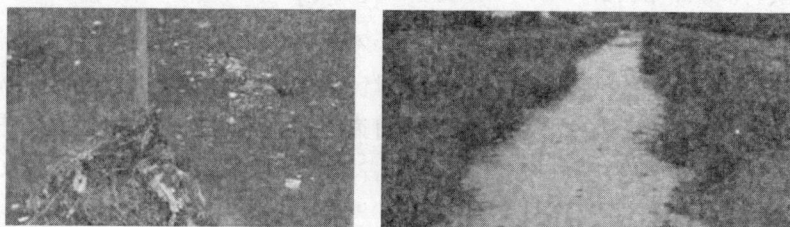

图 3-6　秦岭北麓乱排乱放景象

资料来源：图 3-5，图 3-6 作者自摄

　　（4）乱砍滥伐，生物种属灭绝加速。山区居民取火做饭，搭建房屋、羊圈猪圈及农用生活设施等，随意大量砍伐山区树木，植被破坏严重，动植物生存环境恶化；大量名贵树种及木材被砍伐倒卖，造成植被破坏，致使山体裸露，动植物生存条件恶化；飞播造林，植物种类日趋单一；外来物种入侵，区域生态平衡破坏；偷猎活动猖獗，珍稀动物濒临灭绝……（图 3-7）[②]。

图 3-7　秦岭北麓乱砍乱伐景象

资料来源：作者整理自西安市秦岭办

---

　　①　西安日报数字报刊. 打造一座会说话的大山［EB/OL］. http://epaper.xiancn.com/xarb/html/2012-09/03/content_141579.htm

　　②　同上

3.2.1.3 开发的同质化与特色缺失

根据笔者的现状调研总结秦岭的开发特点是:"靠山吃山"——爬山、休闲、垂钓、温泉浴,山上森林公园,山下农家乐。农家乐、钓鱼和漂流被受调查的游客称之为秦岭休闲旅游"老三样",这里面包含了些许无奈。整体而言,秦岭北麓的开发处于一种同质化和特色缺失状态。拿西安长安区上王村来说,全村163户中有128户都在经营农家乐,占全村总户数的75.2%。单单上王村西一街一条街道就有20家以上的农家乐。村民和游客都坦言,在这里除了吃饭就没有什么好玩的,并且这里农家乐的菜品也和城里日趋一样,缺少特色。农家乐原本仅是秦岭休闲的一种,但现在却面临同质化日趋严重,几乎"千店一面"的烦恼![1] (图3-8)

同质化和特色缺少的背后反映的是,在秦岭北麓,区域分割多头管理、旅游产品类型单一,市场营销宣传力度不够的制约秦岭旅游经济发展瓶颈。秦岭北麓绵长166公里,涉及多个行政区域,如何统一协调,形成合力,是亟须解决的问题。区域资源整合,形成产业链,错位发展是解决开发同质化和特色缺失的根本出路。

图3-8 同质化的农家乐

资料来源:作者自摄

3.2.2 秦岭北麓系统层次不足

3.2.2.1 在空间上缺少必要的生态过渡区

生态过渡区在景观生态学中就是生态交错区(带),最早由 Clements 于1905 年提出,主要是描述物种从一个群落到其界限的过度分布区,这是十

---

① 西安日报数字报刊. 打造一座会说话的大山[EB/OL]. http://epaper.xiancn.com/xarb/html/2012—09/03/content_141579.htm

分重要的区域,是两个群落的过渡带。生态过渡带的特征受相邻生态系统的共同作用下的空间、时间和强度所决定。生态过渡带体现生态应力,具有边缘效应,它自身保护的环境条件更为异质性和复杂性。比如树林群里边缘,由于风速相对较大,促进了蒸发,会导致起边缘的生境干燥生态过渡带还有阻碍物种分布的作用,就像栅栏一样,生态过渡带对物种的分布起着限制阻碍作用。从结构和功能上说,生态过渡带和生态廊道的作用有许多相似的地方。① 因此,生态过渡带的生态效应应该引起足够的重视。

秦岭北麓在空间上缺少必要的生态过渡区,主要是指人工景观和自然景观之间,以及人工景观与人工景观之间缺少必要的生态过渡区域,这种现象在人工开发程度较高的户县草堂和长安东大地区表现尤为明显:首先表现在空间上的就是人工景观已经连接成片,严重阻塞了秦岭和西安之间的生态"流"通道;其次是各个人工景观功能上的机械连接,比如商业开发楼盘(居住区)和旅游餐饮等区域之间的直接联系等,它们之间形成的生态系统层次性肯定不足——缺少必要的生态基础设施。因此,只有引入合理的生态基础设施,形成生态过渡带,才能使它们形成一个统一的斑块—基质—廊道和谐的景观生态系统(图 3-9 和图 3-10)。

图 3-9　秦岭北麓现状空间模型(缺少生态过渡带)

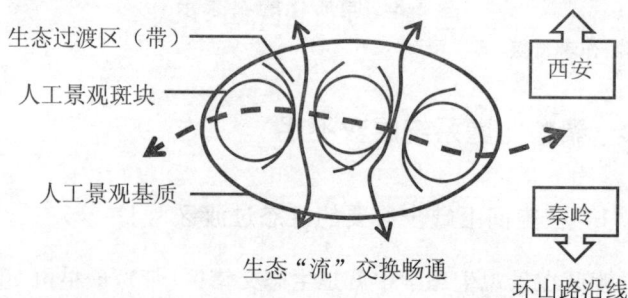

图 3-10　秦岭北麓理想景观模型(斑块—基质—廊道)

---

① 肖笃宁,李秀珍等. 景观生态学[M]. 北京:科学出版社,2010:30

3.2.2.2 在规划上缺少分区域规划层级和必要的景观生态规划研究

根据笔者的实地调查与访问座谈研究发现，整个秦岭北麓各个区域在空间发展规划建设中的规划层级分为两级：秦岭北麓生态环境保护利用总体规划和各区域自身的规划——对于自然保护区就是自然保护区规划，风景名胜区就是风景名胜区规划，旅游景区就是具体的详细规划等。而实际上秦岭北麓沿线距离绵长，加之秦岭北麓生态环境保护利用总体规划的纲领性指导强，实际操作弱的问题，致使各个区域规划的指导性不强，这中间缺少分区域规划层级，使各个区域的规划成为蓝图式规划（图 3-11）。分区域规划的缺失导致两个结果：一方面有些区域规划的可实施性不强，成为蓝图；另一方面，缺少区域统筹考虑，规划呈现各自为政，无序建设的状态（功能无序、空间发展无序等），严重破坏了秦岭北麓的整体景观生态环境。

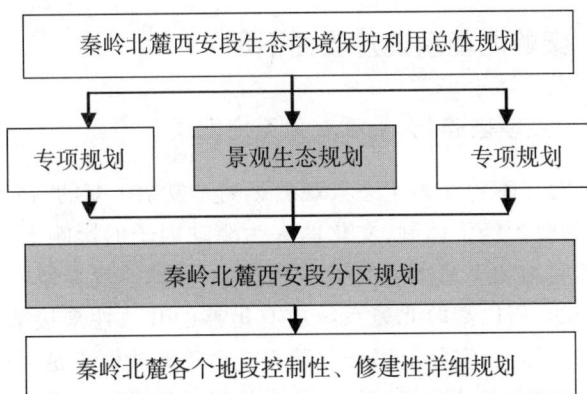

图 3-11　秦岭北麓现状规划体系

注：灰色部分为缺失的规划层级。

秦岭北麓，在规划上还有其特殊性，就是应该考虑景观生态规划，而在实际操作中，由于种种原因，很少有区域去从景观生态的角度去研究相关问题，并给出利于或者基于景观生态安全格局的具体规划，这样，致使秦岭北麓，越建设，景观生态破坏越严重，导致生态急剧恶化。

景观生态规划的忽视则主要是来自于我国现阶段的空间规划的编制体系。在这个编制体系中，顶端是国家发展和改革委员会制定的国民经济——具有战略意义，体现全国经济、社会发展的总体纲要，然后是土地利用规划和城乡规划，分管于国土资源部和住房和城乡建设部。城乡规划由总体规划和详细规划组成，而景观生态规划只是总体规划中的专项，或者是详细规划的景观设计。景观规划在规划体系中处于从属地位,扮演的是为城市规划收拾"残局"或"装点门面"的无足轻重的角色。[①] 所以,景观生态不断遭到建设性破坏。因此在秦岭北麓空间保护规划中,应提升景观生态规划的地位,与城乡规划相平行,形成景观规划与城乡规划相互制约的局面,并指导下一层级的规划编制(图3-12)。

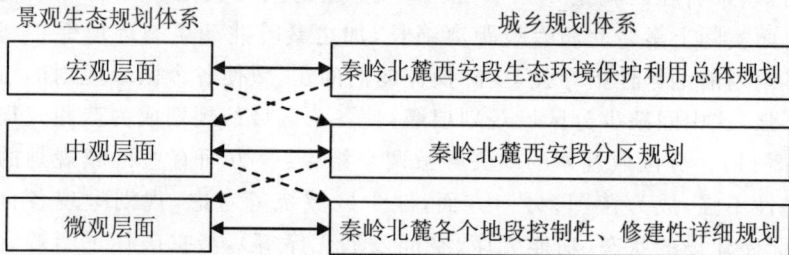

景观生态规划体系   城乡规划体系

宏观层面	←→	秦岭北麓西安段生态环境保护利用总体规划
中观层面	←→	秦岭北麓西安段分区规划
微观层面	←→	秦岭北麓各个地段控制性、修建性详细规划

图 3-12 秦岭北麓景观生态规划与城乡规划平行的空间规划体系

3.2.3 秦岭北麓系统开放性不足

3.2.3.1 生境破碎化,景观变化无序发展

人类活动对于秦岭北麓生态景观的影响是复杂多变的,在人口数量、人均消费、技术和政治经济体制、文化的人为驱动因子的影响下,通过改变秦岭北麓的土地利用和土地覆被类型,人们在不停地改变着秦岭北麓生态景观的结构和功能,所以秦岭北麓系统应有足够的开放性来接纳或者应对人类的各项活动。然而,实际上秦岭北麓系统由于开放性不足,致使人类活动的无序,加速了整个秦岭北麓区域内的自然景观的生境破碎化,具体体现在北麓自然景观的斑块数量减小、面积缩小、形状和斑块之间的隔离程度越来越大,内部生境的破碎化加速,内缘比(内部种和边缘种的比例)减小等方面。秦岭北麓自然景观的景观变化在空间过程上首先是破碎化,然后越来越趋向于缩小和消失状态(表3-2)。

---

① 李志明.转型期我国景观规划体系的建立[J].沈阳建筑大学学报(社会科学版),2011(2):142~145

表 3-2　景观变化中的主要空间过程及其
对空间属性的效应（Forman，2006）

空间过程	斑块数量	斑块平均大小	总的内部生境	区域中的连接度	边界总长度	生境丧失	生境孤立
■→□ 穿孔	0	−	−	+	+	+	+
■→◪ 分割	+	−	−	−	+	+	+
■→◆ 破碎化	+	−	−	+	+	+	+
◆→◆ 缩小	0	−	−	0	−	+	+
◆→◆ 消失	−	+	−	0	−	+	+

资料来源:肖笃宁,李秀珍等. 景观生态学[M]. 北京:科学出版社,2010:118
注:＋表示增加,－表示减少,0表示没有变化

　　景观变化的空间模式在景观生态学中分为边缘式、廊道式、单核心式、多核心式、散布式和随机式（图 3-13）[1]。

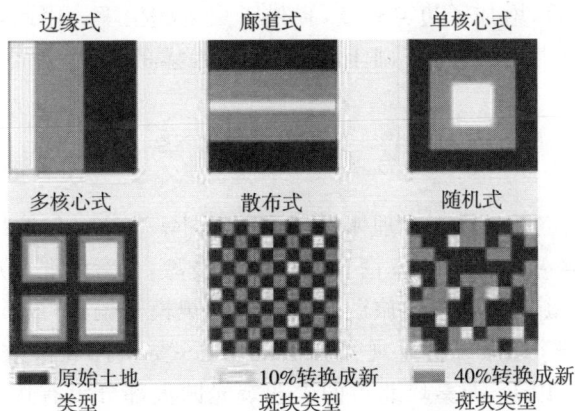

图 3-13　景观变化的空间模式（Forman，2006）

资料来源:肖笃宁,李秀珍等. 景观生态学[M]. 北京:科学出版社,2010: 118

[1]　肖笃宁,李秀珍等. 景观生态学[M]. 北京:科学出版社,2010:118

对于秦岭北麓而言，自然景观多是呈现边缘式和廊道式发展，而人工景观作为自然景观的干扰因子常常处于多核心发展，比如户县草堂镇和长安区东大街办，现状建设已经成片，致使自然景观生境破碎化加速，区域原本的生态廊道，自然景观斑块在不断缩小并有消失趋势。而在开发相对较弱的蓝田地区，景观还处于边缘式和廊道式发展，自然景观生境保存较好。根据 Forman 的研究，最好的景观变化是"颌状"模式（Jaws Model）又可以称之为"口状"模式（Mouth Model）①（图 3-14）。

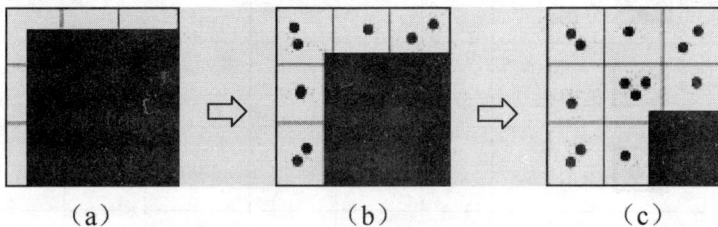

（a）　　　　　　　　（b）　　　　　　　　（c）

图 3-14　景观变化的颌状模式（Forman，2006）

资料来源:肖笃宁,李秀珍等. 景观生态学[M]. 北京：科学出版社,2010：118

注:(a)、(b)、(c)表明景观变化的三个阶段，分别表示有 10%、50% 和 90% 的黑颜色的斑块类型变化为白颜色的斑块类型。图中的点表示小斑块，曲线是廊道。

和边缘模式相比较，颌状模式有三个优点：首先，方形生境斑块得以维持；其次，廊道连接性加强，廊道和小斑块使大片连续新斑块的副作用降到最低；最后，增加了边界长度，提供了更多的生境。因此，应该在秦岭北麓系统开放性加强的基础上尽量营建这样的景观空间和景观变化模式。

3.2.3.2　空间规模不合理，功能单一

秦岭北麓空间规模不合理体现在两个方面，一方面，有些人工景观的规模过大，比如某些房地产开发商开发的商业楼盘，在秦岭北麓成片开发，严重影响生态平衡；另一方面，旅游产业园区的规模又偏小，成散点式布置在秦岭北麓沿线。比如，农业观光方面的园区，要发挥经济效益需要达到29.5 平方公里以上，而秦岭北麓的农业观光园大部分没有达到这一标准，小的仅 0.0333335 平方公里，多数在 0.066667—0.66667 平方公里之间。而功能单一或者说项目单一，在秦岭北麓是普遍存在的现象，比如农业观光方面，多是是游览观光为主，其他功能很少涉及，比如科普教育，几乎没有，

---

① 肖笃宁,李秀珍等. 景观生态学[M]. 北京：科学出版社,2010：120

项目也没有趣味,缺乏多样性,除了采摘、品尝外就没有其他了,内容单调缺乏新意,这很难满足现代人对休闲旅游的需求[①]。

根据笔者的问卷调查显示,人们对于秦岭北麓的需求是多元化的,有娱乐需求、有审美需求、有教育需求等,特殊人群还有特殊的需求,比如商务人士对秦岭北麓有商务会议需求,中高产阶层对秦岭北麓有康体养生需求,热爱体育人士对秦岭北麓有体育旅游的需求等,这些都反映了随着社会进步,经济发展,休闲时代已经来临,秦岭北麓必须在其空间保护利用中有所应对,走空间多元化、功能复合化的可持续发展道路。

3.3 秦岭北麓生态环境现实问题的成因

3.3.1 整体规划统筹缺失

根据笔者的调研,秦岭北麓生态环境的现状情况多强调局部地方利益而缺乏整体规划统筹,或者换个角度而言,就是地方规章各行其道缺乏统一的规划管理。

首先,秦岭北麓在行政管理上分属于周至、户县、长安、蓝田、灞桥、临潼6个区县,45个镇,在产业、行业管理上又涉及农业、林业、矿产、国防工业、民用工业、旅游业及工商管理等多个方面。行政管理和行业管理的庞杂分散,致使形成各自为政、条块分割的管理模式,环境监管无法形成合力,反而往往容易形成互相扯皮、推诿的"公地悲剧",强调了局部的地方利益而忽视了整体的规划统筹管理。

其次,秦岭北麓需要管理的区域平均宽度 2.5 千米,东西长约 166 千米,以及散居于其中的二十余万农民和从事各种职业的从业人口。区域大、战线长、监管对象复杂、加上秦岭北麓的交通通讯相对不变,这给力量并不充足的地方管理带来很高的工作难度。

再次,由于地方规章的不健全,并各行其道,缺少统一的规划管理,致使在秦岭北麓的开发建设中,有些人受利益驱使,不愿意与政府合作,甚或与环境监管方对抗,很难从地方规章中找出有效的对付方法。在利益驱使下,他们钻地方规章的空子,和地方监管者打游击战、埋伏战、偷袭战、持久战。整治检查时,他们暂时撤退,只要风头一过,他们则又重操旧业;有时管理部门在这里整治,他又在那里破坏;管理部门查禁这个,他又犯禁那个,搞得地

---

① 严艳. 秦岭北麓观光农业旅游资源开发研究[M]. 北京:中国社会科学出版社,2012:110

方监管部门疲于应付,防不胜防。

3.3.2　环境生态保护缺失

秦岭北麓的环境生态保护缺失主要是由于秦岭北麓包含有巨大的商业利益,房地产开发商、旅游资源开发商,甚至农家乐经营者都可以从秦岭北麓找到自己所要索取的商业利益。这种对商业利益的最大化追求,势必会忽略或者回避对于秦岭北麓生态环境问题的重视,秦岭北麓生态保护的基本的环境维系成为一句空谈。

土地资源稀缺性与生态环境脆弱性是秦岭的地域环境特点,但在商业开发中却没有得到足够重视和有效引导。多数商业开发,最终目的追求商业利益的最大化。在商业利益的目的下,建设审批时不会进行环境影响评价,在运营时不会重视对环境生态的保护。因此,对秦岭生态环境建设而言,追求商业利益最大化的开发都是破坏性开发:自然山体被削为陡坡或夷为平地,越来越多的农田、草地、林地、河流等自然资源遭受到严重破坏。由商业开发而来的生态失衡,导致水土流失、洪灾、崩塌、泥石流、滑坡等自然灾害和工程灾害频发,环境恶化。而强调野生物种及栖息地保护,忽视聚落居民生存发展和人们亲近自然的需求,造成人类发展基础上的聚落建设和必要的商业开发与野生动植物的保护之间产生新的矛盾,保护与发展形成对立,严重地影响了秦岭的可持续发展。

3.3.3　保护利用规划建设法规条例笼统化

法律法规的笼统化,或者说没有明确的细化实施条例,只能使秦岭北麓的生态环境保护和利用处于一种相对"无法可循"的境地。

对于秦岭北麓而言,国家层面有《环境保护法》和《城乡规划法》等法律,区域层面有《陕西省秦岭生态环境保护条例》。虽然,针对整个秦岭生态环境保护而言,提出了一些法律条款,但具体到秦岭北麓,相关条例显得过于笼统,并不能真正指导秦岭北麓的空间保护利用规划建设。对于秦岭北麓生态环境保护和适度利用的保护层级,保护措施,空间开发的规模,空间开发的密度,以及具体的项目审批程序,是否需要环境影响评价,建筑物的高度控制、建筑物的密度控制等,均需要制定相关保护利用的规划建设法规条例和详细的实施细则颁布,并在实际工作中严格执行这些规划建设法规条例,只有这样,秦岭北麓的空间保护利用才能走上法制化道路。

3.4 本章小结

本章首先从地理条件和空间区位角度对秦岭北麓空间类型进行了分类剖析。其次,本章对秦岭北麓空间保护利用的现状问题按照系统论的整体性、层次性和开放性三属性进行划分并分析,具体为:秦岭北麓系统整体效益下降,表现为城市发展边界的山水格局被不断侵蚀突破,无序开发建设导致山水生态环境破坏和开发的同质化与特色缺失问题;秦岭北麓系统层次不足问题主要是从秦岭北麓空间上缺少必要的生态过渡区和秦岭北麓规划上缺少分区域规划层级和必要的景观生态规划层级两个方面展开讨论;秦岭北麓系统开放性不足主要是通过分析秦岭北麓生态环境破碎化,景观变化无序发展和秦岭北麓空间规模不合理、功能单一两方面展开讨论。

最后,本章在剖析秦岭北麓现状问题的基础上指出秦岭北麓空间保护利用问题的深层次原因(成因):一是过于强调局部地方利益,缺乏整体规划统筹,地方规章各行其道,缺乏统一的规划管理;二是过于追求商业利益,缺乏环境生态保护研究;三是没有明确细化保护利用规划建设的法规条例,致使规划建设无法可依。

总的来看,秦岭北麓现状问题严重,原因较多,所以秦岭北麓的空间保护利用必须深入研究,寻找问题解决之道,显得尤为重要。

4. 山水城市视野下秦岭北麓生态
环境保护利用的发展定位

4.1 秦岭北麓的具体法律基础和各规划要求

4.1.1 秦岭保护的法律基础

对于秦岭北麓而言,本书主要是从《陕西省秦岭生态环境保护条例》角度来讨论其法律基础,这样有较强的针对性[①]。

4.1.1.1 保护条例出台背景

《陕西省秦岭生态环境保护条例》(以下简称《条例》)是我国第一部在生态环境保护方面的立法,也是我国第一次为一座山脉立法,经陕西省十届人民代表大会常务委员会第 34 次会议审议通过,已于 2008 年 3 月 1 日正式施行。《条例》确立了秦岭生态环境"统筹规划、保护优先、科学利用、严格管理"的保护原则,其具体内容见附录。

4.1.1.2 保护条例内容解析

《条例》体现了可持续发展观下的环境预防理念[②]。《条例》第 1 条中规定:"为了保护秦岭生态环境,维护秦岭水源涵养、水土保持功能,保护生物多样性,规范秦岭资源开发利用活动,促进人与自然和谐相处,实现经济与社会可持续发展,根据国家有关法律、行政法规,结合本省实际,制定本条例。"[③]传统的"环境救济"思想——事后采取救济措施,对于秦岭所面临的

---

① 实际上秦岭北麓的具体法律基础应该是《西安市秦岭生态环境保护条例》,但在本书的写作过程中,《西安市秦岭生态环境保护条例(草案)》正在征求社会意见,故在书中暂不作为主要内容出现。《西安市秦岭生态环境保护条例(草案)》的内容见附录。

② 张炳淳,付康康.《陕西省秦岭生态环境保护条例》之创新[J]. 环境保护,2008(16):19~21

③ 见附录。

环境问题而言,往往得不偿失。而《条例》在环境预防的基础上,作为调整环境社会关系,规范人的环境行为的环境立法,对秦岭生态环境现象的深刻变化,做出了有效的回应。

《条例》以综合生态系统管理为思想基础,打破了单个行政区域的限制,考虑秦岭生态环境的整体性。保护范围涵盖整个秦岭区域,东西以省界为界,南北以山体坡底为界的;保护内容涵盖植被保护、水资源保护、生物多样性保护和开发建设,对于秦岭的开发具体到矿产资源、交通设施、城镇乡村建设、旅游设施建设等多个方面,涉及多个政府部门的协调,保证了整个秦岭生态系统的完整性和生态环境的地域特殊性。[①]

《条例》第 18 条规定:"海拔 2600 米以上的秦岭中高山针叶林灌丛草甸生物多样性生态功能区为禁止开发区;海拔 1500 米以上至 2600 米之间的秦岭中山针阔叶混交林水源涵养与生物多样性生态功能区为限制开发区;海拔 1500 米以下的秦岭低山丘陵水源涵养与水土保持功能区为适度开发区。"[②]第 19 条规定:"秦岭生态功能区的禁止开发区内,不得进行与生态功能保护无关的生产和开发活动。秦岭生态功能区的限制开发区内,严格限制房地产开发和对生态环境影响较大的工业项目。秦岭生态功能区的适度开发区内,应当采取有效措施减少各类开发建设和生产活动对生态环境的负面影响。适度开发区内的建设控制地带不得建设有污染的工业项目,严格限制房地产开发。"[③]《条例》中的禁止、限制、适度开发区的提出,符合秦岭生态环境的特点、状况和地理位置,考虑了秦岭生态环境的生态规律、生态承载力,以尽可能地消除对秦岭重要生态功能区的人类活动破坏,发挥最佳效益,维护秦岭生态功能为最终目的。

《条例》第 10 条规定:"省人民政府应当根据国家有关规定建立健全生态环境补偿机制,依法对秦岭生态环境保护地区给予经济补偿。"[④]在第 48 条对矿产资源开发实行生态补偿费制度作了具体规定,即构建生态补偿法律机制,实现环境利益和经济利益在生态环境的保护者和破坏者、受益者和受害者之间的公平分配,有利于化解由此引发的各种社会矛盾,促进社会公平的同时保障社会安定。

《条例》的颁布和实施,对秦岭西安段,尤其是对生态环境脆弱区,敏感区和重要生态功能区的各类开发建设和生产生活活动的限制和禁止,保证

---

① 李志明. 转型期我国景观规划体系的建立[J]. 沈阳建筑大学学报(社会科学版),2011(02):142~145

② 见附录。

③ 见附录。

④ 见附录。

了生态功能的充分发挥,对于全面规范秦岭地区的开发利用活动,依法保护秦岭生态环境,为我市、我省乃至全国经济社会发展提供生态安全保障将具有重大而深远的意义。

总之,《条例》只是秦岭保护的一个总体法律框架,比如对于生态补偿机制的规定,只是提出在秦岭进行矿产资源开发应当缴纳生态环境综合治理补偿费,但具体征收标准和管理办法省上至今没有出台,对运用经济手段长期有效保护秦岭生态带来一定困难,因此,许多具体问题仍需要研究深化。

4.1.2　全国主体功能区规划要求

《全国主体功能区规划》主要是根据不同区域的资源环境承载能力、现有开发密度和发展潜力,统筹谋划未来人口分布、经济布局、国土利用和城镇化格局,将国土空间划分为优化开发、重点开发、限制开发和禁止开发四类,确定主体功能定位,明确开发方向,控制开发强度,规范开发秩序,完善开发政策,逐步形成人口、经济、资源环境相协调的空间开发格局。2011年6月初,《全国主体功能区规划》正式发布。

在《全国主体功能区规划》中明确了在关中—天水地区,加强渭河、泾河、石头河、黑河源头和秦岭北麓等水源涵养区的保护,加强地下水保护,修复水面、湿地、林地、草地,构建以秦岭北麓、渭河和泾河沿岸生态廊道为主体的生态格局[①]。由此可见,秦岭北麓对于关中—天水地区,乃至全国的重要性。

4.1.3　西安区域战略规划要求

4.1.3.1　关中—天水经济区中的要求

2009年,国家西部大开发"十一五"规划中确定将关中—天水经济区作为西部大开发三大重点经济区之一。规划范围包括陕西省西安、铜川、宝鸡、咸阳、渭南、杨凌、商洛部分县和甘肃省天水所辖行政区域,面积7.98万平方千米。直接辐射区域包括陕西省陕南的汉中、安康,陕北的延安、榆林,甘肃省的平凉、庆阳和陇南地区[②]。旅游开发是关中—天水经济带的一个重要内容。《关中—天水经济区发展规划》指出:"以西安为中心,加快旅游

---

① 引自《全国主体功能区规划》中对关中—天水地区内有关论述。

② 新华网. 国家正式发布《关中—天水经济区发展规划》[EB/OL]. http://news. xinhuanet. com/politics/2009～06/25/content_11601737. htm, 2009—06—25

资源整合,大力发展历史人文旅游、自然生态旅游、红色旅游和休闲度假旅游。加强精品旅游景区和精品旅游线路建设,完善配套设施和服务功能,提升旅游资源产业化经营水平。加强旅游管理机制创新,大力发展旅游经济,把经济区建设成为国际一流的旅游目的地。"①对于精品旅游线路和旅游景区,《关中—天水经济区发展规划》指出,除了把西安打造成国际旅游都市,完善城市旅游服务功能,培育世界级旅游精品外,还应确立五条精品旅游走廊:"①西安—宝鸡—天水丝绸之路旅游走廊;②华山—翠华山—太白山、天水—陇南—九寨沟、天竺山—柞水溶洞—牛背梁自然生态旅游走廊;③西安—延安—榆林、庆阳—平凉—延安红色旅游走廊;④西安大慈恩寺—宝鸡法门寺—平凉崆峒山—天水麦积山宗教旅游走廊;⑤商洛牧护关—商州文化古城—龙驹古寨—金丝峡谷—商南城—三省石旅游走廊。"②这五条旅游长廊大都是围绕秦岭的生态和人文旅游的。在规划中确定的周秦汉唐文化旅游精品区、华山潼关旅游精品区、天水人文自然旅游精品区、宝鸡人文旅游精品区也大多分布在秦岭地区,建立了陕甘共同开发秦岭旅游的初步体系。

4.1.3.2 西安国际化大都市中的要求

西安建设国际化大都市标志着西安从关中地区的一个具有重要政治、经济、文化意义的中心城市,逐步转向对于中国的西部地区具有统领作用的国家中心城市;标志着西安从传统的、内地的一个文化中心重返国际文化中心舞台,成为东方古都文化之母的世界城市。

在西安国际化大都市中,秦岭北麓被定位为休闲养生文化产业带,用其山林水的优雅环境与西安城组成大山大水大文化的山—水—城格局(图4-1),这使得秦岭北麓在西安国际化大都市的进程中扮演了重要的角色:构建山—水—城格局,形成轴线,以其特色鲜明的生态环境和地域文化来营建大西安生态宜居城市。

随着西安国际化大都市的建设,秦岭资源被高度整合。真正使秦岭北麓成为市民"可游、可享、可居、可养"的空间。考虑在地势相对平坦、视野开阔地区适量、合理统筹开发秦岭内部建设用地,提倡科学发展观,积极合理利用其生态资源,实施城乡一体化建设,缩小城乡差距,协同城乡发展。未来的秦岭已不仅仅是西安的后花园,它将成为西安市民身边触手可及的生

---

① 引自百度百科. 关中—天水经济区[EB/OL]. http://baike.baidu.com/view/3504612.htm, 2013—03—20.

② 同上

态绿园。

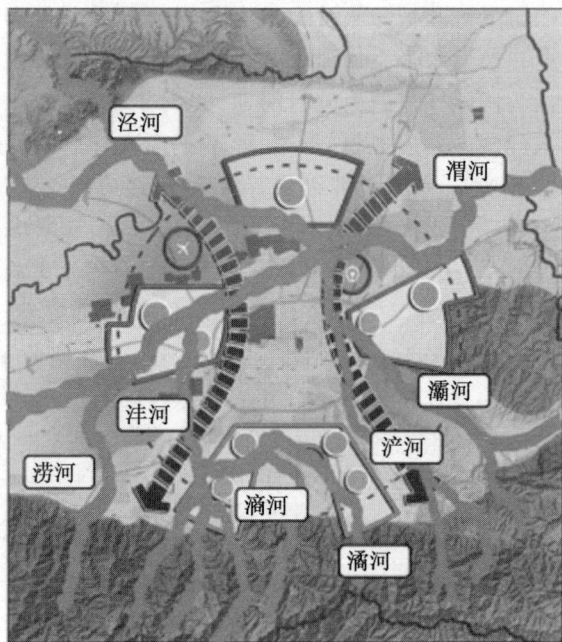

图 4-1　西安大山大水大文化的"山—水—城"格局

资料来源:西安市秦岭办

4.1.4　西安城市总体规划要求

有关秦岭生态保护的西安城市规划层面的研究,经历了无意识—控制—保护的过程。

4.1.4.1　无意识阶段

20 世纪 50 至 80 年代西安市经历了第一和第二两轮城市总体规划,第一轮总体规划(1953 年—1972 年)更多的是"对城市建成区进行规划部署(图 4-2),重点是研究是如何使西安'从消费城市变成生产城市'规划目标是把西安建设成为一个轻型的精密机械制造和纺织工业城市"[①],对秦岭等区域生态系统涉及较少。

---

① 和红星.西安於我 2:规划里程[M].天津:天津大学出版社,2010:59

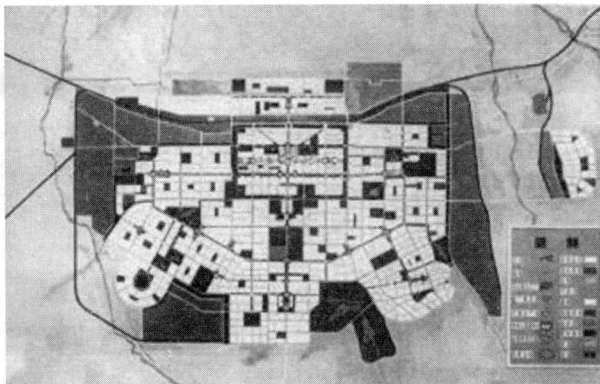

图 4-2 《1953—1972 年西安市总体规划》规划图

资料来源:和红星.西安於我 2:规划里程[M].天津:天津大学出版社,2010:59

　　第二轮总体规划(1980 年—2000 年)处在改革开放的初期,也是"文革"后的经济恢复期,"促进经济发展,加快工业化进程是城市规划的重点"。"本轮规划的规划目标是把西安建设成为一个布局合理、交通流畅、服务设施良好、园林绿化普遍、旅游事业发达、古城风貌生辉的社会主义现代化城市。但在当时经济条件下,只注重对城市功能区的划分,还没有充分认识秦岭的生态屏障作用。秦岭及其山麓在规划中提及较少,除了在旅游规划中划分出秦岭山脉的旅游典型区域外,其余仅作单一的生态绿地处理(图 4-3),致使秦岭生态环境问题比较突出,秦岭人为破坏森林资源现象屡见不鲜,秦岭水源涵养林受到严重威胁。"①

4.1.4.2　控制阶段

　　20 世纪 90 年代的城市总体规划:明确提出"城市的绿色生态控制区"②。规划以《城市绿地分类标准》为依据,根据《西安市 1995 年—2010 年城市总体规划》的要求,结合我国的管理体制,将西安市域绿地系统确定为"城市的绿色生态控制区 "③。

　　"'绿色空间控制区'是位于城市规划范围内,城市建设用地以外,对居民休闲生活和城市景观、生态质量有直接影响的区域。在这个绿色空间的概念里涵盖了景观、娱乐、农业生产和生态条件较好或亟待改善的区域,一般是植被覆盖较好、山水地貌较好或应当改造的区域。"④(图 4-4)

---

① 　和红星.西安於我 2:规划里程[M].天津:天津大学出版社,2010:59
② 　和红星.西安於我 2:规划里程[M].天津:天津大学出版社,2010:131
③ 　同上
④ 　同上

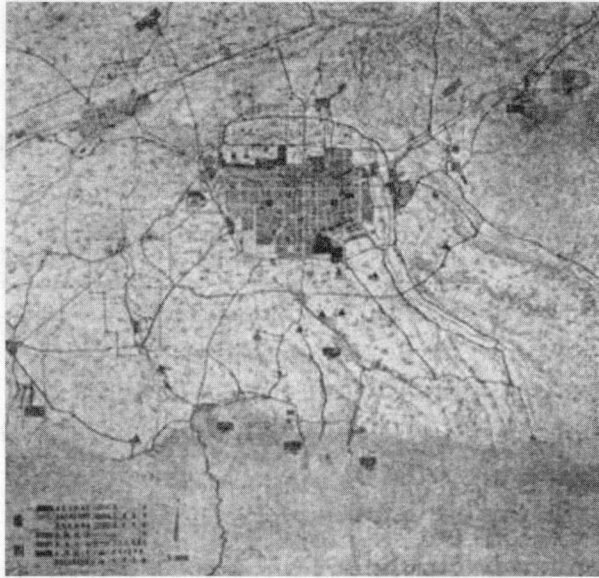

图 4-3　《西安市 1980—2000 年城市总体规划》旅游规划图

资料来源:和红星. 西安於我 2:规划里程[M]. 天津:天津大学出版社,2010:67

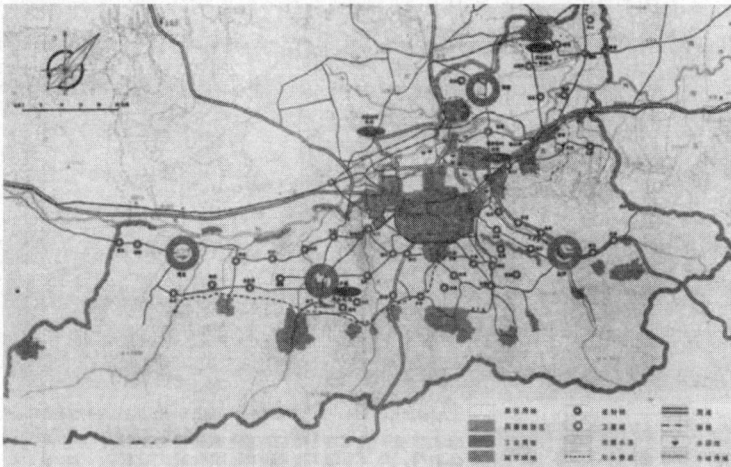

图 4-4　《西安市 1995—2010 年城市总体规划》市域旅游规划图

资料来源:和红星. 西安於我 2:规划里程[M]. 天津:天津大学出版社,2010:75

"该次规划中'绿色空间控制区'的范围包括位于西安城市建设用地 275km² 之外,规划区 9983km² 以内,对居民休闲生活和城市景观,生态质量有直接影响的区域,包括骊山风景区、楼观台风景区、朱雀森林公园等旅游度假区以及太白山等自然保护区;还有一类不宜向公众开放的绿地,如水源保护区、渭河、灞河、浐河、黑河等境内河流流域营造的以水源涵养、水土保持为主要目的的防护林,以及为防止水土流失危害而建设的山体水土保持林等;另外还有几个重要的农业生产基地等偏重生态保护,景观培育,建设控制,污染防治和减灾、灭灾的功能。"①

城市绿色生态控制区作为城市的第一道绿色保护屏障,也是进入城市的第一道绿色风景线,更是西安市生态、景观、娱乐资源优势的一种重要体现。

4.1.4.3 保护阶段

第四轮城市总体规划:提出保护南部生态屏障。根据《西安城市总体规划(2008年—2020年)》提出"综合西安的宏观地理区位、自然资源条件以及未来社会经济发展态势分析,西安市应以秦岭作为生态屏障,环山路以南以生态环境保护为重点,严格控制城镇的发展;环山路以北作为城镇布局和发展的主要地区,以主城区为核心,中心城镇为节点,快速骨架交通体系为依托,形成'一城、一轴、一环、多中心'的市域城镇空间布局"②。以南部秦岭山地生态环境建设保护区、渭河流域湿地生态环境建设保护区为主体,以山、林、塬为骨架,以风景名胜区、遗址保护区、自然保护区为重点,以主要河流、交通通廊(含铁路、公路、快速干道)沿线绿色通道为脉络,形成城乡一体的生态体系(图4-5)。

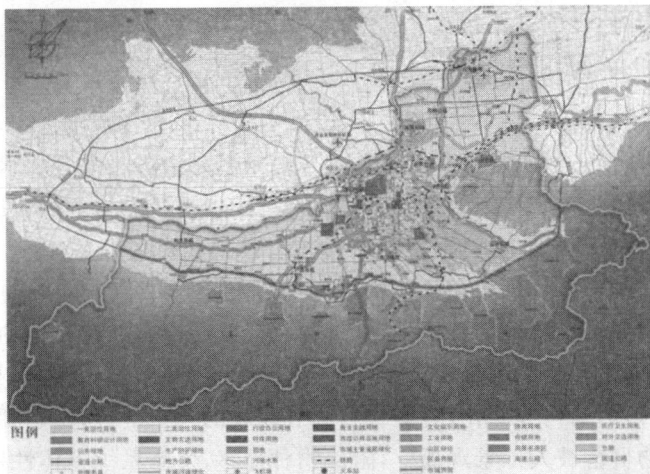

图 4-5 《西安城市总体规划(2008—2020年)》市域用地规划图
资料来源:西安市规划局

---

① 和红星.西安於我2:规划里程[M].天津:天津大学出版社,2010:131
② 和红星.西安於我2:规划里程[M].天津:天津大学出版社,2010:332

4.2　秦岭北麓生态环境保护利用的发展定位

4.2.1　系统化

4.2.1.1　系统化建设的必要性

1. 经济方面

秦岭北麓生态环境保护利用和西安市城市建设的城市经济发展密不可分,秦岭北麓生态环境保护利用中蕴含的直接经济效益和间接经济效益是十分巨大的。秦岭北麓生态环境保护利用如果进行系统化建设可以促进社会进步、经济发展,反之,系统化建设的缺失将会导致整个秦岭北麓生态环境差,生态效益低下的状况出现,这影响秦岭北麓的发展的同时,会导致整个大西安城市竞争力的下降。

休闲时代的到来,越来越多的投资者将眼光锁定在秦岭北麓的旅游开发上,所以秦岭北麓更需要系统化的建设。只有这样,在秦岭北麓生态环境合理保护的基础上,才能以更好的生态景观条件和生态价值,来吸引投资,并在系统化建设中规范投资,实现秦岭北麓生态环境保护和各类商业开发利用共赢的局面。

2. 生态方面

本书前面已经研究过秦岭北麓的生态景观是由各种景观要素组合而成的,这本身就是一个复杂的系统——含有一定的等级结构,并且具有独立完整的结构特征。具有与整个秦岭北麓生态景观相对应的生态学、经济学和社会学的功能,并呈现特色鲜明的视觉特征和美学价值。健康的景观应具有结构的完整性、功能的整体性,并且在动态发展中是相对稳定的。而当前秦岭北麓的生态景观系统,结构零散、功能单一,并且在发展中极其不稳定。动植物群落的结构单一化,各类自然景观斑块的缩小消失,生态廊道的人为破坏,植物群落被人工景观孤立,阻碍物种迁移,生态系统整体性岌岌可危,这些现象在秦岭北麓处处可见,综合生态效益每况愈下,这均和秦岭北麓没有系统化建设有直接关系。

3. 社会方面

秦岭北麓的系统化建设可以增强其在人们心中的凝聚力。秦岭被誉为父亲山,可见秦岭在人们心中厚重地位。面对父亲山,一方面是要感恩秦岭,一方面就是要系统化地建设秦岭,秦岭北麓的系统化建设不光是生态效益和经济效益的问题,还蕴含了深刻的社会效益。同时,系统化地建设秦岭北麓可以更好的改善西安及周边居民的旅游出行质量,为居民提供更好的休闲旅游养生康体之所,促进社会进步发展。

4.2.1.2 系统化的可能性

经济的持续快速化增长,城市发展加速,对秦岭北麓的发展提出更高的要求;而国民经济结构的调整,现代市场体系的建设,促进了经济市场化的程度,市场经济在资源配置中的作用明显增强,这种公有制和市场经济多元并存的经济体系为秦岭北麓发展建设提供了更加强大的经济后盾。秦岭北麓系统化建设已经具备了必要的经济基础。

20世纪末,未来学家格雷厄姆·莫利托在著名的《经济学家》杂志发表文章,预测到2015年,人类将进入大休闲时代。他认为休闲将是新千年经济发展五大推动力中的第一引擎,新千年的若干趋势将使"一个以休闲为基础的新社会有可能出现"。休闲度假产业将在2015年左右主导世界劳务市场,并占有世界GDP1/2份额。休闲、度假、娱乐、旅游业将成为下一个经济大潮,并席卷世界各地。根据国际规律,人均GDP达到3000~5000美元时,就将进入休闲度假消费、旅游消费的爆发性增长期。中国从2010年开始迈过人均GDP3000美元的入门线,着力发展休闲度假产业的机会已经来临①。秦岭北麓有着众多的旅游资源,休闲时代的到来给秦岭北麓生态保护赋予了更多的意义,所以系统化建设是必须的。

当然,社会的进步,人们生活质量的提高,人们的生态保护和历史文化保护意识逐渐增强,生态意识与可持续发展思想已经成为了社会的共识,这也奠定了秦岭北麓生态保护的社会基础。

4.2.2 多元化

多元化是秦岭北麓系统开放性的一个表现,体现了人们对于秦岭北麓空间需求的多元化发展。多元化表现在功能的多元化,景观风格的多元化等方面。多元中渗透着自然与文化,科技与教育的内容。

秦岭北麓生态环境保护基础上适度利用,实现多元化发展具有多种途径,比如可以结合国际户外运动与秦岭野外生活"双引擎"的概念,以"创新和升级"突显秦岭北麓的特色定位:强调秦岭北麓作为休憩功能的重要催化

---

① 搜狐焦点网. 未来学家格雷厄姆:人类从2015年进入大休闲时代[EB/OL]. http://dl. focus. cn/news/2012−06−08/2054971. html

作用,为周边产业区和西安城区的发展创造强有力的成长引擎;强调秦岭北麓作为西部都市圈综合服务功能的升级和完善,提升文化都市圈的整体形象;并且,在秦岭北麓以资源共享的创新服务平台扩大产业的辐射效应,在功能上形成了相互联系的创新服务产业生活圈,为秦岭北麓未来的空间组成提供了清晰的架构,也为后续的发展指引了方向。

投资多元化是我国经济模式的发展方向,对于秦岭北麓而言,面积大,地域广,政府单一投资是不现实的,也不符合经济发展的总体需求。秦岭北麓生态环境保护和适度利用的投资方式均可以考虑多种形式,有政府投资,企事业单位的独资、合资和集资建设等形式。但要注意区分公益性项目和盈利项目的不同,以及政府在整个秦岭北麓空间保护利用中的职能和地位作用。公益项目政府拨款,而盈利项目可以招商引资,经营权归投资商所有,政府对经营环境、经营秩序等进行管理,这样既发挥了社会资金的优势,又能满足政府对秦岭北麓整体生态环境建设的总体要求,也能满足投资商的经济利益需求和居民群众的游览需求。多元投资使秦岭北麓的空间保护利用的规划建设方式、生态保护的管理方式和具体的生态景观规划设计方式都有所转变,政府独揽独办的管理和终极式的规划设计模式均不能适应秦岭北麓生态景观的不断发展变化要求,必须在多元投资的基础上改变政策、管理模式和设计方法。

4.2.3 公益性和开放性

秦岭北麓的生态环境是全体人民的,并不属于某个集团或者某个人,也不属于政府的政治专属。随着民众生态环保意识的增强,秦岭北麓的生态环境保护利用必将走向公益性和开放性的时代发展之路。就像城市内部的公园一样,已经由原先收费式管理转变成免费地向市民开发。当然,在秦岭北麓的固有生态保护要求和一些具体的投资建设需求下,不可能做到任何地方都开放,但至少应该在生态景观中体现公益性和开放性,使秦岭北麓成为人人都可享有的、都可亲近的、真山真水的、生态建设良好的区域。这需要从管理上和规划设计上对秦岭北麓的公益性和开放性要求均有所体现和回应。

4.2.4 和谐共生发展,走向生态文明

4.2.4.1 和谐共生发展

和谐是存在的基础,共生是存在的格局状态,发展是动力目标,因此和

谐共生发展是一个系统的过程①。

对于秦岭北麓而言,和谐共生发展首先就是确保其规划能经得起历史的考验。秦岭北麓保护和适度利用规划应突出前瞻性、战略性和导向性,高起点谋划秦岭北麓的各项建设空间和设施功能,合理确定秦岭北麓的建设规模和速度,深入调研论证、广泛征求意见,确保秦岭北麓规划经得起历史检验。秦岭北麓规划应注重产业发展、基础设施、生态建设协调兼顾、同步推进。其次,秦岭北麓生态环境保护和适度利用应该有自己的特点,因时因地制宜,结合地理环境、空间布局、民俗习惯、文化底蕴和历史传承,找准定位、明确方向,走具有自身特点的秦岭北麓发展之路。秦岭北麓更应该凸显地域特色和文化元素,搞好文物保护、延续传统精髓,形成有区域特色的秦岭北麓风貌,促进社会发展,经济进步。最后,秦岭北麓空间发展的根本是生态,所以必须"注重人与自然和谐,树立绿色发展理念,敬畏自然、尊重自然、顺应自然、保护自然,以生态的高度自觉统筹建筑、规划和环境,加强绿化美化和污染整治,促进山、水、人、城相和谐"②。

4.2.4.2 走向生态文明

党的十八大报告首次提出建设美丽中国的要求,并系统阐述了生态文明建设,提出"推进绿色发展、循环发展、低碳发展的要求,从源头上扭转生态环境恶化的趋势,为人民创造出良好的生存环境,并为国际生态安全做出贡献"③。由此可见,生态文明建设已经被中国高层所重视,上升到战略层面。

生态文明建设的科学内涵是:"①生态文明是人类在改造自然以造福自身的过程中为实现人与自然之间的和谐所做的全部努力和所取得的全部成果。②生态文明是人们正确认识和处理人类社会与自然环境系统相互关系的理念、态度及生活方式,是对应于工业文明并以其为总结基础的时代性扬弃,是人类最终走出"人类中心主义"、建立人与自然和谐相处的新的文明发展进程。③生态文明是人类遵循人、自然、社会和谐发展这一客观规律而取得的物质与精神成果的总和,是指以人与自然、人与人、人与社会和谐共生、良性循环、全面发展、持续繁荣为基本宗旨的文化伦理形态,它的产生基于人类对于长期以来主导人类社会的物质文明的反思。"④

---

① 此论点源自于西安建筑科技大学张沛教授用"和谐共生发展"理念的点拨。

② 佚名. 赵乐际:把和谐共生理念融入城镇化全过程[J]. 领导决策信息,2012(36):7

③ 胡锦涛. 坚定不移沿着中国特色社会主义道路前进为全面建成小康社会而奋斗——在中国共产党第十八次代表大会上的报告[N]. 人民日报,2012-11-08

④ 陈羽. 从"建设美丽中国"看生态文明建设[J]. 重庆科技学院学报(社会科学版),2013(6):12~14

从生态文明建设的科学内涵和国家的战略导向不难看出，在建设美丽中国被提上日程的今天，生态文明建设更是中国发展的题中之义，体现在国家发展战略的各个方面。因此，在这样的全社会共同认识的基础上，国家生态文明建设的宏观调控上，秦岭北麓生态环境保护和适度利用最终走向生态文明是一个必然的发展之路。

4.3 秦岭北麓生态环境保护和适度利用的发展诉求

针对秦岭北麓现状问题和发展趋势来看，秦岭北麓的生态环境保护和适度利用发展还缺乏相应的自明性，秦岭北麓生态环境保护和适度利用的理论和实践还缺乏适应性、协调性和系统性，处于摸着石头过河的无序探索阶段。同时，还应认识到，秦岭北麓不管是保护还是适度利用，其规划建设均是一项繁复浩大、影响深远的系统工程，稍有不慎便会造成巨大的失误，甚至影响到下一代，危及生存。

所以，秦岭北麓生态环境保护利用的发展诉求就是引入适应性观念——适应性保护及适度利用，目的在于运用适应性观念的动态观和整体协调关系说为秦岭北麓界定一个清晰的发展生存空间，构建一个符合秦岭北麓实际情况的理论框架和一个可以调节反馈的秦岭北麓生态环境保护利用规划系统。

适应观的主要思想基础是系统思想、共生思想和演替思想[①]。针对秦岭北麓而言，系统思想就是把秦岭北麓看成一个功能整体，并考虑成以人为中心的主动系统。共生思想就是在秦岭北麓，人与环境协同共生，管理者与被管理者也协同共生，保护和利用，只能诱导而不能采用强制性控制。演替思想就是秦岭北麓的发展是不断变化的，因而出现的问题也是不断变化的，我们主要是弄清楚问题而不是解决问题，重要的是调节过程而不是控制结果。具体而言就是，我们关心且只能调节的只是秦岭北麓系统功能的正常与否，是否能够朝着持续高效的方向发展，而不是强调秦岭北麓的最优控制结果是什么。秦岭北麓空间保护利用适应观的目标是高效和和谐，高效就是秦岭北麓物质能量的高效利用，使秦岭北麓的生态效益最高；和谐就是秦岭北麓的各组成部分关系的平衡融洽，使秦岭北麓系统演替的机会最大而

---

① 陈纪凯. 适应性城市设计——一种实效的城市设计理论及应用[M]. 北京：中国建筑工业出版社，2004：38

风险最小(生态破坏)。

对于秦岭北麓而言,适应观的具体内涵如下。

4.3.1 适应秦岭北麓人与自然环境的需要

人类 21 世纪发展战略的主题是环境,重视环境、保护环境和合理地利用环境是人类生存必须遵守的规则。实现秦岭北麓的环境价值效应的关键点就是如何认识秦岭北麓生态以及环境对周边居民生活所蕴含的价值。通过秦岭北麓生态环境保护和适度利用规划对自然环境进行保护与再生的价值主要体现在经济价值、心理价值和社会价值三个方面。秦岭北麓生态环境保护和适度利用规划环境策略的目标是保持和合理利用秦岭北麓的自然生态环境,继承和保护秦岭北麓的历史环境,努力协调人与自然关系,多方位在现代生活环境中融入秦岭北麓的历史文化元素,使得使用者、开发者和社会均从中得益,提高使用者的生活环境品质,保证开发者的回报率,并吻合秦岭北麓社会环境发展的政策,从而实现秦岭北麓生态环境保护和适度利用规划环境策略的价值效应。

秦岭北麓生态环境保护和适度利用规划的根本任务之一是寻找,关心人的需求、增强秦岭北麓的空间归属感和空间识别性的途径。在整个秦岭北麓区域,满足人们使用方便、心理平衡,社会交往和视觉舒适等方面的需要,通过物质空间的人性化设计提供可能性和选择性,创造层次丰富的舒适空间。

公共活动必定发生在相应的一定领域的物质空间中,人类个体的领域感,要求空间应该具有一定的层次性,以适应不同层次的社会。通过秦岭北麓空间层次划分界定具有领域感的秦岭北麓空间,形成丰富的空间层次,使人有安定感,并提供空间的可读性。

另外,秦岭北麓生态环境保护和适度利用规划考虑得是否周全和细致强烈影响着人们的舒适程度,从视觉上的和使用上看,主要是空间的比例尺度和各种细部处理方面,这体现了空间的人性化设计。人对空间的兴趣和理解程度与视觉上的舒适性有关,而人对空间以及其中设施的使用率和使用上的舒适性有关,这最终会影响在秦岭北麓空间中所发生的人类活动的质量。适宜的空间比例尺度可以满足人类活动时的空间心理感受,良好的细部规划设计和建设施工质量能吸引人"深入"空间、"使用"空间设施、"介入"空间内的各种活动。

4.3.2 适应秦岭北麓整体社会文化氛围

适应秦岭北麓整体社会文化氛围对于其空间保护利用规划来说,是一个统领性和基质性的工作。任何一座有历史的城市都会有一个特定的社会文化氛围,虽然这种氛围难以用具体的物质加以表达,但却不难被体会,被感受:同样是高楼林立的现代化都市,在西安你能体会到传统文化的浑厚与震撼,作为古老而年轻的国际化大都市,西安始终给你以庄严肃穆感,但在这之后又是令人回味的,散发秦岭文化气息的,关中人憨直的人际交往,传统与现代就是这样在西安被延续和融汇形成特有的西安文化;而在上海,人们能体会到的是一个中西合璧的世界文化博物馆,这里始终引导着中国经济和文化模式新式潮流,形成了特有的海派文化。如果在秦岭北麓空间保护利用中,对文化背景不加区分,采用单一手法,必然造成秦岭北麓空间特色的迷失,甚至社会文化肌理的破坏。因此,秦岭北麓空间保护利用规划的开始就着力于秦岭北麓特有社会文化氛围的确立、研究与营造,这自然是最有决定意义的步骤。

秦岭北麓的整体社会文化氛围的适应性规划应该侧重于形象研究和策划,体现对秦岭北麓传统文化和现代经济生活的理解、尊重和把握,在设计手法上就是对秦岭社会文化元素的有机组合,在设计操作上就是对秦岭社会文化形成一种机制。具体而言,秦岭所蕴含的社会文化,是秦岭所包含的自然景观和人文景观的高度统一。秦岭文化可以溯源到我们中华民族生成之初的蓝田文化、仰韶文化、半坡文化。秦岭是中国南北方文化、东西部文化的聚合点和交汇点。老子的《道德经》在秦岭著成,佛教六个宗派[①]在终南山创立,秦岭养育的关中地区也一直是儒家文化的兴盛之地。秦文化、汉文化、长安文化、中原文化、关陇文化久负盛名。由此可见,秦岭集儒、释、道于一体,可谓是中华传统文化的大熔炉。[②] 秦岭造就了周、秦、汉、唐的辉煌文明,孕育了秦文化,汉唐文化。历史文化名城西安,从汉唐长安到今天的国际化大都市西安,它的兴衰变化都与秦岭息息相关。经过千百年的沉淀,从关中民居到现代西安城市建筑所呈现出来的新汉唐风格,都是秦岭文化的延续和发展。秦岭北麓空间保护利用规划的适应性体现在建筑上,就是使北麓沿线建筑在建筑风格上体现关中民居风格,体现汉唐风格,就是对秦岭文化的最好诠释。[③]

---

① 三论宗(草堂寺)、净土宗(草堂寺)、律宗(净业寺)、法相唯识宗(大慈恩寺、护国兴教寺)、华严宗(华严寺)、密宗(大兴善寺)。

② 张会心. 秦岭的文化基因[J]. 国学,2011(12):6~23

③ 肖哲涛,郝丽君,和红星. 秦岭北麓沿线建筑风格探析——以西安院子为例[J]. 现代城市研究,2013(05):60~64

4.3.3 适应秦岭北麓形体空间

适应秦岭北麓形体空间是我们最触手可及的层面,形体空间不言而喻,就是偏重于三维建筑空间,体现了根据人的生理需要和心理需求,对具体的空间进行规划部署,这是秦岭北麓生态环境保护和适度利用的具体工作,从专业的角度研究较多,不必在这里重复描述,具体见后续章节。适应秦岭北麓形体空间显然是秦岭北麓整体社会文化氛围的下一个层次,是秦岭北麓社会文化物质化的过程。

4.3.4 适应形成秦岭北麓空间的运作机制

秦岭北麓生态环境保护和适度利用的运作机制是联系秦岭北麓整体社会文化氛围和秦岭北麓形体空间的桥梁。

从内容上讲,运作机制包括秦岭北麓的相关政策、法律、经济手段、社会措施等各个方面,制定秦岭北麓必要的政策和法律法规条文,对秦岭北麓生态环境保护和适度利用的准则和道德进行约束;用必要的奖惩措施促进秦岭北麓城市风貌的形成,建立必要的社会监督和公众参与机构,使秦岭北麓的空间保护利用结果为大众所接受。

从范围上看,秦岭北麓空间机制包括秦岭北麓区域与西安城市系统层次、秦岭北麓总体运作层次与具体空间表达层次,必须从秦岭北麓的区域整体角度构筑其有机运行的模型,形成合理的秦岭北麓区域——城市空间环境;从秦岭北麓总体空间格局上寻找解决新旧矛盾和各种冲突的途径,运用秦岭北麓中各具特色的局部风貌地段,烘托秦岭北麓整体的社会文化氛围;研究秦岭北麓的各类空间如何维系生态网络结构,如何满足人们的各种需求,促使秦岭北麓空间发展富有生机。

4.3.5 适应性方法对策提出[①]

由于本人知识所限和研究时间的不足,以及有关秦岭北麓遥感资料的缺失(原有的相对年代较远,不能反映近况,新的测绘资料正在测绘之中),所以原本应该直接在本书中展开的适应性保护及规划的具体测度及评估的技术方法,只好改成对技术方法的构想论述。

秦岭北麓情况特殊,一般的研究方法不足以支撑其适应性保护及规划的实践需求,尤其是秦岭北麓区域内的景观生态复杂性。因此笔者提出对

---

① 本小节论点参考"反规划"理论以及相关文章,俞孔坚,袁弘,李迪华等. 北京市浅山区土地可持续利用的困境与出路[J]. 中国土地科学,2009(11):3～8+20

于秦岭北麓适应性保护及规划而言,应该结合景观生态学的斑块、基质、廊道等理论,以及麦克哈格在其论著《设计结合自然》中所提到的"地形、水文、土地利用、植物、野生动物、气候"景观五要素,对秦岭北麓的生态性景观(景观性生态)进行多角度分析。

通过多角度的分析,总结秦岭北麓生态环境的现状问题和成因,然后结合景观生态学的分析技术手段,提出秦岭北麓生态环境保护和适度利用适应性策略。

具体而言,就是经过生态效应评价,研究秦岭北麓的景观生态安全格局①,从"反规划"②的角度构建整个秦岭北麓适应性空间保护利用体系③。

4.3.5.1 原有保护利用的困境与再思考

西安的城市总体规划和相对应的秦岭北麓发展政策对已经划定的各类保护用地实行了明确清晰的保护战略,但保护用地外围的空间管控就显得很弱。农耕、工矿等人工建设活动时有发生,而单一化的禁止建设区或限制建设又将秦岭北麓的保护和利用带入一个相对盲目的保护误区,如不及时调整,必将带来灾难性后果。不清晰的"大保护"只能是一种"低效的保护",低效的结果就是"过度利用"和"低效利用——应该保护的空间被开发,同时浪费了可以被开发的空间,这两种结果既没有办法缓解秦岭北麓的开发需求,也不能缓解尖锐的空间利用矛盾"④,具体表现如下:

第一,原有的秦岭北麓空间保护利用相关规划通常都是用明确的人口和用地目标控制来替代明确的生态控制。

---

① 要谈景观生态安全格局的概念,就必须提到生态基础设施(Ecological Infrastructure,简称EI)的概念。生态基础设施是维护生命土地的安全和健康的关键性空间格局,是城市和居民获得持续的自然服务(生态服务)的基本保障,是城市扩张和土地开发利用不可触犯的刚性限制。景观安全格局(Security Patterns,简称SP)是判别和建立生态基础设施的一种途径,该途径以景观生态学理论和方法为基础,基于景观过程和格局的关系,通过景观过程的分析和模拟,来判别对这些过程的健康和安全具有关键意义的景观格局。

② 俞孔坚,袁弘,李迪华等.北京市浅山区土地可持续利用的困境与出路[J].中国土地科学,2009;3~8+20

③ "反规划"概念是在中国快速的城市进程和城市无序扩张背景下提出的,主要是一种物质空间的规划方法论。"反规划"不是简单的"绿地优先",更不是反对规划,而是一种应对快速城市化和城市发展不确定性条件下如何进行城市空间发展的系统途径;与通常的"人口—性质—布局"的规划方法相反,"反规划"强调生命土地的完整性和地域景观的真实性是城市发展的基础。"反规划"是一种景观规划途径,是一种强调通过优先进行不建设区域的控制,来进行城市空间规划的方法论,是对快速城市扩张的一种应对。

④ 俞孔坚,袁弘,李迪华等.北京市浅山区土地可持续利用的困境与出路[J].中国土地科学,2009,v.23;No.140(11):3~8+20

这是传统规划方法的通病,生态保护被不自觉地后置。规划中注重并优先分析的是人口、经济和产业发展趋势,并且在规划中试图通过对人口和与之相对应的用地规模的控制来实现对区域生态的保护,只考虑规划中人口和用地规模的控制,其他用地一律保护,不考虑其规模、空间、形态等生态功能。这很难控制由于人口和社会经济发展带来的规划突破,并破坏生态环境的行为。本该作为保护和引导的规划成为了抢救和弥补的规划,收效甚微的同时也使保护利用规划处于一种完全被动状态。

第二,原有的秦岭北麓空间保护利用相关规划缺少必要的适宜性分析,仅作可行性评价,致使开发不当,空间浪费严重。

可行性评价是常用的分析手法,这个分析使规划的视野仅仅停留在人类已经利用和相对容易到达的区域,而那些被认定为人类不会大规模干扰的区域被统统保护起来。一旦"大保护"区范围内出现开发需求,通常通过不适宜建设区(基于人类需求)的划定来处理,缺少生态适宜性分析(基于土地生态系统)。关键的生态斑块、廊道和战略点在开发中不断地被侵蚀、占用。这样,一些生态价值相对较低的空间就间接地被保护起来,这在土地资源紧张的今天,就是一种变相的浪费。

第三,原有的秦岭北麓空间保护利用相关规划中禁、限建区划分方法相对单一,没有整体考虑生态系统服务,生态要素的水平过程也通常被忽视掉。

传统规划中各种保护分区或者禁、限分区,通常把空间看成是均质的或者拼盘的,不考虑区域尺度的生态系统完整性,区域生态系统被主观化割裂,这其实是割裂了秦岭北麓区域整体的有机联系。区划的方法考虑的是垂直过程,先选限制建设要素,然后判定地块在该要素下的强度,最后分析结果叠加、综合,得到想要的规划成果。这仅体现的是对单一空间单元内生态关系的考虑,景观单元之间的关系,以及它们之间呈现的水平生态过程考虑较少。比如物种和人的空间运动,水、土、营养物质和能量的流动,火灾、虫害干扰过程的空间扩散等,均考虑较少。

4.3.5.2 秦岭北麓适应性保护利用的方法

秦岭北麓适应性保护利用的最终目的在于保护区域生态系统服务和区域承载的生态过程。这种生态过程并不是均质地分布在空间上的,而是呈现一定的空间格局,只有在这个格局以外的空间才能被开发利用。秦岭北麓不可能孤立地只谈保护而不考虑利用,因此,笼统的保护是毫无意义的,秦岭北麓问题的焦点不是是否需要保护和利用的问题,而是"在哪里保护、在哪里利用,以及怎么保护和怎么利用的问题。只有高效和清晰的保护战略才能实现'保护'和'利用'的双赢"①。根据国外的经验,秦岭北麓一方面要重视开发价值,在旅游、居住、都市农业等方面发挥作用,另一方面也要有明确的空间保护和开发,以便能进行详细的土地利用性质和开发强度控制。②~③

1. 运用"反规划"使秦岭北麓适应性保护真正生态优先化

秦岭北麓应进行逆向的规划,从土地健康、公共利益安全和长远的角度出发,而不是开发商眼前的利益和其发展的需要,只有这样才能实现真正的生态优先。秦岭北麓的规划成果应体现强制性的非建设规划—生态基础设施的构建,这是"负规划"结果,用于构成秦岭北麓区域的"底"和限制性格局,此时,发展区域成为可变化的"图",可以在市场中不断完善发展。

2. 构建秦岭北麓的景观生态安全格局,促进精明保护的实施

景观生态安全格局是一种判别和建立生态基础设施的途径,它的基础是区域和土地生态学理论和方法。景观生态安全格局把城市的扩张、物种的空间运动、水和风的流动、灾害过程的扩散等过程,作为克服空间阻力,去实现对土地控制和覆盖的途径。有效的控制和覆盖只有通过对具有战略意义的关键景观元素、空间位置和联系的占领来实现,这种关键性元素、战略位置和联系所形成的格局就是景观安全格局,这对维护和控制生态过程,或其他水平过程具有十分重要的意义。④

秦岭北麓适应性保护中运用景观安全格局理论,目的是为了在有限的土地面积下,通过最经济高效的景观格局,对生态过程中的健康安全进行维护,并对灾害性过程尽量进行控制,提供一种实现人居环境可持续的可能性。只有在明确了秦岭北麓景观安全格局并构建在生态基础设施基础之上,才能再进行相应的规划和空间控制,具体框架如图 4-6 所示。

---

① 俞孔坚,袁弘,李迪华等. 北京市浅山区土地可持续利用的困境与出路[J]. 中国土地科学,2009,v.23;No.140(11):3~8+20
② 许云.以人为本和谐发展—瑞士山地区发展对海南新农村建设的启示[J].今日海南,2007(3):34~35
③ 刘欣. 山区发展:法国策略对北京的启示[J].北京规划建设,2007(4):107~110
④ 俞孔坚.景观生态战略点识别方法与理论地理学的表面模型[J].地理学报,1998(53):11~20

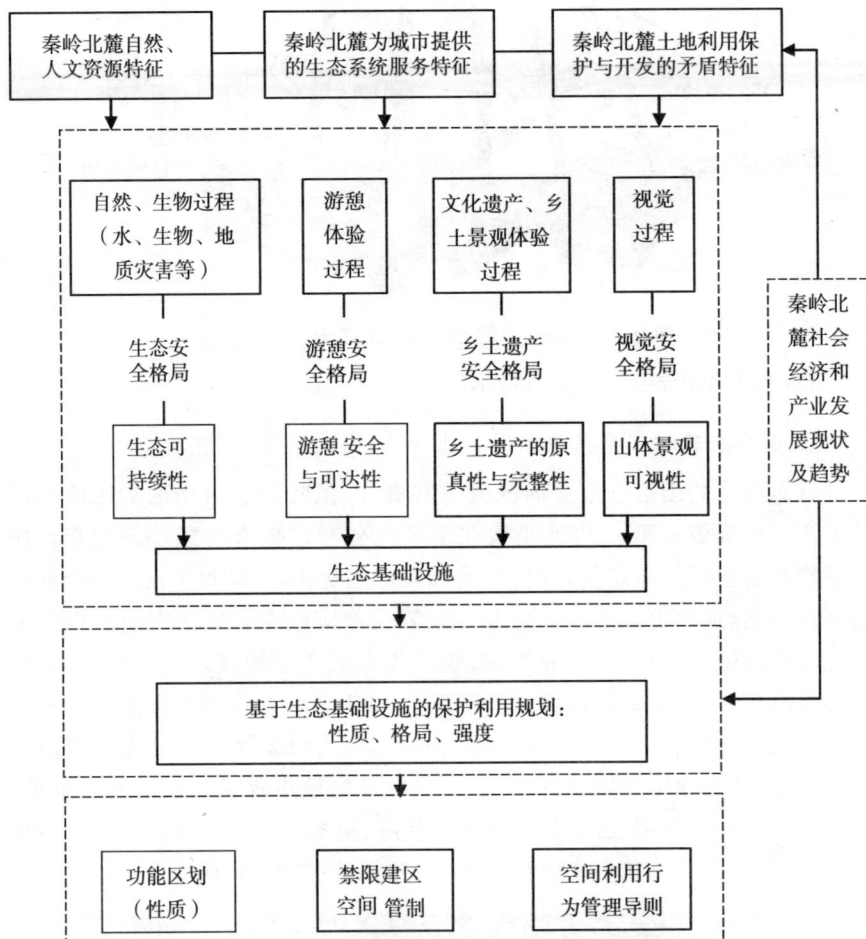

图 4-6　秦岭北麓景观安全格局研究框架

资料来源:作者自绘,参考俞孔坚,袁弘,李迪华等 . 北京市浅山区土地可持续利用的困境与出路[J]. 中国土地科学,2009(11):3～8+20

3. 秦岭北麓空间利用模式以生态基础设施的保护、嵌入为主

秦岭北麓区域的安全格局和整个区域有机体的连续性和完整性是维护秦岭北麓区域生态安全格局一个大的关键点。秦岭北麓的空间利用中的开发应该是保护型的,空间模式应该是镶嵌式的,争取做到开发的空间是秦岭北麓自然山水整体基质上一个斑块(图 4-7)。并且应该使得新开发的区域与原来的乡土景观基质之间是一种协调关系,尽量避免形成大的新开发的功能体。这样,在"嵌入式"的空间发展格局下,一方面,建设规模得到了有效的控制,另一方面,新的建设在原有景观之中点缀出现,既能保证快速融入原有文化景观基底,又可避免自身成为文化和景观的"闯入者"和"破坏者"。

图 4-7　秦岭北麓适应性空间发展模式图

资料来源:作者结合"反规划"理念自绘

4. 秦岭北麓空间利用应促进产业升级,强化服务功能

　　城市周边的山区是宝贵的绿色空间资源,国际社会对山区的定位早已从生产型转为服务型①,也就是说在山区充分考虑生态游憩等的功能。所以秦岭北麓也要重新定位,以自身的合理定位变化,带动整个区域的产业结构调整发展,提供更多的就业机会。秦岭北麓应该在未来的空间发展中更多地体现休闲、旅游、康体、养生、会议等各类型产业构成,并结合秦岭北麓的地域特色,依托于秦岭优美的自然环境,在开发中严格控制开发密度和强度,做到适应性、有限度的开发利用。并且,应大力开展农业观光等旅游开发,形成特色农业生产体系(图 4-8)。这样既为城市提供更多的就业机会、更好的食品安全保障、更好的生态环境保障、更多的环境教育和休闲游憩机会,也促进了秦岭北麓整个农村地区的共同发展进步,实现城乡一体化。

图 4-8　秦岭北麓农业观光旅游构想图

资料来源:引自西安市秦岭办内部讨论资料

---

① 陈宇琳,刘佳燕. 欧洲委员会山区研究[J]. 国际城市规划,2007(3):112～116

5. 秦岭北麓适应性空间保护利用应引入生态设计和生态补偿机制,确保更加科学、公平地保护生态基础设施用地

科学和公平首先体现在对秦岭北麓问题的分析研究以及规划的深度和细度上。重点建设区域应该有详细的控制性规划和修建性规划,体现相应的深度和细度,并在保护区域内进行生态设计,做到详细的规划、清晰的保护边界、科学的保护方法、明确的管控导则,尤其注意:(1)生态基础设施用地,必须边界明确,落实到地块;(2)提出利用导则,限制干扰行为的发生,考虑地块的生态系统服务特性,施行科学的生态保护措施;(3)生态基础设施用地以外的土地,它们的利用性质和开发强度也必须科学界定。

秦岭北麓应该建立多元化的资源补偿和生态补贴机制,体现社会公平和对区域资源的统筹。采取政府财政转移支付、项目支持、征收生态环境补偿税费等(在本书后续章节 5.4.4 中有论述),给秦岭北麓的生态基础设施予以经济补贴或扶助,以利用秦岭北麓区域统筹发展。

总之,对于秦岭北麓而言,适应性空间保护利用的方法就是,第一,不能盲目保护——简单划定保护和不宜建设区;第二,不能不科学地发展——对秦岭北麓的真正价值缺少认识,缺少必要的发展战略,缺少合理的生态补偿机制。这只能使秦岭北麓发展更加被动。只有通过"反规划"建立秦岭北麓的景观生态安全格局和生态基础设施体系,明确空间利用性质、空间开发强度,在严格保护的基础上合理开发利用,才能最终实现秦岭北麓的精明保护和高效率利用。

4.4 本章小结

本章首先剖析了秦岭北麓保护利用的法律和上位规划。法律主要是对《陕西省秦岭生态环境保护条例》进行了概括评价。上位规划从全国主体功能区规划、关中—天水经济区、西安国际化大都市的战略规划角度以及历年西安市总体规划角度解析其中对于秦岭北麓的相关要求。

然后,提出秦岭北麓空间保护利用发展的定位,指出秦岭北麓需要系统化网络化、投资多元化、公益性、开放性和多元化发展,最终和谐共生发展,并走向生态文明。

最后针对秦岭北麓的生态环境保护和适度利用的发展诉求,引入适应性保护及规划的观点,并指出秦岭北麓适应性的内涵是适应秦岭北麓人与自然环境的需要,适应秦岭北麓整体社会文化氛围,适应秦岭北麓形体空间

和适应形成秦岭北麓空间的运作机制。并在适应性论述的基础上，本章最后对秦岭北麓保护利用的适应性方法提出相应的对策：秦岭北麓空间保护利用应该构建景观生态安全格局，规划生态基础设施，运用"反规划"理念和规划手法进行规划建设。

5. 秦岭北麓生态环境适应性保护构建

秦岭北麓适应性保护体现的是一个生态景观的保护体系,涉及秦岭北麓有重要作用的景观风貌区,以及秦岭北麓分布众多的河流水系、自然植被等景观生态斑块、廊道等影响秦岭北麓整体景观生态安全格局的生态景观各个方面,也包括其中的文化遗迹等。

5.1 适应性保护的理念

尽管秦岭北麓空间类型表现是多样的,但是它们的构成格局却始终是秦岭北麓自然环境、经济要素和文化因子三方面综合影响的结果,秦岭北麓保护性空间对外部影响的反馈表现为相对应的构成特征,这在相应的适应性保护中必须予以重视。所以,秦岭北麓适应性保护的原则应该从适应自然环境、响应经济要素、彰显历史文化三个角度展开。

5.1.1 适应自然环境

在秦岭北麓地区,自然环境对生态景观具有强烈的规约和限制作用,从某种程度而言,这是不利的外部条件,然而,经过历史沉淀的历史文化遗产和景观自然环境洗礼的自然景观风貌[1],它们的构成又展现出令人印象深刻,久久不能忘怀的良好适应性,所以秦岭北麓适应性保护就是适应自然环境的规约和限定。

从秦岭北麓的自然环境来看,其构成要素众多,浅山丘陵的地形地貌,河流湖泊的水系分布,各种植物覆盖,它们之间的关系组合十分复杂。在传统农业社会生产力低下的情况下,对自然环境大规模改造十分不现实,所以秦岭北麓的人工环境的整体形态和建构方式的选择相对受限。这样,外部自然环境塑造和决定了秦岭北麓人工环境的空间层次构成,能够保留下来的人工环境(历史文化遗产)和各类景观风貌,肯定对外部自然环境规约和

---

① 现状人工景观风貌多与自然环境不协调,这在前面章节已经论述过。

限定具有良好适应性。

从秦岭北麓需要保护的区域构成来看,不同区域受到差异性的自然环境限定作用,表现出不同的空间构成风貌。

在紧邻山麓区域,由于秦岭北麓地形地貌的限定作用,促成各类保护区域的发展内敛力的生成。具体体现在空间构成上就是相对集中,组团式紧凑发展,或者沿整个山麓展开,或者直接深入到山麓纵深部位(在峪口附近,深入到山峪之中)并与秦岭山脉融为一体(图 5-1)。

图 5-1 汤峪镇组团式、峪口纵深的发展态势

资料来源:影像来自 Google earth,作者整理

由于地形的起伏,各类保护区域可以做到高低起伏,层次分明,并且,可以使其具有"多层次和多向度的景观特性(图 5-2)"——近景的水系景观,中景的建筑组合群体、远景的秦岭山脉,构成层次丰富的景观要素,加之起伏的地形,增加了视野的广阔度和可变性,形成多角度的景观特点。

图 5-2 多层次和多向度的秦岭景观

资料来源:百度图片

在相对较远区域[①]，地势较为平坦，所以在空间构成上多体现为一种舒缓的平铺状态，整体空间规模比较大，街区成面状发展，景观多以人工环境为主，缺乏必要的景观层次感，略显单调。这部分区域是整个秦岭北麓的风貌协调区，虽然离山体相对较远，但对生态环境的保护，对景观风貌的维持仍然十分重要。

秦岭北麓景观生态环境在没有人工干扰状态下体现的是对秦岭自然环境的适应性。但随着社会经济的发展，人类活动的注入，人工干扰的增多，许多与自然相适应的景观斑块（块状植被）和景观廊道（河流水系等）出现被破坏、侵蚀的现象，保护秦岭北麓景观生态环境就是要在自然环境规约和限定的基础上保护其应有的生态边界，恢复其应有的生态功能等。

总之，秦岭北麓空间保护的适应自然环境要注意两点：一方面，秦岭北麓空间保护的区域应该延续和谐共生的生态理念，坚定维护秦岭北麓人工环境与自然环境已经存在的互动关系，将自然环境保护的意识融入到整个秦岭北麓保护模式之中，同时，对可能造成自然环境变化的因素保持高度的敏感和警惕，并提出适应于这种变化的相对应的保护模式；另一方面，将所有相互关联的自然环境都纳入到整个适应性保护范畴之中，以求得保护对象的整体性，同时，应避免保护开发中的技术滥用而破坏原本和谐的共生关系，严格保护秦岭北麓的自然环境景观生态安全格局，在维护自然和人工环境关系的基础上提出具体的保护模式，以继承和延续适应性保护的和谐共生。

图 5-3 西安院子照片

资料来源：作者自摄

注：西安院子作为人工环境，把秦岭作为建筑的后院，把太平河作为院子的水景，真正把西安院子放回到秦岭自然山水的怀抱，使秦岭和西安院子成为不可分割的一体。

---

① 环山路北侧的平原地区（相对而言），是秦岭北麓不可缺少的组成部分。

5.1.2　响应经济要素

秦岭北麓的区域经济形态决定了秦岭北麓独特的资源环境和市场需求，反之这种独特的资源环境和市场需求又形成一种牵引作用，因此在秦岭北麓适应性保护中必须考虑经济要素的牵引作用，通过各种保护用地的构成对经济的牵引作用体现一定的响应。

秦岭北麓生态景观的空间结构和分布状态在很大程度上是一种经济关系的反映，这体现了经济要素在生态景观的区域选址布局和产业协作方面发挥着牵引作用。比如秦岭北麓现在人工景观点所在区域的选址多在土地肥美、水源充足之地，具备基本的经济发展条件，能满足自给自足的生存要求；而且几乎所有的遗址均选址于交通相对便捷的区域，比如峪道、河流等，以便有良好的交通出行，提高对外开放度。这本身就是对经济牵引作用的一种响应。

秦岭北麓各个人工景观周边的商业活动相对比较频繁，成为区域经济活动最为活跃的地带，良好的交通功能和商贸功能等经济功能对人工景观的保护和发展起到了牵引作用。从人工开发的角度看，人工景观周边地段被有意无意地改造，为经济功能提供方便，体现了明显的响应性。这在秦岭北麓适应性保护中必须予以考虑。

经济要素对于秦岭北麓景观生态环境的牵引作用是双方面的，在经济发展中，人工活动的增加给秦岭景观生态环境带来了更大的压力，然而，好的景观生态环境又会吸引人的活动产生，刺激、响应经济发展。破坏景观生态环境只会给经济带来短期的效益，这已经是秦岭北麓景观生态环境保护与发展的不争之共识。

站在秦岭北麓整体空间适应性保护的角度，响应经济要素应注意三点：一是经济活动对于秦岭北麓而言是不可回避的，是维系和推动秦岭北麓发展的根本动力，同时对当代产业经济的牵引作用要重视，并给予正面回应，在坚持生态环境保护的前提下，允许各类产业合理介入秦岭北麓的生态景观保护与发展之中。二是注意现代经济活动与过去的不同，尤其是对于空间使用要求，从保护模式上，应本着合理改造空间，以便引进和容纳合理的现代经济功能的目的。三是多元经济会带来多元投资机制，形成新的秦岭北麓适应性保护制度，改善保护资金不足的局面。

5.1.3　彰显历史文化

秦岭北麓的文化具有明显的开发性和包容性，集合儒释道文化之大成，所以秦岭文化是一个多元文化因子集合体。这些文化因子会在秦岭北麓地区积淀,并对人类活动产生影响,而作为人类活动产物的各类景观生态环境也必然对秦岭文化因子的广泛渗透而有所彰显。在秦岭北麓适应性保护中,彰显历史文化需要注意:一是在保护中全面保护秦岭文化,但又必须面对现代优秀文化的良性介入,通过对各类文化的吸纳、彰显,来促进秦岭北麓的可持续发展。二是在保护模式构建时,将秦岭文化纳入到秦岭北麓空间保护评估模型中,作为一个评估的变量考虑,同时确保彰显秦岭文化时不走样、变异。

5.1.4 坚守"保护底线"前提下追求"发展优先"

秦岭北麓的"保护"和"发展"是始终相伴的问题。由于"保护"和"发展"本身涵义的丰富,又在实践中牵扯多方的利益关系调整,立场不同,对于"保护"和"发展"的关系认识也就不同了。秦岭北麓是一个复杂系统,其中的问题也是千头万绪,所以"保护"和"发展"牵扯的具体关系,具体的矛盾点、具体的侧重点均会不同,因此,应该坚持具体问题具体分析的原则,在秦岭北麓的保护和发展上做到就事论事,不武断地定性为非此即彼的零和关系。

秦岭北麓保护的目的是恢复生态景观,保护被破坏的自然环境,进而保护历史形态和地域文化传承,而发展是一种社会责任行为,体现在改善居民生存环境,满足人们亲近自然需求,促进经济发展上。所以秦岭北麓的保护和发展是一对矛盾统一体:环境容量有限和人口增加,需求增多的矛盾;景观生态维护与人为干扰破坏的矛盾;文化价值和经济价值的矛盾。所以这其中不是取舍的问题,而是保护的"度"和发展的"度"的问题,即保护秦岭北麓生态景观环境整体性和促进秦岭北麓持久发展、与现代社会和谐融入之间的平衡点。

实际上,根据国内外的实践经验看,保护和发展可以达到双赢的模式,也就是所谓的"保护性开发"模式。虽然保护性开发也有许多弊端,但不得不承认这是目前最有效的协调方式。秦岭北麓保护性开发的基础必须建立在生态效应评估上,也就是说必须构建秦岭北麓的景观生态安全格局(本书4.3.5已经论述),这是发展之前的底线要求,绝不能动摇。也就是说,在坚守"保护底线"的前提下追求"发展优先"。"保护底线"就是秦岭北麓生态保护要求,秦岭北麓的景观生态安全格局要求——不破坏自然环境的山水形态和生态格局,不破坏已经形成的带有历史文化信息的空间结构、尺度和肌理形态、景观风貌等——这是任何"发展"不能逾越的;"发展优先"是指在秦岭北麓的实际工作中,通过各种合理的方法途径,谋求秦岭北麓的可持续发展,用发展来统领保护,通过发展来为保护谋求资金,促进保护(由于资金、技术和组织等原因,保护的启动难度远大于发展)。

5.2 适应性保护的评价指标模型

对于秦岭北麓来说，适应性保护主要是保护景观生态环境，而景观生态环境又是秦岭北麓景观开发潜力挖掘的主要因素，开发潜力越大的区域说明对于生态景观的人工干扰越多，说明其越需要进行适应性保护，所以本书对于适应性保护的评价指标体系从秦岭北麓景观资源开发潜力评价入手。

景观资源开发潜力评价的难点就是评价指标的遴选，评价指标的准确与否会直接影响评价结果的科学可靠性。本书借鉴国内外相关研究成果，根据全面性、层次性、可测性、可行性的原则，综合相关文献研究成果，确定秦岭北麓结果资源开发潜力评价指标体系（表 5-1），共包含 4 个层次 16 个指标，从景观资源条件、景观资源开发利用条件、景观资源开发效益、景观资源生态环境条件四个方面对景观资源开发潜力进行了全面系统的评价。[1][2][3][4][5]

表 5-1　秦岭北麓景观资源开发潜力评价指标体系

一级指标	二级指标	三级指标
景观资源开发潜力 V	景观资源条件 V1	知名度 V11
		独特性 V12
		聚集度 V13
		景观资源总储量比重 V14
		开发利用程度 V15
		景观地域组合度 V16

---

① 吴磊. 陕西秦岭山地生态脆弱性评价[D]. 西安：西北大学，2011

② 齐增湘. 秦岭山系区域景观规划研究[D]. 长沙：湖南农业大学，2011

③ 杨晓美. 区域农业观光旅游资源开发潜力评价体系理论构建与实践[D]. 西安：西北大学，2009

④ 王书转，肖玲，吴海平. 秦岭北麓生态承载力定量评价研究[J]. 水土保持研究，2006(1)：148～150

⑤ 严艳. 秦岭北麓观光农业旅游资源开发研究[M]. 北京：中国社会科学出版社，2012：192～225

续表

一级指标	二级指标	三级指标
景观资源开发潜力 V	景观资源开发利用条件 V2	区内经济实力 V21
		可预见的激励因素 V22
		政府政策 V23
		当地居民意愿 V24
		可进入性 V25
	景观资源开发效益 V3	经济效益 V31
		社会效益 V32
		环境效益 V33
	景观资源生态环境条件 V4	生态环境 V41
		生态脆弱度 V42

5.2.1 景观资源条件指标

知名度：景观资源知名度和多种因素关联，比如历史价值、区位环境状态，文化内涵，景观美感等。秦岭北麓的景观资源，景观生态环境越好，区位优势越大，知名度也越高。

独特性：独特性体现的是景观的特色，有特色的景观才能具有更高的开发潜力。

聚集度：聚集度体现是景观资源在区域中的分布密度，景观资源聚集度高的区域才能形成足够的吸引力，产生足够的停留时间。

景观资源总储量比重：区域景观资源的储量通过不同等级景观资源单体的加权求和分数得来，总储量比重即为区域景观资源储量在整个秦岭北麓的比重。

开发利用程度：这体现了景观资源的开发利用情况，合理的开发利用才能保证景观资源的可持续发展。

景观地域组合度：这体现了景观的集聚状况和相邻区域景观资源的相似性和差异性。一般来说，分布集中并且组合多样，与周边资源互补的景观比较受欢迎，反之，则影响人们的心理感受，降低景观价值。

5.2.2 景观资源开发利用条件指标

区域经济实力：好的经济条件是景观资源开发的基础，既能提供景观资源开发建设资金,还能提供足够的环境保护资金。可以选用人均 GDP 指标来衡量。

可预见的激励因素:指重大事件刺激景观开发。

政府政策:政府对于秦岭北麓的政策决定了秦岭北麓整个生态环境建设的宣传普及、行业管理和资金投入方式等,对秦岭北麓景观资源开发起着重要的作用。

当地居民意愿:区域内居民的生活状态本身就是景观资源的一个重要组成部分,所以居民意愿是否积极,这对于区域景观资源开发具有重要的作用。

可进入性:体现了景观连接水平的定量分析。可进入性的定量分析可以采用图论中的有关拓扑指数对景观结构进行分析。将主要景观区域和交通线相应地抽象为节点和连线,建立交通拓扑模型并分析。

5.2.3　开发效益指标

经济效益:景观资源开发目的之一就是获取经济效益,经济效益和景观资源开发条件、环境容量、适应范围和景观资源组合等关系密切。

社会效益:主要是指景观资源开发对社会环境和社会发展带来的作用和影响,表现在生活方式、休闲方式、地域观念、个人信仰等。好的景观资源可以陶冶情操、增长知识、开阔眼界、寓教于乐、用景观环境宜人、怡人、冶人,其社会效益就是积极的。反之,如果使社会风气败坏,毒害人们心灵,就是其经济效益再高,也要停止开发。

环境效益:景观资源的开发对周边生态环境来说既有积极影响也有消极作用。在开发中既可以保护环境,促进生活环境质量的改善,也有可能会对自然环境产生破坏,对人文环境产生影响。因此一个具备良好环境效益的景观资源开发,才是有意义的开发。

经济效益、社会效益和环境效益在数据统计上往往相互关联,很难分开,所以一般可以采用问卷调查统计得出。

5.2.4　生态环境指标

生态环境:主要是区域的植被覆盖率、空气质量指数等指标,可以从相关统计资料中获得。

生态脆弱度:主要体现在生态敏感度、生态压力度和生态弹性度三个方面。生态敏感度反映了生态环境在外界干扰下的不稳定性和易变性。生态压力度是人类的生存需求和社会经济活动对生态环境带来压力的度量,可以通过生态环境目前所承载的人口、资源、社会经济发展等指标来表征。生态弹性度体现生态环境在内外扰动或压力下所具有自我调节与自我恢复能力的特性,也就是生态承载力的体现。

表 5-2 部分指标因子一览表

指标因子	长安	周至	蓝田	户县	临潼
独特性 V12	0.23619	0.114818	0.145085	0.182909	0.127764
聚集度 V13	2.28	2.46	2.37	2.33	2.35
景观资源总储量比重 V14	0.73	0.75	0.17	0.9	0.42
开发利用程度 V15	0.725	0.75	0.737	0.91	0.66
景观地域组合度 V16	0.84	0.8	0.75	0.85	0.85
区内经济实力 V21(元)	11081.1	4580.25	5438.1	11099.6	9764.25
当地居民意愿 V24(10 分)	8.53	8.33	8.5	8.6	7.81
可进入性 V25	2.6	1.6	3	3	2.4
经济效益 V31	38.27	40.13	40.25	42.33	39.59
社会效益 V32	34	37.4	36.65	39.43	38.45
环境效益 V33	22.73	23.63	22.85	21.83	21.9
生态环境 V41	3	3.5	2.5	2.5	2.5
生态脆弱度 V42	0.186	0.173	0.289	0.159	0.05

资料来源:作者结合自身调查研究,并参考引用以下①~⑥相关文献的分析数据所得①.

①吴磊.陕西秦岭山地生态脆弱性评价[D].西安:西北大学,2011

②齐增湘.秦岭山系区域景观规划研究[D].长沙:湖南农业大学,2011

③杨晓美.区域农业观光旅游资源开发潜力评价体系理论构建与实践[D].西安:西北大学,2009

④刘宇峰.陕西秦岭山地旅游资源评价及开发研究[D].西安:陕西师范大学,2008

⑤王书转,肖玲,马彩虹,兰叶霞.秦岭北麓生态承载力研究[J].国土与自然资源研究,2005(04):52~54

⑥严艳.秦岭北麓观光农业旅游资源开发研究[M],北京:中国社会科学出版社,2012:192~225

最后,在各个指标因子(表 5-2)获得的基础上,然后选取专家进行打分,并求得评价对象的评价样本矩阵,然后确定灰色评价权向量,并计算各评价对象的景观资源开发潜力评价值,得出:景观资源开发潜力排序是长安

---

① 说明:(1)由于相关数据的获取需要专门化的研究,比如生态脆弱度的研究,所以本表格部分指标来自相关学者的已有研究成果,在此声明并表示感谢。(2)为了便于数据的统计,评价区域划分按照行政区划进行,整个秦岭北麓原则上可以按照行政区划分为表格中的区域,所以认为评价有效。

区(1.9855)＞户县(1.9635)＞周至(1.9745)＞临潼(1.9065)＞蓝田(1.8495)。由这个排序可以知道,长安区和户县的景观资源开发潜力最大,蓝田最小,当然这个和区域所在地的生态环境、经济基础等有很大关系。但可以说明的是,长安区和户县由于开发潜力大,所以其所辖的秦岭北麓区段的景观生态环境保护的压力更大,不能使景观资源过渡开发而破坏秦岭北麓整体的生态环境;而蓝田的开发潜力小,说明我们可以在适应性保护中多研究如何对其开发利用,通过开发利用,促进当地社会进步、经济发展,以此提升当地居民的适应性保护意识,通过开发为保护注入更多的资金等。

5.3 适应性保护的技术手段

秦岭北麓保护的内容实践上涉及整个秦岭北麓、具体的区域、典型景观和文化遗迹三个层面的内容。对于文化遗迹和典型景观在生态保护和历史文化保护中研究比较多,有许多成熟的理论方法可以借鉴,而对于秦岭北麓系统整体和具体的区域而言,理论积淀和实践探索都相对较少,尤其是秦岭北麓整体保护是一个比较新的研究工作。所以,本节从秦岭北麓整体特点出发,针对秦岭北麓现状的具体问题,结合相关理论,加上自身调研和项目实践等,综合探讨秦岭北麓、具体区域、典型景观和文化遗迹中的适应性保护技术方法。

5.3.1 相互关联的区域整合模式

秦岭北麓的生态保护工作在近现代中虽然一直在进行开展着,保护许多即将缩小、消失的生态景观,保护了大量的文化遗迹,但纵观整个保护工作,多数都处于自身保护级别,也就是仅从本区域自身角度来保护,比如对森林的保护就成立森林公园,对生物物种或者自然遗迹的保存就成立自然保护区,这些均缺少对秦岭北麓宏观的、整体的研究,具有相当的思维局限性。随着相关学科的发展,人们对整个秦岭北麓系统性认识的加强,秦岭北麓"区域视野的综合研究成了必然的趋势"[①]。区域化、网络化成为秦岭北麓适应性保护的新研究领域。本书尝试用"整合"的方法,从区域整体的角度来探索秦岭北麓适用性保护问题。

5.3.1.1 整合的概念意义和在秦岭北麓保护中的适用性

"整合"有资源整合、信息整合之分,具体而言就是通过某种方式使得原

---

① 杨宇振.人居环境科学中的"区域综合研究"[J].重庆建筑大学学报,2009(83):5～8,22

本零散的东西彼此衔接,从而实现资源或者信息的共享与协同工作。其主要精髓就是将零散要素组合在一起,最终形成有价值有效率的整体。

分析秦岭北麓的整体区域,不难发现,"整合"在秦岭北麓的适用性(图5-4)。这主要体现在几个方面:其一,秦岭北麓虽然长度较大,横跨了多个区县,生态景观和文化遗迹分散于各个区县之中。不过秦岭北麓的景观和文化遗迹是和秦岭整体山水环境、西安市整体环境密不可分的,生态景观和文化遗迹相互之间,在经济、文化、空间各个方面均存在着潜在或者现实的千丝万缕的联系,体现了"形散神不散"的空间格局效应。所以,秦岭北麓符合整合的对象特征。其二,如果考虑秦岭北麓,整体外在的由环山路的交通线路串联,内在的由秦岭的历史文化脉络相连,那么相对分散的秦岭北麓生态景观和文化遗迹是极有可能构建它们之间的相互关联体系的。这在国内已经有许多先例,比如九华山的交通线路链接,江南古镇文化遗迹通过疏浚水网建立遗产廊道联系等。秦岭北麓通过环山路,在区域整体中,也具备了整合的技术条件。其三,秦岭北麓生态景观和文化遗迹之间建立起联系,可以让原本相对孤立发展的景观或者遗迹获得了特定化的、领域化的意义。一方面,可以增强区域整体优势;另一方面,也可以凸显各个景观或者遗迹在群体中的比较优势,而且,他们之间可以在空间上,在各类资源共享共建上达到相互补充的态势,空间上联系形成的整体感对于丰富秦岭北麓整体文化内涵有着重要的意义。

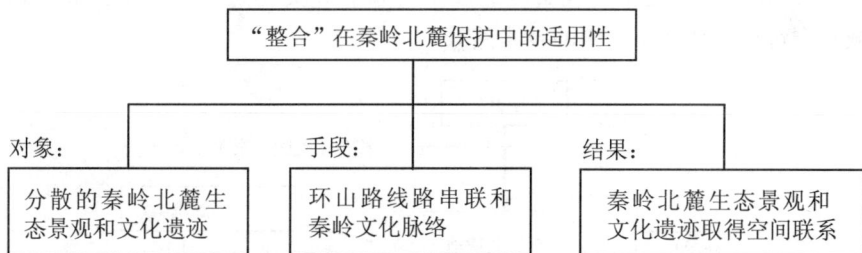

图 5-4 "整合"适用性关系图

资料来源:作者自绘

秦岭北麓区域"整合"体现的不光是一个具体方法,更是一种系统的思维模式。在当前,秦岭北麓适用性保护中,"整合"方法和思维的引入,为我们重新审视和调整秦岭北麓保护策略提供了一条适应性道路,具有重要的现实意义。这可以从几个方面来理解:首先,从秦岭北麓历史文化意义的完整性来看,一定区域的生态景观、文化遗迹和其他区域的景观遗迹之间存在着隐性或者显性的关联,这使秦岭北麓历史文化有了一定的外延性。只保护特定区域,无疑忽视与其他区域的关系,无疑割裂了它们的固有关联,势必造成秦岭历史文化的残缺。比如对于草堂寺文化遗迹的保护,如果只重视草堂寺本身,而忽视草堂寺得以成名发展的周边生态景观环境,忽视对周边生态景观环境的保护,则必然造成对草堂寺的形成发展的历史文化理解的偏失①。"整合"的关联思维可以从规划设计的源头做起,纠正狭义的保护思想认识,拓宽保护的空间范围,形成区域大的景观生态格局。其次,从秦岭北麓适应性保护实施的经济成本看,秦岭北麓适应性保护需要投入大量的资金,而分散逐点的资金投入不符合市场体制下经济运作模式,徒增资金需求压力;即便是特定的保护得以实施,但由于和周围生态景观或者文化遗迹联系少,导致自身发展的文化内涵单薄和旅游资源的补充缺失,最终必将走向举步维艰的境地。利用区域"整合",寻找确定秦岭北麓适应性保护的最佳主线,连接秦岭北麓整体区域范围内的各类生态景观要素和各种文化遗迹,形成整体的保护链条,通过保护资金的统筹分配,旅游收益的合理切割,可以一方面科学使用保护资金,减轻秦岭北麓保护的资金需求;另一方面,区域生态景观和文化遗迹互为补充,可以使秦岭北麓适应性保护的后劲更加充足,更加可持续化。

5.3.1.2 秦岭北麓保护的区域整合技术路线

秦岭北麓适应性保护的区域整合是对秦岭历史文化外延的认识和承认,是站在全局高度来审视秦岭北麓生态景观和文化遗迹的保护问题。区域整合可以采取图 5-5 中的技术路线。

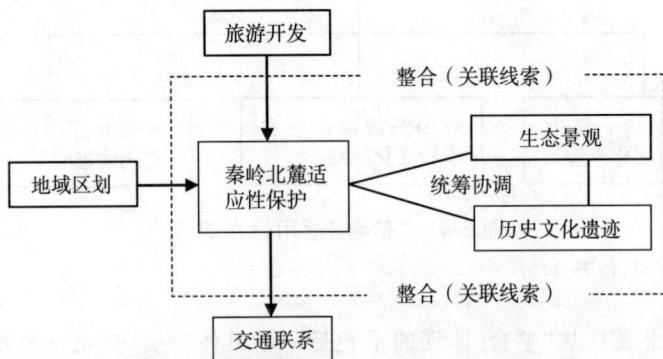

图 5-5 秦岭北麓适应性保护的技术路线

资料来源:作者自绘

---

① 草堂寺的例子并不是说草堂寺的发展没有注意周边环境,而是强调在草堂寺周边,大的区域氛围内保护整体的山水空间格局,这对草堂寺来说,意义更为重大。

以秦岭北麓适应性保护为核心目的,对整个秦岭北麓进行地域上的区划,通过环山路的交通联系作为实现条件,通过旅游开发作为实现的牵引动力,运用"整合"思维,寻找最佳关联线索,将秦岭北麓一定空间范围内的生态景观保护和文化遗迹保护结合起来,通过资源统筹配置,协调区域之间,生态景观和文化遗迹之间的竞合关系,改变原先分散保护并且各自为政的局面,利用秦岭北麓适应性保护的区域整体规模效应达到保护的最终目的。

5.3.1.3 秦岭北麓区域整合的分区构想

在考虑秦岭北麓现实区域空间结构关系的基础上,将秦岭北麓整合为四个分区:周至整合片区、户县整合片区、长安整合片区和蓝田整合片区(图5-6)。

图5-6 秦岭北麓区域整合的分区图示

资料来源:作者整理自《秦岭北麓空间保护利用规划》,西安市秦岭办,2013

1. 周至整合片区

周至整合片区位于秦岭北麓的最西段,区内有著名的楼观台道教胜地,关系西安饮水工程的黑河水库的出水口段生态景观,以及重要的融猕猴桃种植、研发、示范带动、产品加工、休闲观光、科普教育、产业机制创新于一体,形成"南有新西兰,北有金周至"的享誉海内外的国际化猕猴桃产业区。周边建设除了楼观台道文化旅游风景区外,远期还会有中国猕猴桃主题公园、猕猴桃风情小镇、西安设施精品蔬菜基地、楼观休闲农业体验中心、百里优质时令杂果观光产业带等建设项目,极具区域特色。

周至周边已经具备相对成熟的整合条件。在公路交通方面,有108国道和107省道连接区域的对外交通,同时区内通过环山公路串联成一个统一整体,使得区内的生态景观和文化遗迹联系更为顺畅。通过整合周至片区,适应性保护应重点考虑保护楼观台道文化区域,并形成以道文化旅游为核心的道文化旅游休闲区，承接大西安文化休闲功能，同时在保护的基础上形成以展演参禅悟道为特色的秦岭北麓旅游观光区。

2. 户县整合片区

户县整合片区内有千年古刹草堂寺，有化羊峪河、黄柏峪河、太平峪河等众多河流水系，农业以葡萄和设施瓜菜为重点，并有具有国际影响力的葡萄产区及葡萄酒加工基地、品游大区、文化中心，还是西安市著名的都市观光型西瓜产业基地，西安市重要的优质蔬菜生产区。远期会建设中国葡萄主题公园、世界葡萄品种博览园、草堂葡萄酒庄群、将军山葡萄园生态旅游长廊、中国西瓜博览园等。片区内还有西安建筑科技大学草堂校区等高校科研产业基地。

户县和西安市联系紧密，区内有 107 省道和若干县乡和周边联通，因此户县片区在适应性保护中主要是发展成为集科技产业园区及葡萄风情区、滨水渡假、康体疗养、商务会议、创意产业、户外运动为一体的国际化大都市卫星新城，在适应性保护的基础上，将户县片区建设成为世界一流科技园区主导产业的配套服务区。

3. 长安整合片区

长安区秦岭北麓段是唐御宿苑、唐翠微宫、子午栈道等历史遗迹所在地；是佛教律宗（净业寺、沣德寺）、三阶教（百塔寺）的祖庭所在地，也是我国最早佛塔（南五台圣寿寺塔）的所在地；除佛教外，这里还拥有一些道教文化的旅游资源，如金仙观、嘉午台、翠华山（太乙宫、翠仙宫）等。区内的农业生态景观主要是以休闲农业、科技农业为主导，形成集生产、观光、科普、休闲、体验、购物于一体的都市现代农业发展核心区。远期可以建设环山路沿线农家乐产业带、王莽生态农业休闲观光中心、子午大道花卉产业基地、五台民俗特色休闲农业中心、荷塘观赏园、东大温泉生态和休闲观光农业中心等。因此长安区在适应性保护中应该重点研究如何在区内整合文化休闲娱乐和文化生活居住等功能，建设成现代农业科技示范区、秦岭生态小镇、养生文化度假区、文化旅游配套服务区、文化休闲观光区、文化休闲娱乐、文化生活居住、康体文化度假区等发展区域。

4. 蓝田整合片区

蓝田片区内有汤峪和辋川的生态景观，目前已经有一定开发的基础，在适应性保护的基础上重点是要研究如何以生态园区带动、龙头引领、基地示范为抓手，以温泉度假、小镇体验为特色的特色旅游目的地，建设大秦岭线段东部新的经济增长极的问题。

5.3.2 结构形态的类型保存模式[①]

不容置疑,秦岭北麓每个具体区域都是由自然环境和人工环境经过长期的磨合,复杂的相互作用下而形成的。所以,必须综合考虑自然和人工的互动关系来确定具体的保护模式。一方面,自然环境的地形地貌、河流水系等限制、分割和引导着秦岭北麓人工环境的构成;另一方面,秦岭北麓的各种人工环境的形成和发展也体现了顺应自然、利用自然和改造自然的过程。能够与自然环境融为一体的人工环境,才是可持续的人工环境。在秦岭北麓有限的空间内,自然环境和人工环境复杂交合,并伴随着秦岭历史文化的渗透介入,使得秦岭北麓传统的区域空间呈现出多样性的结构形态。对于这样复杂的对象,只有基于适应性保护技术,针对具体区域的具体特点,对自然环境和人工环境结构形态实行分类型保存。所谓"类型保存"就是区分自然环境和人工环境,针对具体要素采取与之对应的技术方法,并结合具体区域的不同,形成不同类型的技术方略。

对于秦岭北麓自然环境的保护,不仅要从生态角度关注,更要关注与自然环境有密切关系的人工环境;在考虑生态技术的同时兼顾视觉景观的保护。在实践的发展中,秦岭北麓的人工环境和其所在的区域的自然环境因素形成了相互依存的有机联系,比如自然环境中的地形地貌和水文植被等均与人工环境有很大的关系。自然环境是人工环境的视觉背景,对人工环境的整体格局、景观结构和空间形态的形成起着影响和引导作用。自然环境和人工环境的紧密联系说明:仅仅从景观保护的角度研究自然环境的保护是不够的,而还应考虑区域景观、自然生态和历史文脉等各个方面,在综合分析中扩大自然环境的保护范围,深化其保护内容才行。

从秦岭北麓的区域景观来看,根据景观生态学的斑块—廊道—基质观点,人工环境可以视为斑块,河流道路可以视为廊道,自然环境可以视为基质,形成一种大尺度的区域景观关系。从秦岭北麓的自然生态来看,秦岭北麓自然环境由秦岭山体、水系、农田、植被等几种要素组成。自然环境通过与人工环境的粘连形成一个完整的空间范围,也就是秦岭北麓的生态区范围。这也就是秦岭北麓的保护范围。从历史文脉看,秦岭北麓的自然环境因为"人化自然"的过程而具有了厚重的秦岭历史文化内涵。一方面,通过风水观念,自然环境渗透到人工环境之中,另一方面,自然环境留下了许多历史的印记,这也就是秦岭北麓的古寺庙、古栈道存在的原因。因此,凡是

---

① 名称及思想参考戴彦博士论文,戴彦. 巴蜀古镇历史文化遗产适应性保护研究[D]. 重庆:重庆大学,2008

与人们活动相关的自然内容和空间范围都应列入秦岭北麓自然环境保护的范畴。

具体而言自然环境的保护可以分为两个技术层面的内容，一个是景观风貌的保护，一个是自然生态的保护。景观风貌体现了外在形象，而自然生态体现了内在的秩序，体现了统一保护目标下的不同保护方向而已。

景观风貌的保护可以借助视觉分析法，梳理整治视域范围内和人工环境有视觉粘连的自然景观，从而达到维护自然环境风貌的完好性，同时可以取得人工环境和自然环境的协调的目的。秦岭北麓主要是要构建"山—水—城"的山水城市视觉格局，保证山水城空间和景观的联系（生态廊道和视线通廊），修补和恢复受损的自然风貌，保证视觉上景观的连续、完整性。

自然环境生态意义的保护主要是基于生态学原理，对相关生态问题进行治理，比如对土壤和水体污染的治理，对山体滑坡、崩塌、泥石流等灾害的处理。本书在这里就不展开讨论，仅提出，应在秦岭北麓的自然环境保护中强化生态监控、强化森林植被培育、河道疏浚等生态处理措施，这对秦岭北麓自然环境保护尤为重要。

秦岭北麓人工环境的保护主要是对空间结构和空间形态进行保护。空间结构体现的是一种隐性关系，而空间形态多体现的是一种显性的外在表象。实际上针对两者保护的要素是一样的，都是对秦岭北麓建筑群体、街巷、标志物、节点等组成要素的保护和保存。比如西安延生观景区建筑景观设计和楼观中国道文化展示区中就保存了的空间层层高升，逐步接近自然的空间结构关系和空间形态视觉感受（图5-7、图5-8）。总之，不管人工环境的是保护还是新建，都要在实际中谨慎审视，综合考虑，形成独特的秦岭北麓自然环境和秦岭历史文化的空间结构和空间形态。

图5-7　延生观景区建筑景观设计

图 5-8　楼观道文化展示区

资料来源：西安市秦岭办

5.3.3　空间修复与功能协调模式

由于自然因素和人为因素的共同作用，秦岭北麓的景观和文化遗迹，或多或少都出现了一定问题，比如景观的生境破碎化现象，文化遗迹的功能性衰退等现象。因此，对于秦岭北麓景观和文化遗迹，主要是从空间修复和功能协调角度对其适应性保护进行探讨。

5.3.3.1　景观的空间修复和功能协调

秦岭北麓景观的空间修复和功能协调实际上就是指秦岭北麓受损坏的生态景观的生态修复或者生态恢复。根据国内外学者对于生态修复的研究，可以看出生态修复并不是自然的生态系统次生演替，而是人们有目的地对生态系统进行改建；并不是物种的简单恢复，而是对系统的结构、功能、生物多样性和持续性进行全面的修复。[①]

秦岭北麓现状景观生态总体而言，呈现出五方面问题：（1）整体而言，秦岭北麓的景观较为破碎，景观结构及功能比较脆弱，无序的旅游开发对秦岭北麓的景观造成了威胁，致使景观破碎度较高；（2）秦岭北麓的景观之间的

---

① 荣先林．生态修复技术在现代园林中的应用——以杭州经济技术开发区为例［D］．杭州：浙江大学，2010：12

连续性和过渡性较差,自然景观生态过程没有得到较好的重视,人工景观斑块将自然景观单元分割成岛状,影响了景观的联通性,阻碍了生态系统物质能量的交换,导致时空分异,增加景观异质性;(3)居民点和其他用地分散布置,降低了使用效率,并加剧了环境污染;(4)城市建设用地和农业用地之间也存在着矛盾,农田景观支离破碎;(5)人类活动的干扰加剧了秦岭北麓景观生态问题的出现,"人工景观侵入、穿越、分割,甚至毁灭了自然或半自然的景观"①。比如秦岭北麓的"林地破碎化、斑块减少问题,致使林地的生态作用被削弱,林地生物多样性和内部生物种群减少"②。108 国道、京昆高速、210 国道、包茂高速、沪陕高速和 312 国道等跨越秦岭北麓的道路交通人工干扰廊道,产生的生态负效应也是十分明显的,比如生态阻碍、噪音、废气、污染等,对秦岭北麓的生态环境影响较大。因此,必须对秦岭北麓的景观空间进行修复,并使其功能和现有环境协调,即必须对秦岭北麓进行生态修复,具体可以从以下方面展开③:

(1)重视秦岭北麓景观生态过程的连续性建设。

(2)保护秦岭北麓林地嵌块体和景观多样性。

(3)秦岭北麓的河流水系进行生态化廊道建设。

(4)通过水系廊道、道路廊道、农田或者农田林网连接残余嵌块体。

(5)建立秦岭北麓的生态农业体系,对生态植被进行恢复,形成有机农业耕作区,并建设生态性新型农村社区。

5.3.3.2 文化遗迹的空间修复和功能协调

文化遗迹的空间修复主要是对文化遗迹进行空间维护,这里需要说明的是维护并不是简单的复古,而是结合现实情况的组合重构,既要展示历史风貌,又要考虑其与现代环境的和谐共生,具体可以通过建筑风貌复原和建筑性能改良来进行。风貌复原就是复原原来的文化遗迹所呈现的建筑面貌,虽是修旧如旧,但可以注入新的建筑材料,运用现代建筑手法和材料展现了原来历史风貌。建筑性能改良,就是改造原有建筑安全性、舒适性的问题,提高建筑的质量等,在本书中就不再细述。

功能协调主要是针对文化遗迹功能衰退的问题,这是传统与现代矛盾

---

① 李鹏宇,袁艳华,杨春娟. 城乡结合地带景观生态修复研究——基于南京的实践[C]//和谐共荣——传统的继承与可持续发展:中国风景园林学会 2010 年会论文集(下册),2010:548~557

② 同上

③ 参考李鹏宇,袁艳华,杨春娟. 城乡结合地带景观生态修复研究——基于南京的实践[C]//和谐共荣——传统的继承与可持续发展:中国风景园林学会 2010 年会论文集(下册),2010:548~557

的体现。可以通过功能维持与再造的方式来应对协调这种矛盾。按照现在的生产生活需求,有针对性或者有选择地对秦岭北麓的文化遗迹的功能进行调整,赋予其长久的生命周期。

5.4 适应性保护的政策及管控措施

政策对于秦岭北麓适应性保护具有重要的引导和调控力,与秦岭北麓空间密切相关的城市发展方针、经济政策、产业政策、税收政策、土地政策、住房政策、人口迁移政策等,对秦岭北麓的健康发展不同程度上发挥了推阻作用。由于论文研究所限,有关适应性保护的政策相对较多,这里只选择比较典型的几个方面加以论述。

5.4.1 建立激励机制

政府明智与否与政府如何引导个人激励有很大关系。秦岭北麓适应性保护的激励制度的关键在于管理机构工作态度的转变,从政策上转变强制性管制,激励社会各界主动参与到秦岭北麓空间保护之中,把秦岭北麓历史遗产保护和修缮带给社会和政府财政的负担化解掉,扭转保护就是"亏本买卖"的传统认识。激励制度可以参考欧美国家遗产保护的先进经验。在欧美国家,通过激励制度,官民合力促进旧城更新,历史建筑再利用,在合理保护的同时也使城市得以发展。[1]

5.4.1.1 国外激励机制

总体而言,欧美发达国家保护工作的主体不是政府,而是社会大众,并且通过保护法律法规、税收优惠和资金筹集政策的相互关联,形成了一个完善的、综合的保护体系,像网路上的无数互动节点一样,利用市场经济的力量引导社会各界自觉参与保护。总结国外的相关激励方式,主要有提供充足保护资金、税收优惠政策、政府与公民之间的优惠协议、建筑面积和容积率补偿以及免除相关费用等[2],详见表 5-3。

① 汤黎明,李玲,黎子铭. 西方历史建筑保护激励政策初析[J]. 价值工程,2012(28):103～105
② 沈海虹."集体选择"视野下的城市遗产保护研究[D]. 上海:同济大学,2006:225～272

表 5-3　国外激励方式和具体途径一览表

激励方式	具体途径
保护资金	①国家拨款与地方政府提供的资金共同资助保护修缮 ②民间历史建筑基金会、民间历史建筑保护基金会的资助与国家、地方资助相互补充，扩大历史建筑的保护范围和资金投入力度 ③低利率贷款政策，指以低于商业贷款的利率，贷给从事历史建筑保护的业主，可以房产作为抵押，具有长期性，有贷款补助 ④通过相关协议获得相应优惠。保护地役权转让协议，指政府为长期保护历史建筑签署对业主有法律约束的契约，也为业主提供利率减免、土地税减免、资金补助或特许规划等优惠政策 ⑤提供保护周转基金。该基金为保护历史环境的公共活动而筹集，须在规定时间内返还，然后为同样的保护目的再次周转使用 ⑥信托基金 ⑦保护彩票
税收优惠	①财产税减免，指全部或部分财产税的减免、冻结或延缓等，受惠人是参与保护工作的业主 ②用于保护的所得税减免，针对从事历史建筑保护活动的公司或纳税人 ③税收扣除，指允许社会各界因对保护事业捐助而获得税收减免，增量资金流入保护机构 ④印花税减免，指为了鼓励投资历史建筑保护，实施印花税全部减免或部分减免 ⑤营业税免除，美国肯塔基州对非营利性团体因维修、复原、保护历史建筑而产生的营业税给予免除，对历史博览场馆的门票收入实行营业税免除 ⑥加速成本返还制，计算投资回收期减少，年均计提费用比例增加，所有者的计算年收入减少，可以减少所得税额，以优惠于历史建筑的修缮和保护
政府与民间协议	该协议主要指地役权，其最早出现在美国，指一块地（建筑物）的业主赋予他地（建筑物）或他人某项权益，通常是通行权、取水权、观望地役权、采光地役权等。简言之，地役权是使获得他人物业的部分使用权的过程合法化的协议。保护地役权协议以优惠税费或实物为激励，在政府与千家万户之间达成具体而有效的家庭式保护条例，实现了保护管理部门与私房业主之间的和谐

激励方式	具体途径
建筑面积与容积率补偿	①奖励区划,以增加楼面面积为奖励策略,对开发商的行为进行引导,以符合公众利益的要求。为了对开发商的行为进行引导,以符合公众利益的要求,一些城市为历史建筑保护设立了相应的奖励区划 ②发展权转移,是平衡用地与保护的有效方法,是对奖励区划的一种补充,得到广泛的推广与应用。历史文化风貌区的发展权转移就是将控制地块甲的开发强度(容积率)转移到乙地块,使得开发者在乙地块获得额外的开发补偿,从而使甲地块的历史建筑获得持久保护的经济平衡 ③建筑面积补偿,历史建筑的保留价值在通过正规交易机构认定的基础上,依据公式计算出它的开发价值(即可转让的建筑而积),以补偿为保护历史建筑而做的工作
免除相关审批费用	①激励小规模的旧建筑再利用项目 ②鼓励更多对于旧建筑再利用项目的前期研究和开发计划

资料来源:作者整理自沈海虹."集体选择"视野下的城市遗产保护研究[D].上海:同济大学,2006:225~272.

5.4.1.2 秦岭北麓的运用

秦岭北麓适应性保护的激励措施并不是一句简单的政策口号,它是涉及多管齐下的综合制度措施的系统工作,应该和西安市的经济发展、税收制度、有关部门的组织架构、秦岭北麓相关产权情况、秦岭北麓涉及到的司法体系等相适应,并且与这些因素之间形成相互制约、相互协调促进的关系,应有必要的保护法规支撑,将激励措施渗透到秦岭北麓适应性具体的保护方法之中。

当然,秦岭北麓适应性保护的激励政策还应该确保公平,尽量在物质空间保护和利用过程中,兼顾到社会各个方面的利益需求,体现对弱势的关怀。

5.4.2 完善法律保障机制

除了《城乡规划法》等国家法律法规外,现在对于秦岭北麓有针对性的地方法规只有《陕西省秦岭生态保护条例》,这个在论文 4.1.1 小节已经论述过。对于秦岭北麓的具体管理事务,《陕西省秦岭生态保护条例》就有点略显笼统,里面对于秦岭北麓涉及的具体问题只是给出了框架性、概括性的法律要求。由于条文的笼统化,十分不利于实际保护工作的开展。因此,完善秦岭北麓法律保障，首先就是要对《陕西省秦岭生态保护条例》进行细化，颁布结合西安地区实际情况的《西安市秦岭生态环境保护条例》。其次是细化各类专项规划的编制和实施管理有关的具体部门章程，形成周密细致的，从国家到地方，再到部门，环环相扣的保护法规体系（图5-9）。

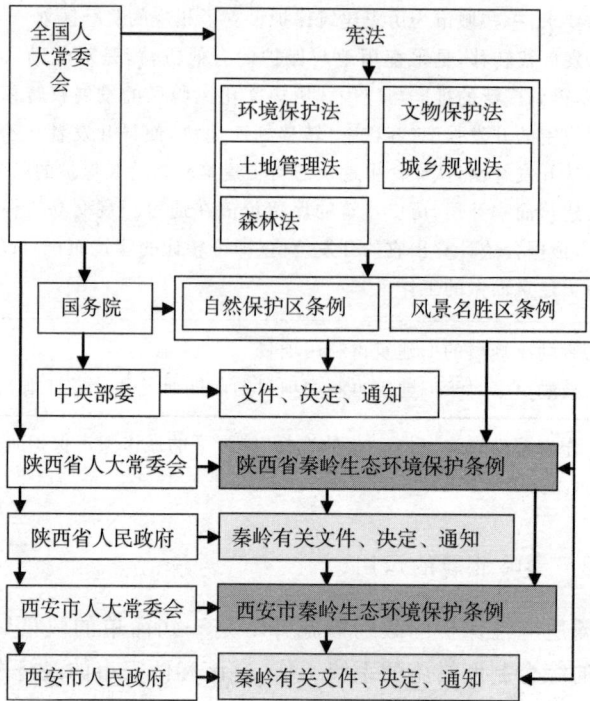

图 5-9　秦岭北麓法律保障体系

资料来源：作者自绘

在笔者写作的过程中，恰逢《西安市秦岭生态环境保护条例（草案修改稿征求意见稿）》（具体内容见附录）通过报纸、网络征求意见，故将其中部分内容节选如下[1]：

"将秦岭生态环境保护的责任落实到市政府、相关区县政府及秦岭保护机构。规定秦岭生态环保各项规划的编制应体现人与自然和谐相处、区域协调发展和经济社会全面进步的要求，坚持保护优先，开发服从保护的原则，突出秦岭的自然特性、文化内涵和地方特色。保护规划应由市政府审定，经省政府批准后，报市人大常委会备案。规划批准后应向社会公布，方

---

① 见附录，现在该条例已经正式颁布，文后所附仍旧还用草案，主要是想反映立法机构和管理部门对于该条例的思考和认识，草案和正式条例内容上相同。

便单位和个人查询。"

"将秦岭生态保护区划分为核心保护区、重点保护区和一般保护区。规定核心保护区实施生态全方位保护。重点保护区内,以植被、水源地、生物多样性保护为主,并引导超过区域生态承载能力人口逐步有序转移。严禁开发商品住宅、别墅等房地产项目;严禁新建招待所、疗养院、度假山庄等建筑;严禁新增勘探、开采矿产资源项目。一般保护区内以发展现代农业、生态旅游为主,可以发展生态环境可承载的产业和进行必要的村镇建设。"

"市政府应对秦岭生态环境保护范围内的文物古迹、宗教遗迹、古栈道遗址、古镇古村、非物质文化遗产等人文资源进行普查建档,列入秦岭人文资源保护名录。列入保护名录的文物古迹、宗教遗迹、古栈道遗址、古镇古村应保持其整体格局和历史风貌。"

"市、区县政府应对秦岭生态保护区范围内的历史事件、地名典故、传统工艺等非物质文化遗产进行搜集、整理、保护、利用;鼓励对周至龙灯、楼观台财神文化、集贤古乐、哑柏刺绣等非遗代表性项目进行展示传承。市政府应对保护区范围内的人文资源及自然资源进行整合,开展秦岭文化研究,发展文化观光旅游。"

"市政府应坚持谁开发谁保护、谁受益谁补偿的原则,建立以资金补偿为主和技术、政策、实物补偿为辅的生态补偿机制。市政府应设立森林生态效益补偿基金,主要用于公益林的营造、抚育、保护和管理,根据环保需要,逐年增加财政投入。市、区县政府应在财政预算中安排专项生态环境保护资金,对重要水源涵养地、饮用水水源保护区所在区县给予生态性经济补偿,用于修复生态环境和改善民生。"

5.4.3 完善管理保障机制

关于秦岭北麓适应保护的管理保障机制,应该统一形成一个管理部门,这样可以打破各个区县的行政壁垒,也便于与各职能部门协调,论文结合适应性规划的行政管理部分在后文 6.3.3.3 论述,所以这里就不再详细论述了。

5.4.4 建立多元经济保障机制

秦岭北麓适应性保护需要强大的经济作为后盾,经济保障主要是资金筹措问题。随着市场化运作模式的成熟,秦岭北麓的经济保障可以由政府主导,辅以社会团体和企事业单位、慈善机构和个人的多方合作,确保给秦岭北麓保护工作提供充足和持续的财力支持。政府层面有直接补贴和转移支付两种方式,直接补贴就是直接的拨款或者贷款,转移支付由旅游收入、工商税收收入和罚没收入构成。其他非政府层面,包含赞助(捐助)、自筹和投资三种形式(图 5-10)。赞助(捐助)是以秦岭北麓保护为宗旨,以企事业单位和社会团体、公益组织甚至个人为主体,自发或有组织地进行赞(捐)助财物的经济行为。自筹是指特定保护单位的业主,凭借自身的影响力而筹得资金,或是由于必须承担相应的保护义务,而必须由自己筹集部分保护资金的经济行为。投资是将秦岭北麓视为自然文化资源,通过政府政策扶持,鼓励企业采取市场经营的方式,对秦岭北麓保护进行商业投资,通过保护的外部正效应获取投资回报的一种经济行为。

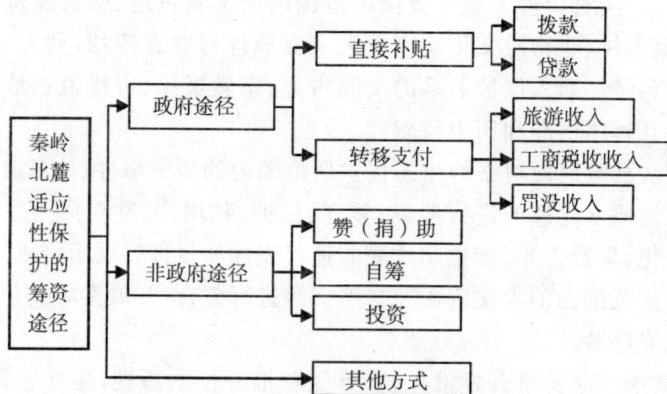

图 5-10　秦岭北麓多元筹资途径

不管哪种形式,秦岭北麓保护都应该深化制度改革,在政府主导的基础上大力拓展和开辟非政府途径的资金筹措机制,完善秦岭北麓保护的多元投资需求。

对于政府途径(图 5-11),首先需要的就是巩固和完善秦岭北麓来自政府的保护专项拨款,可以通过立法程序和财务监管审计等达到巩固要求。其次可以由政府出面申请担保贷款,鼓励和引导金融机构向参与秦岭北麓保护的机构、企事业单位和社会团体以及个人提供小额的、低利息的贷款,调动社会各界对秦岭北麓生态景观保护参与的积极性。同时,完善旅游收入的转移支付,可以结合国内外发展比较成熟的旅游地的相关经验,并且完善罚没收入的转移支付,把对秦岭北麓生态环境破坏的罚没收入转移为保护经费,反馈给秦岭北麓的保护事业,并在相应的立法中将其制度化、明确化[①]。

---

① 按照《西安市秦岭生态环境保护条例》中规定,在秦岭违规开展房地产建设,处 50 万元以上 200 万元以下罚款。

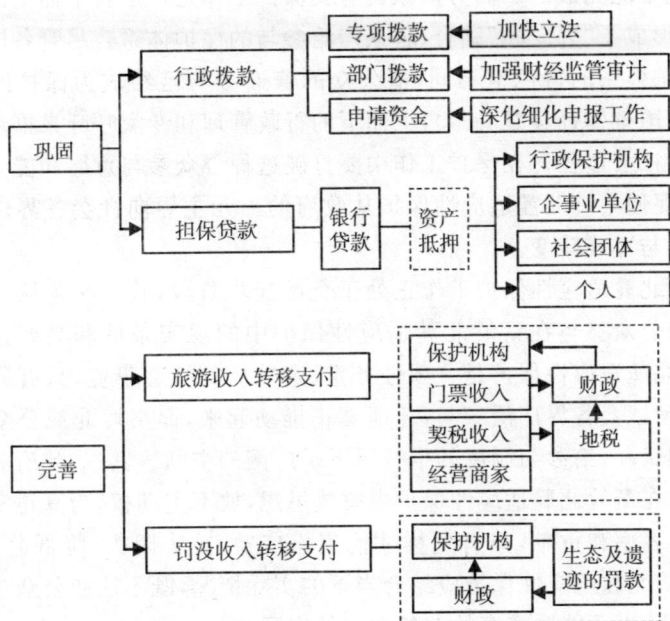

图 5-11　秦岭北麓政府筹资的巩固与完善

对于非政府途径,应该利用市场机制,动员社会力量来参与秦岭北麓的保护工作,这是一个时代的命题。可以借鉴国内外的成熟经验,在保护中引入多元投资主体,保证在对秦岭北麓生态保护的前提下,允许投资者在秦岭北麓的旅游开发中获得正当的经济利益。对于多元投资主要依靠政策鼓励和引导。

赞助或者捐助对于秦岭北麓来说从来没有尝试过,但实际上是一个前景广阔的方式,可以成立专项基金会,由保护管理机构(秦岭办)向社会长期募集秦岭北麓保护的资金,接受社会各界的赞助或捐助,这其中关键是要透明运作,严格规范管理,并形成良好的监管机制。政府可以通过政策或者媒体宣传,鼓励募捐,比如承诺企业的某种优先权利等,秦岭动植物认领冠名权等。

除此之外,还可以参考体育彩票或者福利彩票,以及国债的形式,尝试在国家政策允许范围内发行秦岭北麓生态保护奖券,将所筹措的社会资金再转用于秦岭北麓的保护事业之中。

5.4.5　强化公众参与

秦岭北麓适应性保护工作是一项牵扯广泛、头绪复杂的公共事业,单靠政府是绝不能完成的。西方国家的有关保护工作是一个自下而上的社会过程,已经形成了"公—私"结合、公众广泛参与的保护体系。尽管各国的情况不同,保护体系的特色也不同,但公众的普遍参与已经成为保护的重要特征。而我国整体社会是一个自上而下的行政管理和专家呼吁来推动各类保护活动的社会过程。在保护工作中要打破这种公众参与意愿和能力都低下的模式,促使秦岭北麓适应性保护从政府的一元主导向社会各界广泛参与的多元参与方式转变。

秦岭北麓适应性保护工作正处于全面起步阶段,我们必须认真思考并充分认识公众参与在秦岭北麓适应性保护中的现实条件和必要任务。其一,秦岭北麓适应性保护是一项任务重、牵扯广的社会事业,只有通过各种途径,调动社会各界广泛参与,才能真正推动起来,而秦岭北麓公众参与相对较低的状况,给参与制度的推行留下了广阔的空间。其二,政府和管理决策者应该在秦岭北麓适应性保护中解放思想,放下主动权,为真正实现公众参与做出表率和贡献,只有这样才能集思广益,减小阻力、降低公共成本。其三,秦岭北麓适应性保护应结合当下的实际情况,既不能使公众参与形式化、空洞化,也不能脱离秦岭北麓本地的实际参与要求。

秦岭北麓适应性保护的主体由个人、法人和社会组织三个方面组成,这三个方面的主体,在秦岭北麓适应性保护中会呈现出不同的参与动机和不同的利益关联度,在保护公众参与中均应予以考虑(图 5-12)。

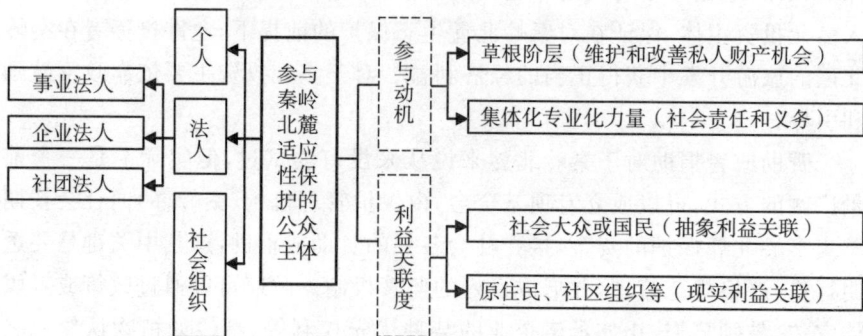

图 5-12　秦岭北麓适应性保护公众主体

具体而言,其一"个人",既有秦岭北麓的常住居民,也有来此参观旅游、近距离感受秦岭风光的各类社会人士。从参与动机看,这些人群均属于草根阶层,都希望通过对秦岭北麓的保护来实现个人利益和价值追求;从利益关联度来说,常住居民利益关联最密切,而社会人士相对抽象,但是对于秦岭北麓来说,社会各界的认知程度高,所以有广泛的社会人士参与基础。其二"法人",主要是各类企事业单位。从参与动机看,他们属于集体化的力量,在秦岭北麓的保护中谋取经济利益和社会利益;从利益关联度来说,是秦岭北麓的潜在价值吸引了他们的参与,这给秦岭北麓的保护注入了更多的市场力量。其三"其他社会组织",其他社会组织如环保组织、旅游协会等,他们的参与动机和利益关联均来自于对秦岭北麓自然生态保护的向往与追逐。

在对秦岭北麓公众参与主体分析的基础上,论文提出了完善三级公众参与制度:

第一是事务公告。这有利于解决与秦岭北麓保护有关的利害人和普通民众之间信息不对称的问题,通过多种宣传方式,将涉及的秦岭北麓保护现状及保护情况对外通告,使民众了解并参与,具体方式有方案公示、媒体介入等(图 5-13)。

图 5-13　新闻媒体对秦岭北麓的关注

资料来源:中青在线网站页面

第二是事务咨询。咨询是一种常见的公众参与方式,包括问卷调查和研讨会等。通过问卷调查可以了解秦岭北麓适应性保护的民众意愿,整理其中的内容,可以辅助适应性保护决策的提出。研讨会,可以是正式的或者非正式的,主要是面对面的沟通,研讨与会人员可以是专家,也可以是当地居民、专家学者、企事业法人和社会组织等,覆盖面比较广。这种形式使得公众参与的性能达到最大化,值得推广。

第三是事物托管。这是市场经济环境中的特殊公众参与途径，表现形式为公众中的企事业单位、社会团体或者个人根据实际能力参与秦岭北麓适应性保护的总体开发、活动组织、保护宣传等。比如秦岭办曾委托房地产公司组织有关秦岭保护的高峰论坛，云集国内专家学者，共商秦岭保护的具体事宜，取得了良好的社会效果，既增加了房地产企业的知名度，也增加了秦岭北麓的公众了解度，更重要的是通过论坛收集到了众多专家学者对秦岭北麓保护及规划的集思广益。

5.5 秦岭北麓生态环境适应性保护规划实践[①]

由于秦岭生态环境的整体性，光从秦岭北麓去讨论其生态环境的适应性保护是不完整的做法，所以本书在这部分所谈到的秦岭北麓生态环境适应性保护规划实践均是从秦岭（西安段）的角度，整体去探讨秦岭北麓生态环境保护规划问题。

5.5.1 用地适应性评价、生态敏感区划及其建设控制要求

1. 用地适应性评价

根据自然环境、工程地质条件等因素，将整个秦岭西安段划分为三类用地：禁止建设用地、限制建设用地、适宜建设用地（图5-14）。

图5-14 秦岭（西安段）用地适应性评价图

资料来源：《大秦岭西安段生态环境保护规划》，西安市秦岭办，2012

---

① 秦岭北麓生态环境保护和利用总体规划实践并非一个人能完成，这部分主要由和红星教授领导组织，统筹协调相关规划编制人员完成，这里仅是部分展示论述。秦岭北麓生态环境保护和利用总体规划的整体成果来自《大秦岭西安段生态环境保护规划》和《大秦岭西安段保护利用规划》，西安市秦岭办，2012。

2. 生态敏感区分析

生态敏感区的确定由对秦岭西安段区域内生态环境的生物多样性、土壤、水体或其他自然资源等的综合分析而来(图 5-15)。

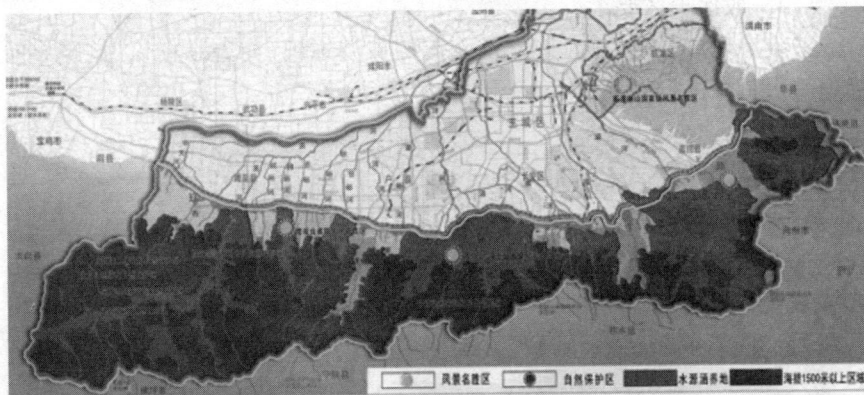

图 5-15　秦岭(西安段)生态敏感区分布图

资料来源:《大秦岭西安段生态环境保护规划》,西安市秦岭办,2012

秦岭(西安段)的生态敏感区主要包括区域内自然保护区、风景名胜区、河流水系、水源涵养地、珍稀动植物栖息地、珍贵地质遗迹和海拔 1500 米以上生态脆弱的地区。

生态敏感区内限制新的开发建设,对区内的村庄建设进行严格控制,防止村庄无序发展带来的生态环境破坏。鼓励实施生态移民政策,保护生态环境。

3. 生态功能区划

以保护秦岭生态环境为前提,将秦岭(西安段)划分为生态保护区和生态协调区两个生态功能区。其中,25 度坡线以上的生态保护区包括绝对保护区、一般保护区、生态控制区三个区域。

绝对保护区:海拔 2600 米以上的地区、自然保护区、一二级水源保护区和已划定为绝对保护区的区域。

一般保护区:海拔 1500 米以上至 2600 米之间的地区以及水源涵养区。

生态控制区:海拔 1500 米至 25 度坡线的区域和未在水源涵养区的风景名胜区等的用地。

生态协调区:秦岭山脚线(25 度坡线)至环山路以北 1000 米区域。

4. 各分区的建设控制要求

（1）绝对保护区要求

禁止一切生产和开发活动，限制区域内的旅游活动，保护生态环境。

（2）一般保护区要求

禁止房地产开发，只允许配设必需的旅游标识（如警示标识、道路导向标识等），不得进行对环境有影响的旅游活动。

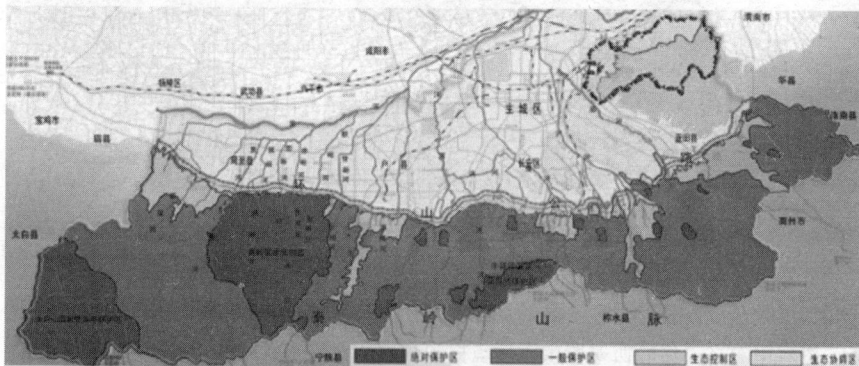

图 5-16　秦岭（西安段）生态功能区划图

资料来源：《大秦岭西安段生态环境保护规划》，西安市秦岭办，2012

（3）生态控制区要求

除军事等特殊情况，该区域禁止房地产开发，在地势相对平坦、无不良地质灾害、位于水源涵养林地之外的保护利用峪口附近，只允许建设小型旅游服务设施（如餐饮停车、娱乐设施、小型商店等）。

（4）生态协调区要求

所有建设活动不得破坏山体，占用河道，影响生态景观，污染河流水系，必须进行专门的环境影响评价，保证在不破坏生态环境的前提下进行。对区域坡耕地应当逐步退耕还林（草），实施生态林绿化工程，改善生态环境，保护水源涵养地。

5.5.2　各类生态环境适应性保护规划

1. 山体保护规划

山体保护主要包括山体轮廓的保护和山体的保护。

（1）山体轮廓保护

规划对秦岭的山峰、沟谷、山岭进行保护，以保护秦岭的整体轮廓形态（图 5-17）

图 5-17　秦岭山体轮廓图示

资料来源：《大秦岭西安段生态环境保护规划》，西安市秦岭办，2012

（2）山体保护

严禁在自然山体保护区、生态功能区、风景名胜区和森林公园内采矿。

禁止随意开挖山体，保护山体的自然形态。

建立生态补偿机制，恢复已破坏山体。

2. 植被保护规划（图 5-18）

从保证生物的多样性发展和生态平衡，恢复秦岭碧绿风貌的要求出发，将保护范围划分为三个功能分区：秦岭中高山针叶林灌丛草甸生物多样性生态功能区、秦岭中山针阔叶混交林水源涵养与生物多样性生态功能区、秦岭低山丘陵人工林水土保持生态功能区。

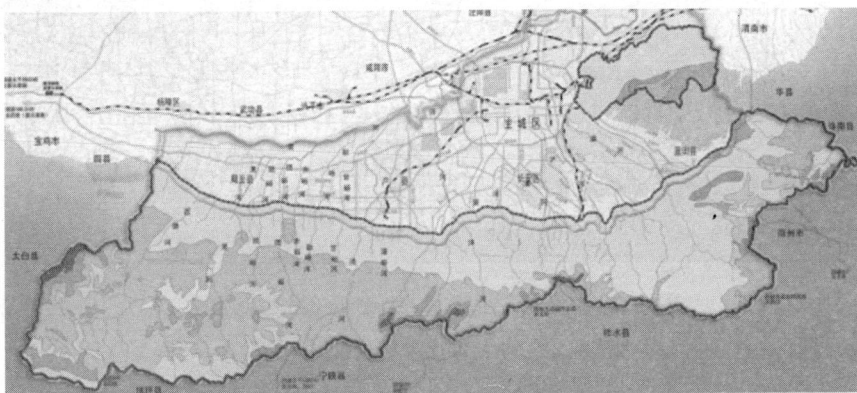

图 5-18　秦岭（西安段）植被保护规划图

资料来源：《大秦岭西安段生态环境保护规划》，西安市秦岭办，2012

3. 水资源保护规划（图 5-19、图 5-20）

（1）水源保护区保护

区域内共规划黑河、大峪、石砭峪、李家河等四个供水体系，18 座水库；并将水源保护区划分为三个区域：一级保护区、二级保护区和准保护区。

143

（2）水体保护

灞河上游、黑河、田峪河及涝河等要求达到一类水质，区域内其他河流在规划范围内的水体要求达到二类水质。

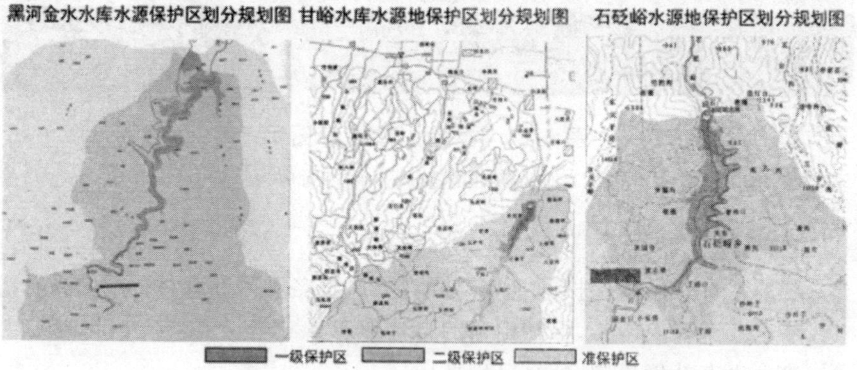

图 5-19　秦岭（西安段）部分水源保护区划分规划图

资料来源：整理自《大秦岭西安段生态环境保护规划》，西安市秦岭办，2012

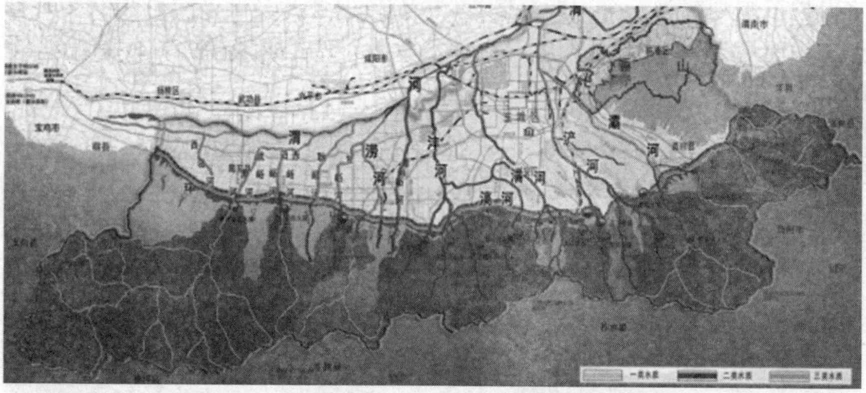

图 5-20　秦岭（西安段）水资源保护规划图

资料来源：《大秦岭西安段生态环境保护规划》，西安市秦岭办，2012

（3）河道保护

区域内的河流按照不同的河流等级，在河道两侧设置 100 米、80 米、50 米、30 米、20 米五级河道安全管理范围，此范围内不能进行任何开发建设。

（4）洪积扇区域保护

此区域是地下水的重要补给区，禁止随意开采。

4. 生物多样性保护规划（图 5-21）

根据现有的自然保护区现状，整合完善各类自然保护区，划定核心区和缓冲区,保护秦岭野生动植物及其生息环境,建立繁育基地,保留生物通廊,形成生物链,保证生物的多样性。结合不同海拔高度植被类型,建立针叶林、阔叶林等保护区。

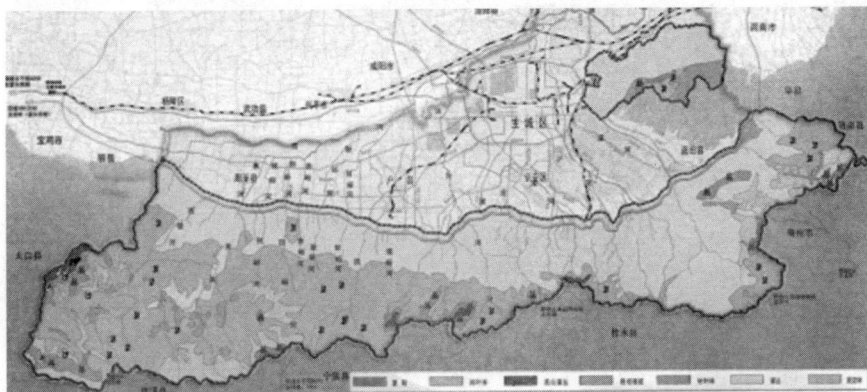

图 5-21 秦岭(西安段)生物多样性保护规划图

5. 矿产资源保护规划(图 5-22)

将矿产资源分区分为两类:禁止开采区和限制开采区。区域内原则上不批准新设矿点,原有矿山依据区域自然地理特点、成矿地质条件、矿业在社会经济中的地位以及相关法律、法规,要逐步关停。

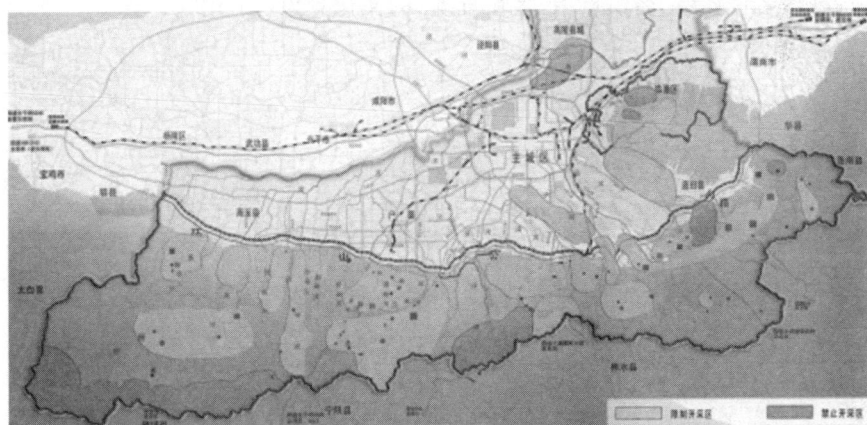

图 5-22 秦岭(西安段)矿产资源保护规划图

6. 地热资源保护规划(图 5-23)

保护地热资源,禁止随意开采。规划结合渭河临潼和秦岭汤峪两个地热带,以及历史形成的温泉设施,采取点状布局的方式,严格控制开采。

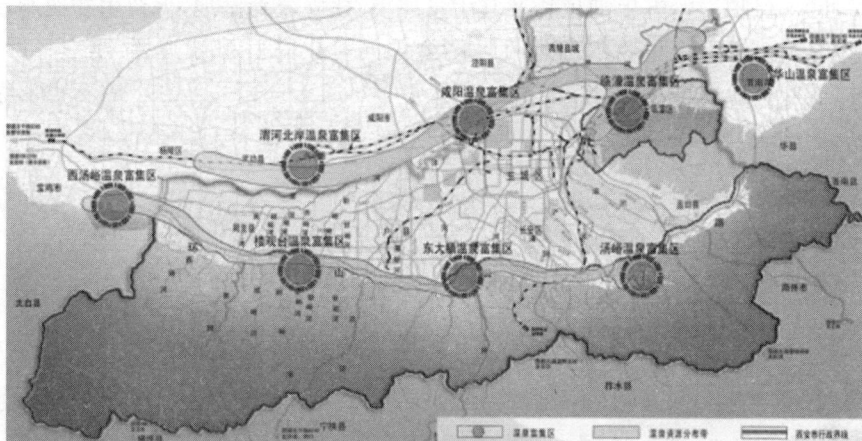

图 5-23　秦岭（西安段）地热资源保护规划图

资料来源：图 5-21—图 5-23《大秦岭西安段生态环境保护规划》，西安市秦岭办，2012

7. 文化保护规划（图 5-24）

按照整合文物古迹资源，提升历史文化遗存品质的原则，重点加强对文物古迹、宗教遗迹、古栈道遗址等历史文化遗存和非物质文化遗产的保护。

秦岭环山路区域是西安市古镇、古村落、古遗迹分布密集的地区之一，规划确定 14 个城镇、11 个历史文化底蕴丰厚的村庄作为重点保护对象，实现古城"名村环绕、名镇点缀、名城璀璨"的文化景象（图 5-25）。

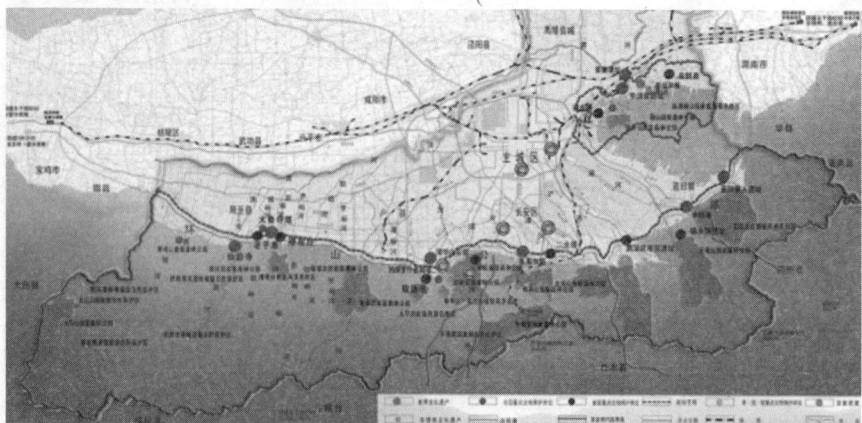

图 5-24　秦岭（西安段）文化保护规划图

资料来源：《大秦岭西安段生态环境保护规划》，西安市秦岭办，2012

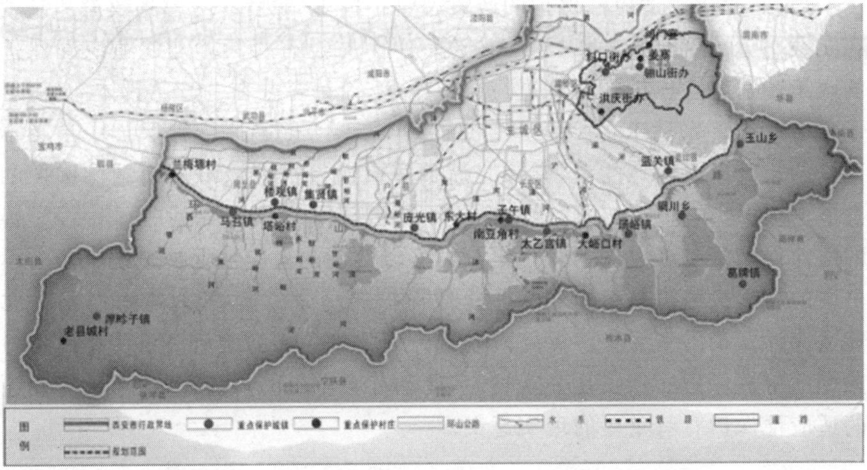

图 5-25　秦岭（西安段）名镇名村保护规划图

资料来源：《大秦岭西安段生态环境保护规划》，西安市秦岭办，2012

5.6　本章小结

本章的主要内容是提出了秦岭北麓适应性保护模式，具体包括以下几个方面：

第一，探讨了秦岭北麓适应性保护的理念，本书讨论的理念并不是常规意义的设计理念，而是秦岭北麓适应性保护必须注意的问题：保护应该适应自然环境，顺应自然环境是秦岭北麓适应性保护的根本；保护也应该响应经济要素，因为经济要素是秦岭北麓发展动力的体现，不响应经济要素，保护就无从谈起；秦岭北麓是秦岭历史文化的集中体现地，所以保护还应该彰显秦岭厚重的历史文化，只有体现了秦岭历史文化的保护才是有意义的保护。

第二，尝试构建了适应性保护的评价指标模型，模型主要是通过层次分析法，结合专家打分，运用灰色评价方法进行评价。这里需要说明的是，评价体系是为了指导适应性保护模式而建立的，具体还要根据实际情况在实践中进一步修正和验证，方可推广使用。

第三，从相互关联的区域整合、结构形态的类型保存、空间修复与功能协调三个方面尝试提出适应性保护的技术手段，实际上，针对秦岭北麓而言，适应性保护的技术手段远远不止这些，还应结合景观生态学、社会学、地理学等相关学科的理论和研究手法，在实践中不断总结提炼具体的适应性保护模式。

第四，探讨了适应性保护的政策及管控措施（制度），考虑到政策和制度在实践中会有所交叉，所以本书在这一小节并没有将秦岭北麓适应性保护的政策和适应性保护的制度进行分节论述，而是合并在一起。具体而言，对于秦岭北麓首先是建立一种激励机制，这在秦岭北麓适应性保护中是必不可少的。其次要注意的是，秦岭北麓的适应性保护应该辩证地看待保护和发展的关系，在坚守保护底线的前提下还要注重发展优先问题；当然，完善的法律保障机制和完善的管理机制对秦岭北麓的适应性保护来说也是必不可少的。再次经济是秦岭北麓适应性保护的动力源泉，所以本章对秦岭北麓适应性保护的多元经济保障机制进行了详细深入的剖析。最后指出秦岭北麓适应性保护必须强化公众参与，调动社会各界的积极性，这对秦岭北麓的适应性保护有着重要的现实意义。

6. 秦岭北麓生态环境的
适度利用规划策略

秦岭北麓空间保护利用规划策略是一个综合的、整体化的过程,既体现在秦岭北麓空间保护利用建设的决策过程中,也体现在规划设计过程中,还体现在规划付之于实施并使用的全过程之中。笔者在此主要从以下几方面探讨秦岭北麓空间保护利用规划策略,以期能对秦岭北麓空间保护利用有所助益。

6.1 适度利用的评价

6.1.1 社会评价

对秦岭北麓适应性规划的评价,应该在特定的目的和特定的时刻下进行,主要是针对规划成果(结果)的优劣做出评判。

伴随着城市化进程的加速,秦岭北麓也出现了包含整体性问题在内的种种症状,原有的生态化的空间正处在被改变的危机之中。这很大程度是因为当时没有适当而且行之有效的评价标准和评价体系来指导我们的实践工作。对于秦岭北麓而言,怎么去认识、如何去评价与做什么、如何做几乎是同样重要的,只有在时间维度和空间维度下,对秦岭北麓进行反复思考后,才能深刻认识到这一点。

评价标准的建立来自于人们的价值取向。当代社会中价值观、道德观、审美观处于一个多元混杂状态,这使得对秦岭北麓适应性规划的评价也趋于模糊化、复杂化。

另外,事件地点的不同、评价者代表的利益主体不同等,都会导致评价标准的不同。委托人、投资者和管理者的价值取向和关注的目标,一般都不同于专业设计人员的认识和理解,他们更多的是从自身的知识结构、经济利益倾向、行政需求等角度来思考。秦岭北麓的空间规划建设对于他们来说更像是一种手段,而非终极目标。因此,设计者、使用者和管理者之间的评价标准难免会有冲突。而且,在现今日益开放的社会体系中,秦岭北麓的空间建构过程中,对于目标的确立和评价标准的制定由某一个人或某一社会集团完全出于自身的利益来确定已经不太可能出现了。所以,必须尽可能地采用综合化的、能反映社会各个阶层利益的评价标准,并基于此去探寻特定时间维度、特定地域的秦岭北麓空间主导意愿和价值取向。

由以上的分析可见,我们需要建立一个多层次的、多涵盖面的评价标准体系来应对秦岭北麓适应性规划中产生的有益影响。综合其他学者的研究,从社会效益、环境效益、经济效益三个维度构建秦岭北麓的评价体系。这三个维度联系紧密、互为因果、相互交错,足以构成秦岭北麓空间整体性原则所需求的评价标准。换句话说,秦岭北麓适应性规划的目标是社会、环境和经济效益的最优化。这些评价标准可以作为一个内驱力贯穿于整个秦岭北麓适应性规划的过程之中。如此强调综合化的评价标准体系,也是秦岭北麓系统整体性原则在实践中的体现。

现在社会是一个强调人本主义的社会——在社会发展和物质文明进步的同时,过去单纯地追求经济增长的人类的发展观已经不适应人类的发展需求,新的人类发展观应该是建立在以人的发展为中心、满足人的基本需要、提高生活质量为目标的基础之上的发展观。因此,用经济评价指标衡量社会进步的量化指标比重在不断减少,而社会评价指标比重在不断增加。

一般来说,在评价秦岭北麓适应性规划时,社会评价标准体系可以包括秦岭北麓空间的规模大小、景观的人均拥有面积、秦岭北麓区域内特定空间的数量等,这些偏重客观方面的数据统计。当然,秦岭北麓适应性规划应该强调生态环境的保护、对人的关怀以及社会公正。比如秦岭北麓适应性规划怎样才能满足人的精神需求,如何体现对各种社会行为的支撑等。只有这样,才能修正过去单一的评价方法——只重视秦岭北麓空间规划的视觉效果和形体秩序,忽视空间本身给人们带来的丰富内涵和活力,尤其是社会发展、历史文化等因素。实际上,对于秦岭北麓空间,蕴含其中的最有吸引力的空间本质和空间特征,往往不易度量——无法对人、文化、社会在内的空间形态做出比较周全的定量比较。因而,对于空间的一些标准,比如空间舒适度、空间和谐度等,往往和特定的时间、具体的场合、评价者的自身主观判断密切相关。本书主要揭示秦岭北麓空间中的主导评价,对于一定时期内,局部的、小影响的次要价值取向可以根据需要加以斟酌取舍。秦岭北麓空间适应性规划的社会评价标准见表6-1。

表6-1 社会评价标准一览表

评价因子	因子说明
社会性	保证大众对秦岭北麓空间的共创共享,提供步行、游憩、社交聚会的场所,增进人际交流和地域认同感,有利于培养公民的自豪感
文化性	具有文化品位,展示秦岭与西安历史特色,保护文化遗存,使秦岭地域历史文脉得以延续
易识别性	通过强化秦岭特有信息等形式,增强环境的感染力,突出主题,有个性,易于识别
舒适性	空间的环境压力小,各种设施完备,使人身心轻松
易达性	具有方便的交通,空间可望也可及
安全性	专人管理,良好的治安条件,区域步行环境没有汽车干扰,没有视线死角、夜间有照明
愉悦性	空间富有趣味性、有人情味

6.1.2 环境评价

秦岭北麓的环境评价可以从两个方面考虑,一方面是秦岭北麓空间本身的形式美、自身协调的同时和秦岭山脉以及西安城市等周围环境和谐;另一方面是含秦岭北麓在保护生态环境,改善区域环境质量方面的优势等,比如秦岭北麓空间的生态交错带、边缘效应、半透膜作用等。实践证明,环境评价因素,在秦岭北麓空间规划的开始就必须被引入。

应该在秦岭北麓空间适应性规划中充分考虑对自然条件的保护和利用,比如对秦岭山体的保护、植被的保护、水体的保护与利用、减少空气和视觉污染、噪音污染等,使空间更加利于生态环境,也更加利于人们的身心健康。减少对自然的破坏,把人放在和自然和谐共生发展的位置,秦岭北麓虽紧邻秦岭,有真山真水的衬托,阳光和绿化不是问题,树木、草坪、水面也相对容易获取,但其生态保护的要求更高,所以必须引入环境评价标准体系。综合起来,环境评价主要见表6-2。

表 6-2 环境评价标准一览表

评价因子	因子说明
艺术性	秦岭北麓空间每一部分以及各部分之间的相互关系符合审美的要求,提供优美的景观
有机性	秦岭北麓空间整体和谐统一、有机灵活、丰富多彩
生态性	秦岭北麓空间环境优美、卫生,绿化配置合理,污染和噪音少,尊重自然,保护生态,注重可持续发展

只有环境设计水平提高了,才能减少秦岭北麓的人为破坏,保护生态环境,维护生态平衡,使秦岭北麓在大秦岭自然生态系统中发挥出其应有的重要作用。

6.1.3 经济评价

经济是发展的动力因素,顺应经济规律,社会才能得以发展。城市空间开发和城市规划思想发展都应是在一定的经济变革主导下进行的。秦岭北麓空间发展也需要一定的经济支撑。缺少经济支持,秦岭北麓的空间发展会逐步走向衰退。从另一个角度看,秦岭北麓空间适应性规划和建设又是大西安城市经济发展的调节器,如果从大西安区域经济发展战略来看,秦岭北麓空间的发展对推动大西安一定范围的经济发展起着重要的作用。

秦岭北麓的空间发展,虽然整体上由政府统一掌控,但实际上注入了许多市场经济的力量。吸引多种投资已经是秦岭北麓空间发展中的不争模式了。多种投资形式的并存互补,会给秦岭北麓空间的建构带来多种途径和多种方式,比如资金的引资、融资、集资、贷款等,项目管理的政府主导、企业自主、政府与企业合作等。不管怎样,秦岭北麓空间发展需要讲究经济效益,以便良性循环的形成。

经济评价的主要因素是经济和效率,具体见表 6-3。

表 6-3 经济评价标准一览表

评价因子	因子说明
经济性	秦岭北麓空间能够保证或促进居住、游憩及其他各项功能和活动的有效运行以及效率
效率性	秦岭北麓空间规划、建设、维护具有资金可行性,并能够保证和促进空间内及周边区域经济的稳定和繁荣

土地的稀缺性致使地价的昂贵,秦岭北麓虽然不处于城市中心区,但它的地价也是开发必须考虑的问题。而秦岭北麓不都是商业开发的空间,为了保护秦岭生态环境,秦岭北麓可开发的区域内也有大量的公共空间,只有以牺牲经济效益为代价,才能换来这些空间的社会效益和环境效益。因此,如果在秦岭北麓空间规划建设的开始就引入经济评价因素,并通过秦岭北麓系统的整体性原则来协调社会效益、环境效益和经济效益之间应该占的比重,就很有可能带来空间内和周边区域的经济繁荣。这样的做法,不仅使得秦岭北麓的空间规划建设更加和谐可持续,也激发了开发商和项目投资者的积极性和投资热情,进而促进秦岭北麓空间的建构和整个大秦岭地区的生态平衡。对于秦岭北麓,"环境就是经济"是仍然适用的法则,这已经成为更多的决策管理者、开发投资者的共识。

秦岭北麓系统的整体性原则体现的就是社会、环境和经济各方面综合协调的过程。秦岭北麓空间的建构是一个多因子共存互动的过程,所以在实际中,各个评价标准因子的具体加权和综合是十分必要和有效的。

6.2 适度利用的理念

不同的切入点会形成不同的规划理念,本书主要从秦岭北麓空间与景观生态环境适应的角度入手,提出如下三个规划理念。

6.2.1 整体性

整体性源自于秦岭北麓系统的系统属性,它既体现于秦岭北麓空间适应性规划的各个区域,也体现于参与规划的各个部门或者利益主体,更体现于整个秦岭北麓空间保护利用的运作过程之中,当然,也体现在秦岭北麓规划和建成的效果之中。限于论述的主题,笔者在此仅涉及整体性的空间形体环境方面,整体性空间形体环境的组合变化,应该支持人的想象并且合乎人的行为。

6.2.2 地方性

秦岭北麓本身就是一个极具地域特色的区域,因此,应当在秦岭北麓空间适应性规划的始终都贯穿地方性理念。地方性不但体现了秦岭北麓的自然地域因素,还包括秦岭的地方人文特征以及秦岭文化展示。

6.2.3 生态性

这是秦岭北麓空间适应性规划的基础性理念,理念中的理念。秦岭北麓空间保护的出发点和目的就是保护生态环境,任何以牺牲秦岭生态环境为代价的空间规划都是不可取的,坚决杜绝的。当然,还应注意,生态性原则并不是僵化的原则,要注意结合自然生态的同时在秦岭北麓的空间利用中表现人的创造力,"虽由人作,宛自天开"和"鬼斧神工"均是对人类创造力的反映。

整体性、地方性和生态性三个理念在秦岭北麓空间适应性规划中相辅相成,缺一不可,具体可以从以下方面展开,详见表 6-4。

表 6-4 三个理念及内容一览表

理念名称	具体内容(对于秦岭北麓)	
整体性	易于识别,具有一定的特殊的"场所特征";具有适度的感觉刺激,太多(过于突兀的对比)、太少(完全的融合)的刺激都不能成立;具有美感,符合时代和民族的审美特性及其发展趋势	视觉评判
	支持行为,提供某种社会化行为和个人行为模式发生的场地空间;时空的连续性	时空行为
	具有明确的功能指示性,符合人们的想象;表达象征,引起人们对过去和未来的美好联想	象征符号
地方性	运用秦岭地方性材料、能源和建造技术,特别是注重秦岭地方性植物的运用;顺应并尊重秦岭的地理景观特征,如地形、地貌特征、气候特征等;尊重秦岭的地方民俗、民情并在规划设计给予体现;景观建筑、小品和构筑物的规划设计考虑到地方的审美习惯与使用习惯;注重秦岭北麓内文物古迹及具有纪念性、典型特征景观的保护和再利用以及具有场所感的景观开发。在尊重地方传统性的同时,不能忽视群众对时尚游乐方式的需求(康体、科技项目的引入)	
生态性	反映生物的区域性;顺应基址的自然条件,合理利用土壤、植被和其他自然资源;依靠可再生能源,充分利用日光、自然通风和降水选用秦岭本地的材料,特别是注重乡土植物的运用;注重材料的循环使用并利用废弃的材料以减少对能源的消耗,减少维护的成本;注重生态系统的保护、生物多样性的保护与建立;发挥自然自身的能动性,建立和发展良性循环的生态系统;体现自然元素和自然过程,减少人工的痕迹	

6.3 适度利用规划策略

6.3.1 政策引导

6.3.1.1 多方参与引导

由于秦岭北麓系统的影响因子是复杂化的,所以它所面对的规划问题也必然是复杂的,在这里规划师、建筑师和景观设计师仅作为设计人员在整个秦岭北麓系统中就显得十分渺小了,不能仅通过他们去化解秦岭北麓的各种矛盾。因此,建立多方参与的设计集群是十分必要的。设计集群可以由不同层面的人组成,包括工程师、科学家、社会学家、政府决策者、开发投资者和市民等。当然,不同类型的人参与规划的层次和方式是不同的,比如专家,可以形成秦岭北麓规划专家咨询制度,而市民,多是体现公众参与,有在规划开始征求市民意见,规划结束给市民公示,规划实施时采纳市民建议和意见等多种灵活的方式。

多种参与的方式,西安市秦岭办一开始就做得比较好,组织"我为秦岭植棵树"(图 6-1)、"秦岭脚下吼秦腔"、"感恩秦岭图片展"、"感恩秦岭·秦岭保护高峰论坛"[①]等系列活动,在这些系列活动的互动交流中,既增加了市民对秦岭的重新认识,也积聚了众多专家对秦岭北麓发展的各种建言献策。

其实,对于秦岭北麓的规划建设而言,设计师只是参与、组织和协调的一员,设计师通过自身的具体工作,对秦岭北麓提出发展构想、提供可供选择的设计方案,并在规划过程中不断宣传自己的设计思想,和其他人交流设计思想,并贯穿于设计整个过程。这样的目的是为了把设计方案推荐给群众,推荐给专家,以及其他利益群体,以供讨论深化。

---

① 秦岭保护高峰论坛专家语录:

• 中国工程院院士张锦秋:"批准秦岭保护规划的迫切性,迫在眉睫! 各个项目的规划一定要遵从总体规划,以保护为主! 详细制定景区保护规划,给每个峪口建立档案,让每个峪口都有帐可查!"

• 中国工程院院士李佩成:"将秦岭建设成为水银行,保护水资源!"

• 住建部总规划师唐凯:"秦岭与西安的关系是息息相关,秦岭保护是建设西安国际化大都市的前提与基础!"

• 陕西省文联副主席肖云儒:"建立秦岭科研基地,推进秦岭文化资源产品化!"

图 6-1　我为秦岭植棵树活动

资料来源:西安市秦岭办

多方参与模式必须建立在规划设计人员和居民、开发商、专家和领导者之间系统化、连续的、至始至终、相互配合、协作共进的基础之上,各个参与主体只能是整个秦岭北麓设计集群的有机组成部分,不能相互取代。这样,可以减少秦岭北麓规划建设沦为个别领导意志的"试验田"和"歌功区",也是实现秦岭北麓整个规划更加人性化、适应化,形成高效人居环境的关键点。

6.3.1.2　多元化投资开发与建设管理引导

投资多元化,这是现代多元社会的一个重要表现,也必然是秦岭北麓规划建设的经济模式发展方向,体现秦岭北麓空间发展的经济适应性。多元投资一般分为两个阶段:前期政府主导的基础和配套建设阶段和盈利项目由社会公开竞标建设阶段。对于秦岭北麓,可以综合运用政府主导、政企合作和企业主导的多种模式,从组织形式、资金投入、政府角色、风险承担和运营管理上多元化投资建设,具体见表 6-5。

表 6-5   秦岭北麓多元投资模式一览表

开发主体	政府主导	政企合作	企业主导
组织	• 政府现有各业务主管单位进行开发 • 政府组建"景区建设投资开发公司"	• 与政府以开发公司形态开发经营项目的理念相同,区别在于私部门募集相当额度资本,在公司组织中扮演一定角色	• 企业以其对于相关市场需求的了解,考虑投资报酬及可能风险后,主导全项目或部分项目的开发,以及开发完成后的运营管理
资金	• 编列预算或以重大建设立项申请基金或贷款 • 利用公司组织进行开发,透过一般公司募集资金方式筹措资本	• 政府提供公有土地作价,参与开发作业,以政府本身的信用为担保,使民间投资者能得到专案融资优惠;私部门除提供相对资金外,以其对市场的敏感性,提高开发效益	• 企业自行筹措资金组织开发公司
政府角色	• 若以政府事业机关进行开发,政府角色为一般传统非盈利型部门 • 若以"景区开发公司"形态,则应依照"公司法"对于"有限公司"或"股份有限公司"成立的规定筹集资金,从经营管理弹性及开发作业效率上而言,"公司"的形态将较高,且公司主要决策者选派由政府任命,将较能实现政策目标	• 合组开发公司中持股比例越高,主控权随之增加,但是如果政府以主导为目的,降低企业投资意愿,则失去了与企业共同合作组织开发公司的意义	• 协助完成土地及都市计划相关作业,辅导监督计划进行 • 在开发获利程度过低,或面临巨大经营风险,但为政府建设欲取得的项目,可选择利用土地招标或如设定地上权,BOT或其他捆绑开发机制,交于开发商开发,减低开发商的前期投入风险,增加开发诱因
风险分担	政府承担所有开发与经营管理风险	开发与经营管理风险依照持股多寡而定	企业承担所有开发与经营管理风险

续表

开发 主体	政府主导	政企合作	企业主导
运营 管理	政府应对未来运营内容及相关专业发展人才	虽然企业对于项目的经营专业人才较为充足,管理效率较高,但企业对于运营管理的策略及目的与目标效益设定可能与政府部门有所不同,应有追踪机制的设计	交予企业开发经营管理虽然在营运效率能发挥到最大,但是可能在企业资本获利最大化的情况下,更大的社会福祉及城市功能需求遭到忽略,应成立追踪机制

当然这其中还要区分不同的项目类别,公益性项目和商业性项目按照具体项目类别区分对待,详见表 6-6 和表 6-7。

表 6-6　秦岭北麓公益性项目开发模式分类

项目类别	代表项目拟定	开发模式	操作方式
生态恢复和保育	水土治理、植树造林等	政府主导	政府设立环境保护基金,每年定额拨款并掌握管理维护运营项目的审批权,委托专业的环境保护管理公司进行日常管理,并向管理公司支付一定比例的管理费
相关产业基地及周边城镇建设	农业产业基地、典型城镇综合开发	政府主导因地制宜灵活开发	各级政府负责开发建设成本,无明显经济效益,但对整体经济拉动效果明显;产业的引导和管理由政府的相关部门负责;依托于景区,并结合当地自身条件,采取各种灵活开发模式
游憩观光设施项目	旅游接待中心、观景塔、博物馆、科普中心等相关设施	政府主导或政企合作	采用政府自主开发经营模式。政府负责项目的所有建设和运营成本,通过门票和旅游收入平衡支出
景区土地开发及基础设施开发	土地平整、拆迁、道路、桥梁、供水、供电、供暖、电信等	政府主导或政企合作	由开发公司及相关部门进行开发建设

表 6-7　秦岭北麓商业性项目开发模式分类

项目类别	代表项目拟定	开发模式	操作方式
带动性项目	秦岭古道文化公园、秦岭次级博物馆、秦岭文化博览园	政企合作	项目对景区开发的带动作用较大,但投资大,投资回收期长,运营成本较高,操作复杂,项目可能在一定时期内处于亏损状态,单独由政府或企业一方较难完成,可由政府在前期给予一定的支持,由政府组建的"开发公司"与成功的运营商按一定的条件进行合作
游览性项目	攀援场、室外剧场、秦岭大专学校、户外活动基地、露营基地等	企业主导或政企合作	项目有助于提升地区的文化氛围,但运作较复杂,需要动用各种资源,需进行一定的商业运作,由政府和相关企业合作
高利润项目	高尔夫球场、度假村、住宅、休闲娱乐、酒店、零售等商业项目	企业主导	采用分级开发模式,由政府组建的"开发公司"进行土地一级整备(生地变熟地)。按政府本身出资能力,一级土地开发资金可通过财政支出、银行借贷、企业注资等方式筹措。由开发公司或其子公司或经过市场拍卖将土地销售给专业的地产开发商进行二级开发。政府主要享有土地增值的效益,并利用土地销售资金,支持景区环境保护/生态提升工作

资料来源:表 6-5—表 6-7,作者整理自西安市秦岭办相关资料

6.3.2　技术手段

6.3.2.1　方法对策——弹性规划模式

"弹性"(Elasticity)这个词语原本是物理中的力学概念,指物体具有在外界因素作用下发生运动和变形,并在物体中产生应力和应变的属性。引申至城市规划领域,就是指能够满足多样性和变化需求的规划空间和结构功能属性,在城市规划中创造这种弹性的过程就是弹性规划。在市场经济下,市场本身有着强烈的不确定性,这加大了城市发展的混沌性,使城市更加复杂化。所以,弹性规划要求规划思路及规划体系对随机性市场有兼容性和适应程度[1],即规划应具有可调整、变化和发展的能力,能够动态地适

---

① 盛科荣,王海.城市规划的弹性工作方法研究[J].重庆建筑大学学报,2006(1):4~7

应社会发展和人的不断变化的需求。

弹性规划并不是独立于规划设计之外的设计方法，实际上，"弹性规划是融入一般规划设计过程之中的，强调规划设计中的弹性思维，把对规划设计的理解扩展到规划的编制、规划的实施、规划的修改的全寿命过程，将时间因素纳入规划设计之中"①。

弹性规划思想主要体现以下特性：第一，动态性：规划要面对内外环境的不确定性和有限性，动态规划可以适应社会经济发展变化；第二，协调性：规划要面对复杂化的各种因素相互交织状态，协调和博弈有利于规划的协同进展；第三，多样性：规划本身就是包罗规划工作者、决策者、开发者和参与者的多样人群，所以会有选择的多样性。由此可见，在快速市场化经济进程中，弹性规划的方法能适应外部环境的复杂变化，减少不确定性因素的制约，在解决城市发展中动态性问题的时候，不失为一种科学有效的技术手段②。针对秦岭北麓空间适应性规划所面临的功能分布不确定、规划范围不确定、规划结构不明朗等一系列不确定性问题，笔者认为，应借鉴弹性规划思想，对秦岭北麓空间适应性规划中的不确定性难题进行规划技术层面的指导，力图提升秦岭北麓空间适应性规划对于不确定性对象的适应性和兼容程度，进而有效发挥规划对于秦岭北麓生态环境保护与区域健康发展的指导作用。

1. 总体规划阶段

总体规划阶段，深圳市运用弹性规划较多。在深圳市总体规划中，最能体现弹性规划思想的即为"带状组团结构"的空间布局构思。这一结构提出于1982年的《深圳经济特区社会经济发展规划大纲》。经过城市的发展演化，深圳形成了"带状多中心组团式规划结构"，特区被划分为六大组团，每个组团自成体系，在组团内平衡各种用地；组团之间通过绿化带隔离，串联于东西向的主干道，并以与香港关联最紧密的罗湖、蛇口与沙头角这三个地区为起点，滚动开发。在这种结构中，组团的开发不用强求同步进行，可根据各自的发展情况自行调节，留有伸缩余地和发展弹性，并且能使各个组团在发展中迅速抓住预料到和没有预料到的各种发展机会。在2010年的《深圳市城市总体规划（2010—2020）》中，通过加强关外组团的东西向联系，形成了"网络＋组团"的空间结构（图6-2）。网络结构这种空间组织形式也能

① 刘榴，张颀. 弹性设计的理论与实践初探[J]. 新建筑，2005(4)：54～56
② 陈稳亮. 大遗址保护中的弹性规划策略研究——基于雍城遗址保护的思考[J]. 城市发展研究，2009(8)：77～82＋90

迅速适应外部环境变化、抵抗不确定性[①]，因此，网络＋组团的空间结构进一步提升了系统的稳定性与组团发展的灵活适应性。除了网络＋组团的规划结构，深圳还通过划定"弹性"用地、以"当量人口"配置"一步到位"的基础设施规划等手段增强空间弹性。[②]

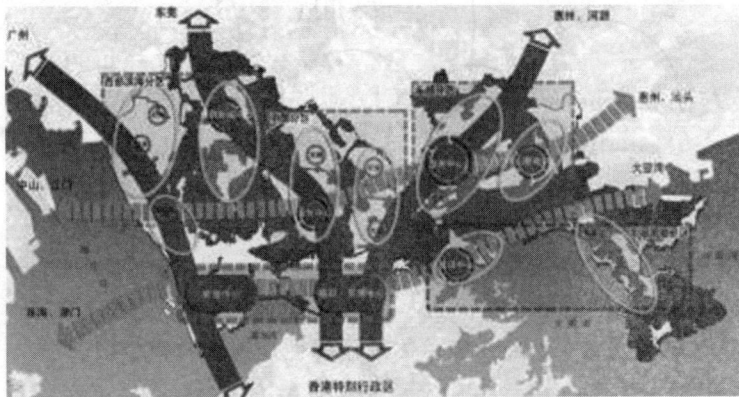

图 6-2　深圳总规 2010 版"网络＋组团"规划结构图

资料来源：深圳市规划和国土资源委员会. 深圳市城市总体规划(2010—2020)[EB/OL].
http://www.szpl.gov.cn/xxgk/csgh/csztgh/201009/t20100929_60694.htm

　　秦岭北麓是一个东西带状的区域，现状发展也以组团化为主，所以可以参考深圳的弹性规划模式，先在总体规划中划定相对独立的功能组团，组团之间用自然景观环境或者农用地衔接，并通过环山路串联整个秦岭北麓。这样既满足了秦岭北麓空间发展的弹性需求，也便于秦岭山脉和西安城之间的景观交流渗透和景观生态流的产生。这样的弹性模式能形成韧性规划，为发展奠定耐久的空间结构[③]。具体的技术手段可以是：(1)保证充足资源的获取，为秦岭北麓空间发展留有余地。(2)建构开放的空间骨架，盘活秦岭北麓内外的空间资源，疏导秦岭北麓乃至整个周边社会经济发展对空间的需求和对生态环境的需求。在带状组团基础上形成整个大秦岭西安段的网络状的空间骨架，形成外向延展、内向均质、高效关联的空间特征，充分支撑多样活跃的社会经济活动(图 6-3 和图 6-4)。(3)采用模块化的空间

---

　　① 深圳市规划和国土资源委员会. 深圳市城市总体规划(2010—2020)[EB/OL]. http://www.szpl.gov.cn/xxgk/csgh/csztgh/201009/t20100929_60694.htm

　　② 刘堃，仝德，金珊等. 韧性规划·区间控制·动态组织——深圳市弹性规划经验总结与方法提炼[J]. 规划师，2012(5)：36～41

　　③ 韧性(Resilience)，表示物体受外力作用时产生变形但不折断的性质。具有韧性的城市空间能够以其稳定的结构或形态支撑多样的外在环境变化，具有"以不变应万变"的能力。

组织方式。模块(组团)是相对独立的,因此它能够消解外在变化对秦岭北麓系统整体的冲击,各模块沿环山路并行发展,进而形成生态绿地环绕、内部功能混合、方格路网结构、环山路快速连接的弹性空间态势。

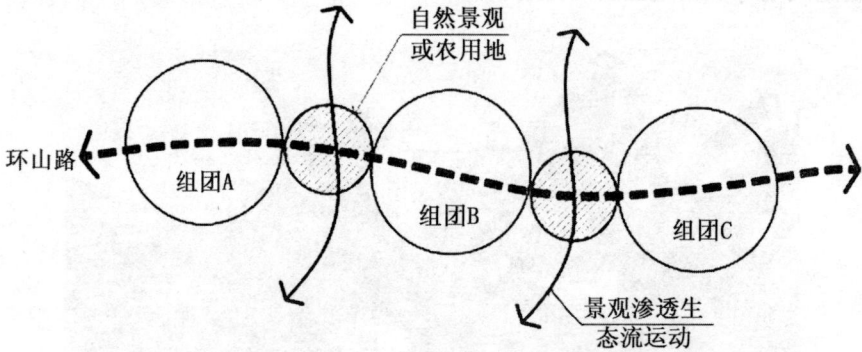

图 6-3 秦岭北麓总体规划弹性规划结构模型图

资料来源:作者自绘

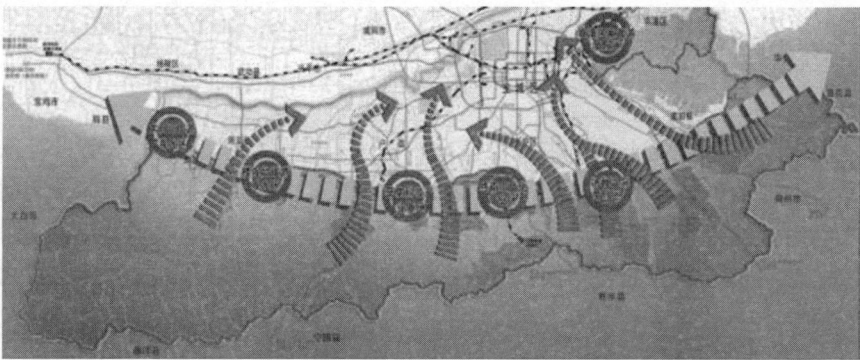

图 6-4 秦岭北麓规划结构图示

资料来源:《大秦岭西安段保护利用规划》,西安市秦岭办,2012

2. 详细规划阶段

秦岭北麓空间适应性规划的详细规划阶段目的是为了规划的实施,所以更容易受到市场经济的冲击,必须引入弹性规划模式。详细规划中最容易出现问题的莫过于用地性质和容积率了,所以,具体的规划手法可以是:(1)尽可能地简化规划控制指标体系。缩减刚性控制指标,增加弹性控制指标,使规划控制范围弱化(不是取消),构建宽松的决策环境,促进具体规划建设项目的实施。(2)控制规划指标区间化。传统控制性规划对规划指标多是单一性规定,应改革为每个地块设定指标范围以供选择,这样可以适应多样的市场开发行为,满足社会经济需求①。

3. 项目组织和管理阶段

秦岭北麓空间适应性规划的具体项目组织和管理时肯定会遇到许多具体问题,因此必须"引入多频段、滚动式的规划修编机制,弹性适应市场需求,应对发展变化。在实施的过程中也应加入修订程序,提高规划控制的弹性与开放性。在规划项目的审核环节建立了群体决策制度,实现规划决策的可协商性。如设立由政府、专家与社会人士共同组成的城市规划委员会作为规划项目的审议主体,增加规划项目公示环节来收集群众意见等"。②

6.3.2.2 秦岭北麓宏观层面的适度利用规划策略

人类对于自然融入居住环境的向往,从来都没有停止过。这一点,不管是在西方城市的居住郊区化,还是在中国的城市住区园林化里面都可以找到。田园城市理论、山水城市理论都是在试图解决人类居住和自然环境脱离的矛盾,以给人类提供更好的人居环境。对自然环境的向往是秦岭北麓空间开发的人类需求体现。因此,在秦岭北麓空间系统层面,我们应该从规划入手,溶解各种绿地、溶解建筑、维持河流和秦岭山体的自然属性和完整性,强化秦岭北麓内具有生态学意义的绿地通廊建立,形成溶解空间的类山居人居环境。

1. 终极目标:溶解空间的类山居人居环境

在规划理想的发展历程中,以"雅典宪章"为代表的城市规划思想,产生于工业化的历史阶段,注定了它机械化、工业化的特点——严格的城市功能分区、过于理想化的城市布局模式。这极易忽视人们的社会生活和交往需求,极易破坏城市中各种功能之间的有机联系,难以改变城市建设用地紧张的问题。

这种规划思想和手法在现在的城市规划中仍然能找到身影,生硬的场地边界、简单的功能分区、理想化的概念式布局,致使城市"千城一面"的现象到处产生,这促使了人们对于自然环境、景观绿化的更加渴望。靠近自然,靠近山水,成了人们对秦岭山水向往,对传统山居人居环境向往的最直接动力,这也给秦岭北麓空间保护利用规划带来了压力和挑战:规划建设好了,能满足人们亲近山水的原始需求,促进大秦岭区域的生态环境;否则,只

---

① 刘堃,仝德,金珊等. 韧性规划·区间控制·动态组织——深圳市弹性规划经验总结与方法提炼[J]. 规划师,2012(5):36~41

② 同上

能徒增秦岭北麓空间压力,加速大秦岭区域生态环境的破坏。

因此,笔者尝试提出秦岭北麓空间发展的终极目标是创造溶解空间的、类似于山居的、人与自然和谐的人居环境。溶解空间概念衍生于"溶解公园"概念,"溶解公园"的规划思想主张在城市公园绿地规划中适当融入其他城市功能,淡化公园的边界,开放公园的空间场地,在功能布局、游线组织、空间形态上实现与周边城市空间的开放性一体规划[①]。拓展到溶解空间,就是在秦岭北麓空间规划中融入多元化的空间功能,弱化空间的边界,开放空间的场地,在功能布局和空间形态上尽量与周边衔接,强化空间开放性。

2. 通向终极目标的途径

首先,通过规划技术手段使秦岭北麓空间形成有效的区域网络,对于各类空间综合考虑为大众服务和追求公平性的社会基础等问题,而不是简单划分服务半径;其次,在秦岭北麓中考虑空间的延伸、扩展、融合,不能仅仅简单地定点、定等级、画地为牢;再次,提倡秦岭北麓空间的功能混合性,各种功能统一布局、各项设施共建共享,空间高度整合,提高使用上的可达性和生活性。总之,溶解空间的规划建设应体现五大要素:网络布局、纵向扩展、融解边界、混合用地、流动空间[②](图 6-5)。由此可见,溶解空间的类山居人居环境蕴含了社会关怀思想,体现了在维护社会公平和对弱势群体关照的基础上进行规划建设的规划设计思想。

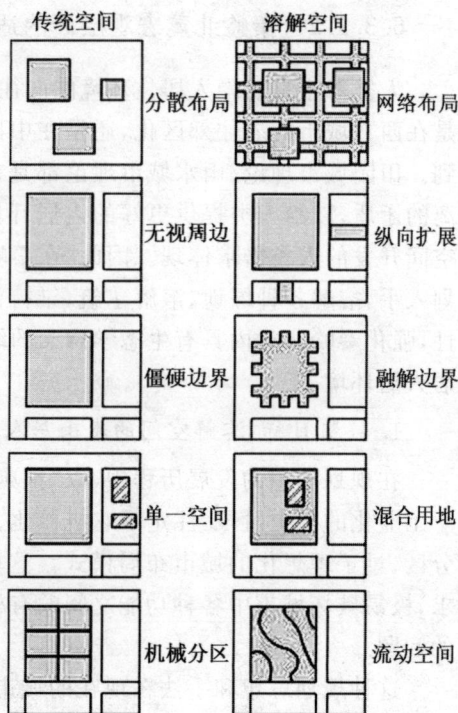

图 6-5 溶解空间五要素

① 张波,王芳. 溶解公园规划理论与实践[C]. 规划创新:2010 中国城市规划年会论文集. 2010:1~6

② 同上

6.3.2.3 秦岭北麓中观层面的适度利用规划策略

1. 走向开放的空间模式

从整个秦岭北麓的开发建设来看,更多的是旅游观光、康体养生和度假休闲等空间功能,公共空间较多,因此空间的开放性是十分必要的,这可以满足大多数人对公共空间的需求,开放的程度和公共程度是密切相关的。

空间的开放对于秦岭北麓具体区域自身的规划设计提出了新的要求,尤其是区域内部的道路和环山路以及整个大西安区域的关系方面。所以,在规划设计中应该回避传统封闭环绕的区域道路模式,考虑人流来往的方向,增加出入口的设置,尤其是秦岭北麓区域外的道路和具体区域之间应该尽量考虑交通的便捷性、开放性,能使西安市城市人流快速在秦岭北麓被疏散开,而不是形成新的交通拥堵点。并且在每个空间出入口的位置设置缓冲的区域,可以是停车场(疏导车流),也可以是某一个公共空间,具有醒目的标识提醒(增加区域之间的连接性,提高区域的辨识性)。

2. 完整的城市设计纲要,保护开敞景观空间

(1)空间开敞性的研究

对于空间开敞性的研究,最著名的就是芦原义信关于外部空间的研究。他在《外部空间设计》一书中指出:"建筑的高度(H)与相邻建筑的间距(D)存在比例关系,当 D/H=1 的时候,建筑之间体现一种匀称感,当 D/H<1 时,建筑之间的空间有紧迫感,当 D/H>1 时,建筑之前有远离的感觉,产生距离。当 D/H>4 时,建筑之间的相互影响就比较弱了"[1]。城市广场的设计应该保证 1≤D/H≤2,这样可以确保广场的封闭性。这对于秦岭北麓而言也具有一定的借鉴意义:秦岭北麓的具体区域,应该控制内部及周边的建筑高度和建筑之间距离的关系,保证能形成开敞性、具有景观层次特征的秦岭北麓景观空间背景。

(2)城市设计纲要

城市设计在城市中的运用已经屡见不鲜,比如西安市的城市设计、深圳市的城市设计等。秦岭北麓的特殊区位决定了人们对其空间利用的追逐,房地产开发的不断进驻,致使秦岭北麓周边的住宅建设不断,有些已经对秦岭北麓整体环境造成了严重的影响,所以在秦岭北麓结合沿山路两侧、西太路与子午大道之间、楼观台道教文化展示区、13 个保护利用峪口等重点地段、敏感地区的详细规划和城市设计,必须制定完整的城市设计纲要,可以

---

① (日)芦原义信. 外部空间设计[M]. 北京:中国建筑工业出版社,2006:28

从如下内容展开：

第一，规划设计考虑整体空间体系，即整体考虑秦岭北麓具体区域的开敞景观空间和景观空间序列规划设计。

第二，具体的建筑空间形象统一控制（反映秦岭地域文化），包括建筑的密度和高度、建筑的体量和轮廓、建筑的色彩和风格等。

第三，区域步行景观体系整体化设计，包含步行空间系统规划、开放性设计等。

第四，控制与人接触紧密的建筑尺度和设施形象。从材料、尺度、色彩、风格上控制，比如秦岭城市家具的设计等。

6.3.2.4 秦岭北麓微观层面的适度利用规划策略①

秦岭北麓适度利用涵盖了规划建设的方方面面，限于笔者能力和书的篇幅，不可能逐条概括于本书之中，仅从以下几个方面加以论述。

1. 自然景观的渗透，完整的天际线

秦岭北麓的自然景观是秦岭北麓独有资源，所以在秦岭北麓空间的详细设计中应该努力将秦岭山脉的真山真水引入到具体的规划设计之中。融入秦岭山水的过程就是对秦岭北麓山水景观的渗透过程，这和本书前面提出的溶解空间是同一个思想基础。通过自然景观的渗透，有效地形成景观生态链，将自然景观—具体空间—人耦合于秦岭北麓具体空间之中，形成区域整体生态效应，促进社会进步和经济发展。

落实到具体的建筑设计中，在注重和秦岭自然山水交流对话的同时还应考虑整体的景观协调，结合秦岭山脉，与秦岭山体轮廓协调，形成完整的建筑天际线。这是详细设计层面，建筑群体对秦岭山水呼应的体现。

2. 重塑历史文化，增强区域归属感

秦岭北麓空间的魅力一个是近秦岭山水，另一个就是丰富的文化遗存，这些文化遗存和秦岭生态环境给秦岭北麓带来了独一无二的历史文化——秦岭文化。秦岭文化极其厚重，这源自于秦岭的厚重。秦岭是秦文化、汉文化的发源地，又是秦文化与楚文化、蜀文化与巴文化交融的区域，孕育了特殊的山区文化，造就出宗教文化、民居文化、习俗文化、饮食文化等各种文化相互渗透，重新聚合升腾，形成了秦岭独有的文化血脉。秦岭文化流传至今日，除

---

① 论述中可能会出现和秦岭北麓空间系统以及秦岭北麓空间具体区域规划中重复的内容，这一方面体现了秦岭北麓系统的整体性，笔者只是为了论述方便清晰才划分系统、具体区域和详细设计三个层面，另一方面也说明有些问题具体到秦岭北麓的详细设计层面才是真正需要认真考虑的，比如安全问题，从秦岭北麓系统考虑总是落不到实处，所以笔者将此放在详细设计层面论述。

了口口相传的诗篇和故事外,还有大量的古遗址、古寺庙、古碑刻等,在诉说着秦岭的文化内涵。秦岭是宗教祖庭汇聚地,秦岭及关中积聚了六大宗祖庭,还有楼观台道教圣地,以及丰富的非物质文化遗产,如周至的龙灯、剪纸,哑柏的刺绣,楼观台的财神文化;户县的钟馗故里,民间面塑技艺;长安沣峪口的百年老油坊等,众多的物质文化资源和非物质文化遗产成为秦岭宝贵的文化资源,构成了秦岭文化的主要体系。

因此,只有在秦岭北麓空间发展规划的详细设计中重塑秦岭历史文化,保护历史文化实体空间,并在具体的空间设计中展示秦岭历史文化,才能使大家在领略秦岭文化的同时找到真正的心灵归属。

3. 考虑多类型使用者的需求

秦岭北麓空间发展的适应性规划应该考虑多种使用人群,针对不同人群的不同需求综合考虑规划设计。对使用者需求的人性考虑本身就是规划适应性的一个体现。比如对老年人的考虑,考虑老年人使用的方便性,具体可以参考有关老年人设计规范。还有对残疾人的考虑,残疾人是使用人群中的特殊群体,在拥挤的城市环境下,他们更渴望接触到自然,秦岭北麓中的公共空间,可以满足他们的需求,但应注意无障碍系统及具体使用设施的引入,类似像盲文导游图,盲道,芬芳植物,悦耳的鸟声,可触摸、可感知的空间,增加空间的适应性。

4. 建筑特色

秦岭北麓建筑特色首先就是体现秦岭地域文化,呼应秦岭自然生态环境,由于本书随后的章节会对秦岭北麓地域建筑风格做专题论述,所以本小节就仅从建筑形式,建筑色彩,建筑材质,建筑密度、高度和容积率等角度论述。

(1)建筑形式

秦岭北麓建筑的建筑形式应将西安的建筑特点与秦岭文化特色结合起来,打造既具有文化特色,又与秦岭北麓地形地貌协调,与秦岭自然环境相融合的建筑形式。处在秦岭北麓文物古迹保护区及有必要进行保护的区域,应充分尊重文物古迹本身的特色。在文物古迹保护区外可以不受限制,可以考虑现代风格,但必须与周围自然环境协调。

(2)建筑色彩

建筑色彩应与居民的色彩心理习惯与心理文化结构相适应。标准色和辅助色之间应体现某种结构性关系,这是由城市的复杂性决定的。城市色彩的构成、结构性关系应集中体现一种整体性特色,创造出和区域整体形象相一致的差异性和独特性。不同的环境下、不同的色彩关系中、不同的时间里会获得不同的色彩的应用性,因而要求色彩的设计必须强调运用的广泛性,即在不同环境下的色彩关系,都应该具有鲜明、明快、愉悦的感觉。色彩的主副色调搭配合理,才会使得建筑丰富有序。

自然地缘会过多过少地影响建筑色彩。自然地缘是城市形成的基础和源泉,当然也是城市色彩和建筑风格设计的依据和前提,同时也是城市个性差别的本原要素。所以,在进行建筑色彩规划、设计时,应该恰当地强调城市的地缘识别性,增强城市形象的鲜明个性。

秦岭北麓的标准色,应该符合秦岭北麓自然山水特色和历史文化特色,并且和秦岭北麓整体规划建设理念相一致。

秦岭北麓现状建筑色彩主要来自于寺庙道观、民居、农家乐等现状建筑的颜色,以土黄、灰色为主。因此,在规划建设上应该把秦岭北麓的建筑色彩作为西安城市建筑色彩的延续与补充,以灰白色、土黄色为主色调,赭石色、灰色、白色为辅助色。点缀色彩可以适当多元化,从而通过建筑色彩使得整个秦岭北麓与自然环境相协调,达到人工与自然的和谐统一。还应注意,文物古迹及其周边 50 米范围内区域的建筑风格与色彩应根据文物古迹本身的特色来确定。

(3)建筑材质

秦岭北麓建筑物的建筑材质应因地制宜,结合秦岭目前现有资源,从节约能源、绿色低碳角度出发,就地取材,充分利用石、砂、瓦、木等秦岭北麓本地材料,或者选用能够与自然环境融合的材质,传统材料的现代变异,比如瓦、木材、面砖、石材及混凝土、金属、玻璃等现代材料。

(4)建筑密度、高度和容积率①

秦岭北麓的建筑密度和高度主要从两个区域范围来考虑,一个是生态协调区内的建筑高度,主要是从山脚线(25 度坡)至新环山路以北 1000 米范围内的区域。以环山路为界,环山路以南,建筑密度控制在 20% 以下,容积率控制在 0.4 以下,建筑以低层为主,高度不超过 9 米;环山路以北,建筑密度控制在 25% 以下,容积率控制在 1.0 以下,建筑以多层为主。另一个是秦岭北麓内的产业示范区,产业示范区主要集中在生态协调区中的交通便利、地势平坦、无不良地质灾害的地区,示范区内主要发展旅游文化产业、研发创意产业、康体生命产业等项目。建筑密度控制在 25% 以下,容积率控制在 1.5 以下,建筑高度以多层为主。

---

① 有关容积率的问题,由于作者研究所限并没有具体展开,只是经验值,还有待生态评估检验。

5. 空间参与性

秦岭北麓空间发展将会多旅游观光、文物遗址体验、康体养生等公共空间,所以在详细设计中应当满足人们的参与性需要,具体的景观应该是可触摸、可嗅、可听、可玩[①],充分调动人们的积极性,参与其中,放松心情,愉悦性灵。人们经历了城市快节奏的工作生活方式折磨,来到秦岭北麓是为了寻求高情感的娱乐和放松。所以在秦岭北麓公共空间的设计中,一方面增加设施的趣味性,另一方面尽量引入秦岭山水景观,使人们在秦岭北麓就可以尽享秦岭山水。这样,秦岭北麓就成为了一个缓冲空间,既满足了人们亲近自然的需求,也减缓了人们频繁进山,干扰破坏秦岭深山生态环境的问题。

秦岭北麓空间详细设计的参与性还体现在空间设计的开放性上,就是各个功能空间区域的衔接问题,通过自然景观或者农用地和便捷的交通形成良好的区域过渡。这些都为秦岭北麓空间参与性提供了可能。

6. 空间安全感

随着秦岭北麓空间开放性的加强,安全问题也日益突出出来。怎样提高空间的安全感,这是在秦岭北麓空间规划中必须综合考虑的问题。在详细规划的时候首先要预留足够的防灾减灾疏散场地和疏散通道,这可以结合周边的自然景观环境综合考虑。在详细设计中还应考虑一些针对性的问题,比如秦岭北麓的丘陵地形地貌特点,在规划设计时应该考虑有关水土保持、山体护坡等详细设计(图 6-6),减少由于水土流失和山体护坡带来的安全隐患。

图 6-6　秦岭北麓水土保持图示

资料来源:百度图片

---

① 　这些不能一概而论,比如文物,应避免触摸。

秦岭北麓的土壤流失主要是人为活动影响造成的。如农田区域和道路两旁陡坡区域等,同时山体陡坡区和汇水通道等也是水土流失易发区。详细设计中针对水土保持应以高覆盖率、生态恢复为目的进行设计,具体可以从以下几方面着手:

(1)增加植被覆盖率,合理的乔灌草多层立体植被建设,减少地表径流,减少水土流失。

(2)受人为活动影响的农田区域,可通过坡田改梯田、退耕还林等生态修复措施加以改善。

(3)道路两旁的山体边坡,可通过修建挡土墙、绿化梯带种植等,减少土壤流失。

(4)总体不渗透地面应该尽量减少;开发地块的雨水应尽量快速的收集,尽量减少地表径流流量和流速,以缓解径流对周边土壤的侵蚀。

山体护坡主要以生态技术、绿化为主,详见图6-7。

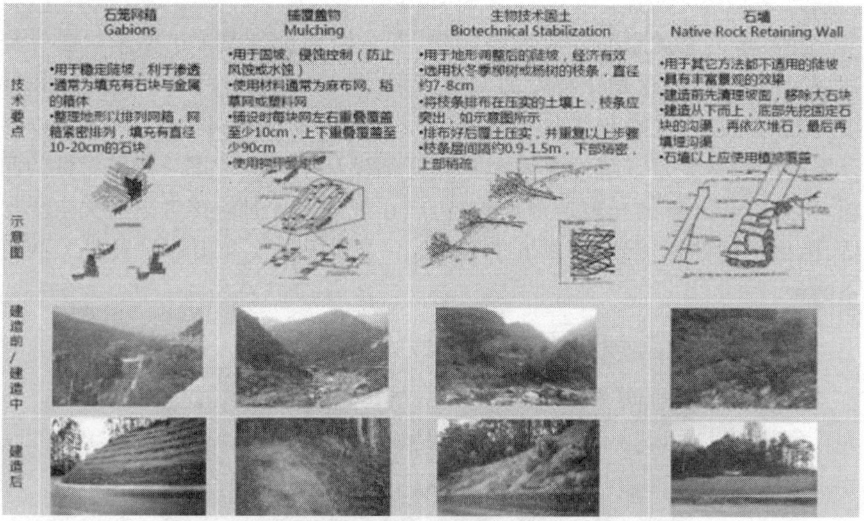

图6-7 秦岭北麓山体护坡安全设计图示

资料来源:作者整理自西安市秦岭办有关资料

6.3.2.5 秦岭北麓空间发展规划典型问题的适应性

1.秦岭北麓农村建设的适应性[①]

秦岭北麓村镇众多,如何在秦岭北麓空间保护利用中合理发展,这是一

---

① 本部分内容观点源自作者科研论文,详见肖哲涛,郝丽君,陈红涛."三化"协调发展下新型农村社区建设的规划应对[J].小城镇建设,2013(2):46～50

个典型问题。对于秦岭北麓的现有村镇而言,必须在梳理区域特色、地域文化风貌、典型故事传说、历史遗存、特色文化的基础上,以城乡统筹为平台,走新型城镇化、新型工业化、新型农业现代化的三化协调发展下的新型农村社区建设道路,并且在社区建设中既考虑秦岭的生态环境,又考虑拓展旅游资源,塑造村镇特有的发展模式,体现生态示范性,并且统筹考虑秦岭北麓25度坡线以上的生态移民工程。

(1)新型农村社区规划的内涵和作用

①新型农村社区规划的内涵

新型农村社区建设目的是整合秦岭北麓现有农村的土地、人口、产业、资源等各类要素,在优化秦岭北麓农村人居环境、强化新型农村社区综合服务能力的同时,破解在保障城乡建设用地需求的同时不侵占耕地的难题。新型农村社区建设能让秦岭北麓更多的农民低成本转化为城镇居民,既解决了集中积聚集约发展提高效益问题,也解决了由于"人多地少"而迫切需要的发展空间问题,有利于促进秦岭北麓的城乡统筹发展,特别是有利于农村加快发展。[①] 秦岭北麓新型农村社区建设与其"三化"协调发展的内涵一致,是提升秦岭北麓用地节约集约的有效途径,是促进秦岭北麓生态文明,城乡和谐可持续发展的出路。

②新型农村社区规划的作用

A. 秦岭北麓"三化"协调发展的社会基础

新型农村社区能满足秦岭北麓农民日益增长的个性化、多元化发展需求,一改传统农村社会逐渐脱离分散、孤立、封闭的小农社会模式,迎合市场化发展大潮,呈现出开放性、流动性、变化性、异质性等特征。[②] 它既有城市社区理念和管理模式的影子,但又不同于城市社区,主要针对的是农村社会的进步和发展——有效地促使农村社会从内到外的改革变通——农民的居住、工作、游憩、交通、公共服务设施、基础设施需求得到优化,从农村社会发展的角度促使秦岭北麓的"三化"协调发展(图6-8)。

B. 秦岭北麓"三化"协调发展的经济动力

合理高效的经济发展能给"三化"协调发展提供源源不断的动力,而经济发展必须消除体制弊端、统筹城乡发展、促进城乡一体化。秦岭北麓新型农村社区建设恰好可以建立一个新的平台——有效推进秦岭北麓城乡一体化,着力统筹城乡发展。通过25度坡线以上村庄搬迁和25度坡线以下村庄的迁并、改造、整合,集中秦岭北麓农村居民生活空间,集聚农村产业发

---

① 仇保兴. 城镇化的挑战与希望[J]. 城市发展研究,2010(1):1~7

② 杨小贞. 河南新型农村社区建设面临的挑战及对策分析[J]. 沧桑,2012(3):122~124

展,为秦岭北麓"三化"协调发展、节约集约利用土地资源、秦岭北麓产业结构的区域调整,提供必要的经济基础和发展动力。

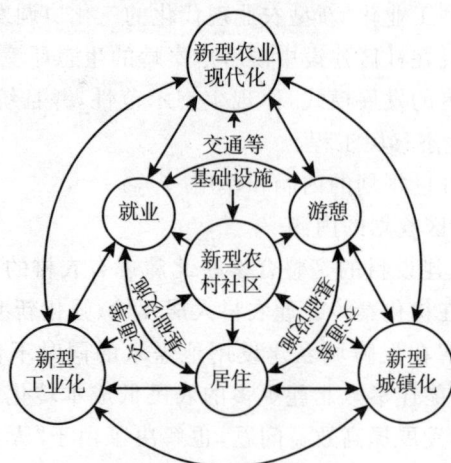

图 6-8　新型农村社区与"三化"关系

资料来源:作者自绘

C. 秦岭北麓"三化"协调发展的生态支撑点

新型农村社区是国家区域中心城市→地区中心城市→县域中心城市→小城镇→新型农村社区五级城镇体系中的最小单元[1],但却是联系城乡的重要细胞组织,是整个城镇体系的根基,城乡梯次发展的末端节点。因此,在秦岭北麓新型农村社区建设中坚持生态策略,走生态文明建设之路,才能夯实城镇体系,提供秦岭北麓"三化"协调的生态支撑,统筹城镇体系生态可持续化发展。

(2)新型农村社区规划的策略

①规划原则

秦岭北麓新型农村社区规划必须遵循一定的规划原则:

第一,因地制宜、分类规划。在规划中区分不同的社区类型,并注意区分规划的层次。

第二,以人为本、村民参与。村民是新型农村社区的使用者,社区规划应以满足村民发展需求为主要目标,在规划中积极引导村民参与,使村民真正成为新型农村社区规划的主体。

第三,整合资源、产业支撑。产业是社区发展的经济基础,只有在整合

---

① 张占仓,蔡建霞等. 河南省新型城镇化战略实施中需要破解的难题及对策[J]. 河南科学,2012(6):777~782

区域资源的基础上,发展高效产业,才能建设可持续新型农村社区。

第四,完善公共服务设施、基础设施。通过配套设施的建设,优化农村人居环境,提高居民生活的舒适程度。

第五,生态修复、文化传承。在新型农村社区建设中修复被破坏的生态环境,并传承村庄的文化脉络,构建新型农村社区生态文明格局,促进秦岭北麓"三化"协调发展。

②规划内容

秦岭北麓新型农村社区规划按照区域范围的层级分为区域布局(布点)的社区布局规划、社区内的空间发展规划和社区详细规划三个层次,不同层次对应不同的规划内容。

A. 新型农村社区布局规划

新型农村社区布局规划与传统意义的村镇体系规划不完全相同,应加强对"三化"协调空间布局的研究,整合区域的有效资源、节约集约土地利用、优化区域的配套支撑能力,详见图6-9。

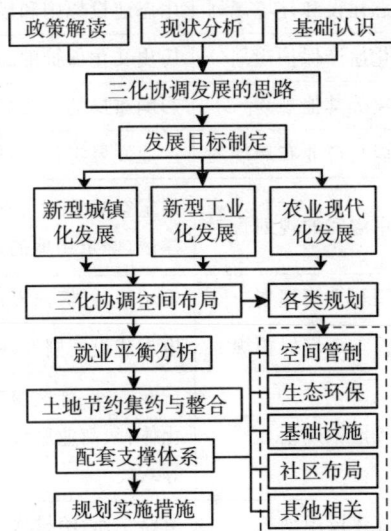

图6-9　新型农村社区布局规划框架

在规划内容上主要为:产业发展、产业布局及功能区规划,新型农村社区布局规划,新型农村社区迁并整合规划,空间管制规划,区域基础设施规划,区域公共服务设施规划,区域生态建设和环境规划和历史文化遗产保护规划,以及防灾减灾等其他规划(表6-8)。

表 6-8 新型农村规划分级以及相应的具体规划内容

规划级别	规划名称	规划项目	具体规划内容
区域级	新型农村社区布局规划	产业发展、产业布局及功能区规划	产业定位、产业结构、产业布局与功能区等
		新型农村社区布局规划	社区布局原则、数量及分布等
		新型农村社区迁并整合规划	迁并整合原则、方法、方向及布点情况
		空间管制规划	空间管制分区及各种用地的范围及使用性
		区域基础设施规划	区域道路交通系统、电力通信系统、供水排水系统、垃圾处理系统的规划情况
		区域公共服务设施规划	布局原则、要求及等级等
		区域生态建设和环境规划	生态建设原则和措施,环境保护措施等
		历史文化遗产保护规划	历史文化保护的原则、内容和要求等
		防灾减灾等其他规划	影响布局的相关规划
社区级(规划范围内)	新型农村社区空间发展规划	产业发展与产业布局规划	产业发展定位、结构、发展方向及布局等
		土地利用空间的规划管制	划定空间管制分区,适建区、限建区、禁建区,确定用地的适用性
		土地利用与空间规划	农用地、社区建设用地规模、位置
		生态建设与环境保护规划	生态建设原则及环境保护措施等
	新型农村社区详细规划	公共服务设施规划	行政管理、社区服务、教育、医疗卫生、文化体育、商业服务、邮电金融和市政公用等八类
		基础设施建设规划	道路交通、给排水、供电、电信等
		建设用地控制性规划	确定各种用地(用地面积、用地性质、建筑密度、容积率、绿地率、停车泊位、退红线、建筑限高等)控制指标
		住宅与公建的建筑设计导引	住宅、主要公建选型(平立剖等)
		其他规划	分期实施、三维效果等

B. 新型农村空间发展规划和详细规划

秦岭北麓内的新型农村空间发展规划和详细规划,首先要区分不同的建设模式。新型农村社区建设模式可以概括为整体搬迁型、旧村改造型、城镇吸纳型、村庄合并型、强村升级型等,不同模式规划的重点和内容会有所不同[①](表 6-9)。

表 6-9　新型农村社区建设模式以及相应规划要点、规划原则

建设模式	规划要点	规划原则
整体搬迁型	产业支撑规划,原村庄地域特色、历史文化的传承延续	因地制宜、分类规划;以人为本、村民参与;整合资源、产业支撑;公告服务设施、基础设施完善;生态修复、文化传承
旧村改造型	优先改造人居环境,配建各类公建和基础设施,寻找产业动力	
城镇吸纳型	考虑城镇的发展需求,公共服务设施和基础设施共享建设	
村庄合并型	协调合并村庄对居住、就业等的不同需求,整合资源,集约土地	
强村升级型	优化产业结构,形成产业集聚区,形成区域中心	

对于秦岭北麓新型农村社区空间发展规划而言,重点是产业发展与产业布局规划、土地利用空间的规划管制、土地利用与空间规划、生态建设与环境保护规划四个方面,尤其是四区的空间范围界定以及产业发展定位、发展方向等,这是空间发展规划中的重中之重。

对于秦岭北麓新型农村社区详细规划而言,以实施建设为规划目的,所以主要包括公共服务设施规划、基础设施建设规划、建设用地控制性规划、住宅与公建的建筑设计导引,以及其他相关规划几个方面。

③规划实施

规划的实施性对于秦岭北麓新型农村社区尤为重要,只有实施了的社区规划,才能真正促进秦岭北麓"三化"协调发展,这需要两方面的加强:一方面是在规划设计中以强烈的可操作性作为设计的准绳[②]。另一方面要注意规划后的管理,具体而言:第一,统一社区建设领导。制定计划,落实措施,分工合作,加强管理;同时积极与乡政府及县规划、建设主管部门联系,

---

①　王景全. 河南省新型农村社区建设的特点与发展建议[J]. 城乡建设,2013(1):65～67
②　郝丽君,肖哲涛. 乡村超市的选址和建筑设计研究[J]. 现代城市研究,2013(1):52～56

争取政策、技术、资金上的支持。第二,加大社区建设宣传。在编制社区规划时,广泛听取居民意见,充分尊重居民意愿。批准后的规划在社区内进行公告和宣传。也可以制作成宣传小册子,分发到各户,让每个居民做到心中有数。第三,引入社区经营的理念。在建设资金的筹措上,可以采取政府+集体+居民多方面结合的方法,采取多渠道开发建设的模式,从经济上保障规划的实施。有条件的社区,也可借助开发公司的力量,对社区进行成片建设开发。第四,全程监督社区的建设过程。对所有项目进行公示,公布项目进度,由居民监督小组对项目质量、安全使用、资金使用等进行跟踪监督。

2. 秦岭北麓建筑风格的适应性①

由于与秦岭比较近的区位关系,秦岭北麓的建设项目必须在秦岭生态保护的大框架下开展,并遵循秦岭生态保护的法律要求和规划限制。建设项目从选址、施工建设到最后的投入使用,都应该按照项目本身是秦岭生态的一个有益组成部分而非破坏者的态度去开展。特殊的区位对秦岭北麓沿线的建设项目提出了特殊的要求,各类项目的建筑风格只是这种特殊要求的一个具体体现。秦岭生态环境庇佑下的地域文化有着十分明显的特征,因此,秦岭北麓的建筑应体现对秦岭地域文化的显性表达的地域风格,并应对秦岭北麓的生态环境保护,响应生态文明建设的时代主旋律,这具有重要的意义。

建筑风格,指的是建筑结合自然环境而呈现的具有本原性、代表性的区别于其他建筑的独特面貌。建筑风格通常通过建筑色彩、建筑形式、外墙材料、细部处理等表现出来。不同的自然环境孕育了不同的地方建筑,呈现不同的建筑风格。北方的窑洞,南方的竹楼均是自然环境的产物,它们并不能互换建设,它们体现的是南北不同自然环境下的地域建筑风格。

(1)自然环境与建筑风格的关系

建筑风格应该反映地域文化,并在内涵上与地理环境、历史条件、生活习俗、技术体系具有一致的隐性联系。建筑风格无论内容与形式、技术与艺术,它的表现在"此情此景"中似乎具有唯一性。但实际上,地方建筑一方面以新的物质体系充填于自然环境之中,对环境系统发生作用;另一方面,它的内部结构、外部形态无不深深打上了所在地区自然条件的烙印,带有浓郁的地方风格(地域建筑风格)。

自然环境包括气候特征、地貌水系、地质植被,还有因此形成的宗教信

---

① 本部分内容观点源自作者科研论文,详见肖哲涛,郝丽君,和红星.试论秦岭地域文化在居住建筑地方风格中的显性表达[J].华中建筑,2013(06):194~197;肖哲涛,郝丽君,和红星.秦岭北麓沿线建筑风格探析——以西安院子为例[J].现代城市研究,2013(05):60~64

仰、风俗习惯、文化生活，以及经济技术等，它们限定了建筑风格的生成，而组成建筑风格的群体布局、单体空间结构、整体造型、外貌、构件等要素又时刻体现着自然环境（图 6-10）。人们由于长期定居而产生的建造活动，必然首选本地的木材、泥土或石块，这样由于材料的不同，加上要适应不同的自然环境，建筑的风格也就不相同了。当然，建筑风格不是短期就能够形成的，它也是经历了漫长的岁月洗礼，在不断的适应自然环境，体现不同的生活和文化，不断交互发展的演进中逐步形成的。可以概括的说建筑风格是建筑与自然环境和生活与文化和谐共处的产物[①]。

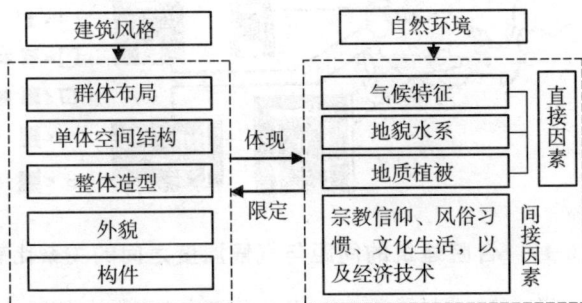

图 6-10　建筑风格和自然环境的关系

资料来源:郝丽君. 西安地区居住建筑地方风格与自然环境关系初探[D]. 西安:西安建筑科技大学,2006:11~14

在现今城市飞速发展的时代，建筑风格已经呈现多元化，但是不管建筑风格如何改变，对于相对不变的秦岭北麓自然环境来说，呼应和融合才是秦岭北麓建筑风格发展的道路。这种呼应和融合应该体现在四个方面:第一，反映秦岭北麓的地形、地貌和气候条件;第二，运用秦岭北麓本地的材料、能源和建造技术;第三，吸收秦岭北麓地域文化成就;第四，有其他地域没有的特异性。

(2)建筑风格影响因素

秦岭北麓的建筑不能脱离秦岭北麓的自然环境而存在，气候、地貌与水系、地质与植被等自然环境对于建筑的影响可以在多个维度找到依据。

以气候为例，中国气候类型复杂多样，也影响到地方建筑类型的复杂多样。对地方建筑有突出影响的气候因素是温度、降水、光照、风向、湿度、灾害性天气等，在我国宅院格局中，也相应体现了温度带沿纬度更替的规律[②]

[①]　郝丽君,肖哲涛. 乡村超市的选址和建筑设计研究[J]. 现代城市研究,2013(1):52~56

[②]　张彤. 整体地区建筑[M]. 南京:东南大学出版社,2003:40

（图 6-11）。其他地貌影响诸如建筑的选址、布局,水体对地方建筑分布的规模也起决定性作用,因此,就地取材,因材制宜是传统居住建筑对自然环境适应的显性表现。

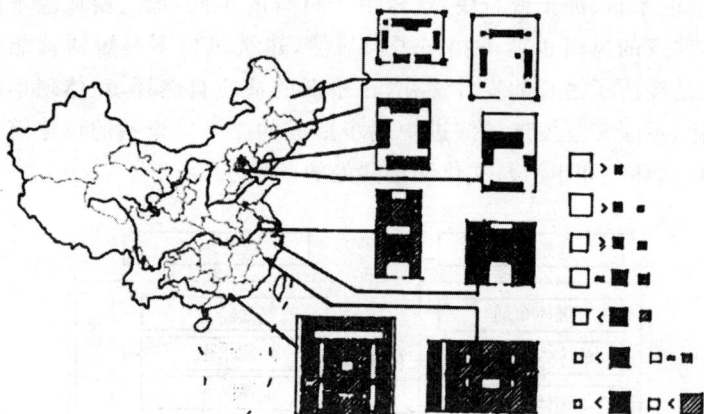

图 6-11 合院建筑的间距与气候温度之间的关系比较

资料来源:张彤.整体地区建筑[M].南京:东南大学出版社,2003:40

相对自然环境来说,人文环境是更为活跃的因素,是人类文化的集成和展现。历史上影响居住建筑地方风格的因素包括经济技术、宗教法制、宗教信仰、风俗习惯等。

以经济条件为例,地方建筑文化的发展取决于经济发展,经济是建筑的物质基础,经济水平的区域差异是地方建筑存在区域差异的重要因素。比如安徽北部与南部,皖北淮河流域灾害频繁,乡民经济收低,民居大面积为棚户型;而皖南徽州地区乡民富裕,故建筑精美,雕饰讲究。

（3）建筑风格弱化的原因

随着社会环境的变化,传统的建筑文化受到很大的冲击,是什么因素的变化导致了秦岭北麓地域建筑风格的缺失?这个问题必须从影响秦岭北麓地域建筑风格的因素重新审视。这些因素是构成地域文化的主因,而这些因素的现状是:有的消失,有的减弱,也有的发生了变异,个别因素还依然存在,有的甚至表现出强大的影响力（表 6-10）。

表 6-10　影响居住建筑地方风格的相关因素变化分析

影响因素		消失	减弱	变异	依然存在	新出现
自然环境	气候		△			
	地貌和水系		△			
	地质和植被		△			
人文环境	经济条件				△	
	宗教信仰			△		
	宗法、伦理、道德观念			△		
	风俗习惯			△		
	战争防御	△				
	新的建筑材料和建造技术					△

资料来源:郝丽君.西安地区居住建筑地方风格与自然环境关系初探[D].西安:西安建筑科技大学,2006:52~60

　　短时期内,秦岭北麓自然环境变化较少,这使得自然环境对建筑风格的影响在不断弱化,但人们的思想观念、经济技术水平、文化心理状态在短短的几十年中却不断更新,这会持续地反映到秦岭北麓地域建筑风格的演化中去。因此,导致秦岭北麓地域建筑地方风格在短时期内突变的主要因素无疑是人文环境,主要表现在人地关系变化、建筑材料变化、建造技术方面三个方面。

　　(4)西安院子实例评析

　　西安院子是秦岭北麓沿线的一个房地产开发项目,建筑形式主要以居住建筑为主。西安院子位于秦岭北麓沿线的户县草堂镇青华山、圭峰山结合部的太平峪地区,东临紫阁峪,西接太平河,南靠秦岭,北通峪丰路。由于西安院子所处地理位置的特殊性,在地域建筑文化的显性表达上必须考虑对秦岭生态、历史文化保护的回应。①

　　西安院子最宝贵的财富就是秦岭,所以,在对地域文化的表达上首先体现的是一种"天人合一"的山水情怀。"天人合一"是中国传统哲学与美学意念的融合,是人工和自然共融的世界观的反映。人和建筑存在于天地之间,只是天地万物中的一个分子;人和建筑必须顺应自然规律,追求自然之道和人为之道的统一,人与自然和谐是这种山水情怀的价值目标,这体现的是一

　　① 陕西嘉猷轩置业有限责任公司.西安院子[M].北京:中国建筑工业出版社,2009:34~36

种自然与人契合无间的精神状态,反映了中国传统文化精神的核心[①],也是秦岭地域文化的直接体现。

①对自然环境的显性表达

A. 自然环境影响

秦岭自然环境孕育了关中平原,也孕育了关中民居特有的建筑风格[②]。在张壁田、刘振亚所著的《陕西民居》中,对关中气候特征进行了概括:"关中地属暖温带,四季分明,冬夏较长,春秋气温升降急骤,夏有伏旱,秋多连阴雨。因此关中民居多以硬山坡屋面为主,在平面布局上采用南北窄长的内庭,使得内庭处在阴影区内,以求夏季比较阴凉"[③]。所以西安院子坡屋顶,窄院落等体现建筑风格的元素,因秦岭自然环境而生,在传统民居建筑中广泛应用,并被世代传承,发扬光大。

秦岭北麓的地貌特点是南高北低,秦岭北麓内可建设用地均处于这种缓坡地带。南部的秦岭山脉是秦岭北麓建筑的天然背景轮廓,包含有蜿蜒起伏的山脉,郁郁苍苍的植被,此外,秦岭是重要的水源涵养区,西安境内54条河流中的51条均发源于秦岭,水资源丰富。丰富的水资源和雄伟的秦岭山脉,均给秦岭北麓内的建筑设计提供了独一无二的自然环境,秦岭北麓建筑项目只能走与秦岭自然环境和谐共生的道路,而不是突兀建设。

B. 设计上的显性表达

a. 建筑形式顺应地理气候

西安院子的设计思路是注重建筑所在地的气候、地质和地形地貌,主张建筑要顺应环境,适应当地的气候,在设计时充分利用秦岭自然地理和气候的优异条件,不过度依赖工业技术手段,以下沉和半下沉的形式,试图营造一种夏天不用空调的具有地域特色的建筑形式。

b. 建筑造型表达自然环境

以关中传统民居为版式,结合时代发展的审美与心理需要,在传统庭院的形式上附加现代生活内容。在外在形式上使用硬山坡屋顶、青砖、灰瓦、飞檐、斗栱等传统建筑语汇对地方自然环境进行表达。在内部的功能划分和结构布局上,按现代生活习惯和现代生活理念进行与现代生活方式的接轨设计。在户型和内部功能设计上,结合现代人居的设计要求,将传统四合院住宅的平面结构转变为层级结构和多层空间结构,使建筑整体具有层次

---

① 李保印,张启翔."天人合一"哲学思想在中国园林中的体现[J]. 北京林业大学学报(社会科学版),2006(01):19~22

② 和红星. 西安於我 2:规划里程[M]. 天津:天津大学出版社,2010:328~341

③ 张壁田,刘振亚. 陕西民居[M]. 北京:中国建筑工业出版社,1993

感与韵律感,也更加符合现代生活对空间使用的需求(图 6-12)。

图 6-12 西安院子建筑造型
资料来源:西安院子. 西安院子[EB/OL]. http://www.xianyuanzi.com/

c. 景观设计融入生态环境

西安院子的景观设计沿袭了秦岭自然山水美和长安历史文化美,在森林景观、山水景观和历史人文景观三个层级上进行了考虑。秦岭真山真水的周边环境给西安院子创造了独一无二的自然环境,所以在景观设计中要力图达到人与庭院、庭院与山水、人与生态环境的和谐统一。

在庭院景观设计中,通过水和植被的运用,以期达到与秦岭生态环境相互融合的效果;引用太平河水和山泉水,进行活水设计,并在院落间连成内部水网,注重自然水景的意趣;水在形成具有观赏价值的水景后,经过先进的循环水处理系统,循环利用,用于浇花、树等;除了水的设计外,院落中上百种植物,高低搭配、四季常绿,形成了西安院子特有的院落生态环境。内部的生态平衡和外部的与秦岭和谐共生,使得西安院子成为秦岭生态保护的有益组成部分而非破坏者(图 6-13)。

图 6-13 西安院子景观设计
资料来源:西安院子. 西安院子[EB/OL]. http://www.xianyuanzi.com/

②对人文环境的显性表达

A. 人文环境影响

秦岭所蕴含的文化，是秦岭所包含的自然景观和人文景观的高度统一。秦岭文化可以溯源到中华民族生成之初的蓝田文化、仰韶文化、半坡文化[①]。秦岭造就了周、秦、汉、唐的辉煌文明，孕育了秦文化、汉唐文化。历史文化名城西安，从汉唐长安到今天的国际化大都市西安，它的兴衰变化都与秦岭息息相关。经过千百年的沉淀，从关中民居到现代西安城市建筑所呈现出来的新汉唐风格，都是秦岭文化的延续和发展。秦岭北麓沿线建筑在建筑风格上所体现出的关中民居风格和汉唐风格，就是对秦岭文化的最好诠释。

B. 设计上的显性表达

a. 风格

秦岭自然环境孕育下的西安，历史文化厚重，西安的古建筑具有汉唐皇家建筑的传统和气派。西安院子在设计风格上没有采用国际式的高技派，也没有采用欧美的流行风，而是力图体现和继承汉唐宫殿和园林建筑的恢弘与大气。一方面，以中国传统庭院建筑风格为主体，在形制上吸收汉以来中国古典建筑秦砖汉瓦、飞檐翘角的做法，以承载文脉的记忆和西安的地域特色；另一方面，沿袭关中民居单坡顶古朴恢弘的建筑风格并进行创新，在色彩上以灰瓦坡屋顶和水磨青砖外墙为主，采用两坡流水悬山式小青瓦饰面大屋顶，实现建筑美和文化基因的完美传承（图 6-14）。

图 6-14　西安院子庭院图

资料来源：西安院子．西安院子[EB/OL]. http://www.xianyuanzi.com/

---

① 陈纪凯. 适应性城市设计——一种实效的城市设计理论及应用[M]. 北京：中国建筑工业出版社，2004：38

b. 庭院

院子是中国人传统生活空间最重要的组成部分,延续和传承庭院精神具有重要意义。中国传统院落的代表形式是四合院,这在量大面广的民居建筑中屡见不鲜。西安院子在规划和设计中,采用变通和创新的手法,吸取现代庭院"院包房"的围合形式和现代住宅的内部功能,配以中国传统庭院亭台楼阁的布局风格,用"钢筋水泥＋青砖灰瓦"的模式,创造了一种由传统私家院落围合的现代生活空间(图6-14)。

c. 构件

建筑构件是建筑风格的体现,是建筑呈现出不同地方特色的关键点,更是建筑文化表达的重要因素。西安院子的建筑设计始终贯穿汉唐文化,在建筑构件上以关中地域为本,融合现代设计观念,选用体现汉唐建筑韵味的青砖灰瓦、斗拱飞檐、砖雕石刻等构件,在体现地域文化的同时,彰显人文特色。西安院子的建筑构件主要体现在入口门楼、檐部、屋脊、门窗等部位。整体以符合秦岭自然环境的传统民居中继承下来的构件符号作为设计的原型,赋以现代的建造技术和设计理念,形成西安院子特有的建筑风格特色。

• 入口门楼:关中传统民居里经常用到的垂花门和坡檐也被运用到西安院子的建筑入口设计中,并加以提炼,产生古典韵味。

• 屋脊:在屋脊的处理上保留了传统民居中使用的兽吻。

• 窗:在建筑窗户的设计中使用木黄色继承传统风格,并且在院落设计中运用景窗、框景、借景,融合传统园林设计理念。

• 墙饰:采用水磨青砖饰面,运用砖雕体现汉唐韵味,展现地域特色(图6-15)。

图6-15 传递文化信息、反映建筑风格的建筑构件
资料来源:西安院子楼盘网.西安院子[EB/OL].http://www.xianyuanzi.com/

在秦岭自然环境庇佑下的西安,形成了秦人、秦风、秦俗的人文环境,表达在建筑上就是对汉唐文化的宣扬。张锦秋先生为现代建筑地域化和地域建筑现代化而创作和形成的"新唐风"建筑风格,为具有西安地方风格的建筑形式树立了榜样,也是对这种在秦岭自然环境影响下的地域建筑文化的最好写证。

  3. 秦岭品牌营建的适应性

  纵观世界,因规模特征、资源禀赋、文化意义、精神内涵的相似性,秦岭与欧洲的阿尔卑斯山、美洲的洛基山山脉并称世界三大名山,这三座山脉撑起了三个大洲,铸就了三种文化。然而,不同的是国脉秦岭在世界范围内的知名度和认同感严重不足,所以,在秦岭北麓空间保护利用规划中必须走营建秦岭品牌的道路,具体而言:

  (1)重塑尊严

  秦岭北麓是秦岭开发利用的重要区域,所以在其开发建设中必须注重对中华传统文化内涵的发掘。秦岭地区既是华夏文明的发祥地和发生地,又是中国文学艺术的宝库,所以,在秦岭北麓空间保护利用规划中,应重新认识秦岭,改变低估秦岭文化价值的观念。在秦岭北麓秦岭文化品牌的开发及对外宣传方面,应该把它放在整个秦岭地区,整个西安,乃至整个中国,只有在这样的大背景下,秦岭品牌才能提升应有的品位。

  (2)融入发展

  秦岭的未来与城市的发展是分不开的。就秦岭北麓西安段而言,其作为西安重要的生态屏障,在西安城市格局中承担了重要的生态与旅游功能,尤其是秦岭北麓,如何能更好的融入城市的发展,结合西安文化建设的需要、西安城市发展的需要,实现由简单的"控制"向更加积极的"融合"转变,就具有非常重要的意义。

  营建秦岭品牌,就要在秦岭北麓优先发展文化旅游、生态观光、现代农业、研发创意、康体生命等产业,打造秦岭特色文化,逐步走上文化搭台、板块唱戏、经济发展、结构合理、人与自然和谐共生的可持续发展道路。要结合区域旅游资源,在秦岭北麓构筑集合自然观光、文化体验、祖庭朝拜、温泉度假、修学旅行等多元化为一体的旅游产品体系。要形成以环山路为主线的"一轴多片区"的串珠结构,形成宗教文化旅游体系、自然生态旅游体系、环山生态观光旅游体系,塑造独特风貌,实现达美秦岭。

  (3)合力参与

  营建秦岭品牌的合力参与就是,通过媒体、网络等各种渠道,加大宣传力度,提高秦岭知名度,激发社会和公众对秦岭的关注度和保护意识。通过公共及公益性质的保护与更新,吸引民众参与国际赛事活动,使保护秦岭最终成为自发性的群众公益事业。同时,要发挥秦岭生态、地质、气象、生物多样性等独有优势,举办国际绿色发展、气候气象、地质矿产和环保节能等专业性国际会议;组织自行车短道联盟赛,国际登山攀援赛等国际赛事,在秦岭北麓实现传统民间活动向团体化、国际化赛事的转变，赋予秦岭保护新的内涵，展现秦岭品牌效应。

6.3.3 规划管理措施

6.3.3.1 完善规划编制体系

根据我国现在的规划编制体系，从城镇体系规划到总体规划，从总体规划到详细规划（分为控制性详细规划和修建性详细规划），作为一套成熟的规划编制体系，这同样适用于秦岭北麓空间保护利用规划。但是针对秦岭北麓的具体特点，一方面可借鉴重庆市的模式，将秦岭北麓的规划编制体系在《城乡规划法》的规定基础上划分为"三层次两阶段"[①]，三层次是指：秦岭北麓城乡规划、各分区域城乡规划、镇（乡、村）级规划；两阶段是指总体规划和详细规划两阶段。通过合理划分规划层次强化整个秦岭北麓规划编制体系的系统性，完整性，层层相扣，下一个级别必须在上一个级别的规划指导下进行，详细规划必须在总体规划指导下进行。另一方面是在规划编制体系中必须融入专项规划和城市设计。通过专项规划和城市可以使得秦岭北麓的规划问题研究的侧重点更强，增加规划的可操作性，利于秦岭山脉生态保护的发展需求。

秦岭北麓空间保护利用的专项规划可以细分为：河流两侧综合治理专项规划、文物古迹保护专项规划、区域旅游专项规划、交通系统专项规划、村庄保护及整合建设专项规划、清洁能源利用研究专项规划等。

城市设计可以细分为：环山路两侧城市设计、西太路与子午大道之间的城市设计、楼观台道教文化展示区城市设计、13 个保护利用峪口等重点地段城市设计、敏感地区的详细规划和城市设计等。

6.3.3.2 健全相关法律制度

在《陕西省秦岭生态环境保护条例》的法律总体框架和《大秦岭西安段生态环境保护总体规划和利用规划》对秦岭北麓的具体要求下，制订《大秦岭西安段保护管理办法》，完善相关法律法规，规范各种建设行为，做到有法可依、依法执政、违法必究。

编制秦岭北麓空间发展规划的相关控制性详细规划，提出相应的规划指标体系，作为具体项目审批的法律依据。

[①] 孟庆. 关于增加城乡规划依据框架适应性的探讨[A]. 中国城市规划学会. 生态文明视角下的城乡规划——2008 中国城市规划年会论文集[C]. 中国城市规划学会，2008：7

秦岭西安段的法律制度的完善应该体现地域化、目标化、专项化的特点，反映秦岭地域特点，以具体旅游和商业开发为目标，兼顾河流治理和文物保护等专项规划特点。

6.3.3.3　强化政府行政管理

以西安市秦岭生态环境保护管理委员会办公室为主，统一秦岭生态保护和利用开发的政府行政管理机构。"秦岭办"下设综合处、生态保护处、规划发展处、执法监督处、监察支队、生态保护公司，以及六区县秦岭办（长安区、临潼区、灞桥区、户县、周至县、蓝田县），对整个秦岭西安段的生态保护和规划开发事务进行管理。"秦岭办"属于西安市政府下设的西安市秦岭生态环境保护管理委员会派出机构，直接受西安市政府的领导，并享受西安市政府对于秦岭生态保护的开发建设的专项财政支持。这样统一的管理机构，既便于西安市政府的高效领导，也便于协调各职能部门，一改原来行政部门互相推诿扯皮的消极行政管理状态（图6-16）。

西安市秦岭生态环境保护管理委员会办公室主要职责[1]包括以下几方面：

（1）贯彻执行有关生态环境保护方面的法律法规、方针政策和《陕西省秦岭生态环境保护条例》，起草地方性法规和规章草案。（2）组织编制秦岭西安段生态环境保护利用长期发展战略、总体规划、专项规划，并监督实施。（3）牵头组织秦岭西安段生态环境保护工作，拟订生态环境保护与科学利用的政策措施，指导监督市级相关部门和区县政府做好秦岭生态环境植被保护、水资源保护、生物多样性保护等集体工作任务。（4）指导、督促、检查有关部门、区县政府依法查处秦岭西安段违规建设和生态环境破坏行为，负责区域内建设项目的审查及报批工作。（5）组织开展秦岭生态环境保护管理宣传教育和调查研究，提出政策措施建议。（6）负责秦岭西安段生态环境保护资金的使用管理工作。（7）贯彻落实西安市秦岭生态环境保护管理委员会的决策部署，负责西安市秦岭生态环境保护管理委员会日常工作。[2]

---

① 西安市秦岭办官网．秦岭办主要职责[EB/OL]．http://www.xaqlb.gov.cn/
② 孟庆．关于增加城乡规划依据框架适应性的探讨[A]．中国城市规划学会．生态文明视角下的城乡规划——2008中国城市规划年会论文集[C]．中国城市规划学会，2008:7

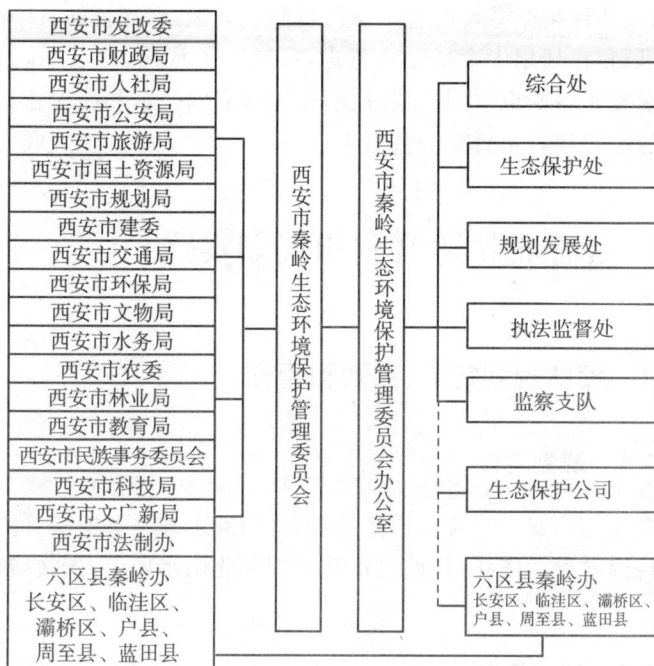

图 6-16　秦岭办机构设置体系

6.3.3.4　运用财政和经济手段,推动市场经济运作

针对秦岭北麓的保护利用的具体项目类别,充分运用财政和经济手段,并且引入市场经济运作机制。公益性开发项目由政府牵头,企业参与为辅;商业开发项目组织企业走企业主导的模式。比如,对于秦岭北麓带动性商业开发,由于对景区开发的带动作用较大,但投资大,投资回收期长,运营成本较高,操作复杂,项目可能在一定时期内处于亏损状态,单独由政府或企业一方较难完成,可由政府在前期给予一定的支持,由政府组建的"开发公司"与成功的运营商按一定的条件进行合作的政企合作模式。

6.3.3.5　深化公众参与机制

公众参与在规划中可以多方面展开。首先,通过媒体、网络等各种渠道,加大宣传力度,提高秦岭知名度以及公众对秦岭发展的关注度和保护意识。通过"我为秦岭植棵树"等公益活动,组织全民进行登山、攀援等体育活动,开展秦岭保护高峰论坛活动等,在宣传秦岭等同时促进社会各界对秦岭的了解并熟知,自觉自愿地加入到秦岭生态环境保护与监督的公众参与行列,形成全民共建美丽秦岭的公众参与机制。其次,在规划的各个阶段引入公共参与机制,在规划中考试公众意志,反映市民意愿,通过不同方式引导市民参与秦岭北麓城市空间决策过程,使用必要的公示和征求意见程序,将秦岭北麓的空间利益矛盾减少到最小。

6.4　秦岭北麓适度利用规划实践[①]

6.4.1　整体规划定位、原则和目标

6.4.1.1　规划定位

西安秦岭是西安千年文明的造就者,是西安市的生态安全屏障,是西安市城市可持续发展的依托,是西安市建设国际化山水城市、人文城市的重要凭借。

6.4.1.2　规划原则

秦岭北麓空间保护利用规划原则概括起来就是:

以生态环境保护为纲,遵循自然法道,形成城市与山水融合,人与自然和谐共生的新格局。

以实现城乡统筹为领,统筹区域发展,推进城乡融合,促进保护实施。

以发展旅游产业为重,遵循秦岭北麓经济发展模式,合理布局,促进生态与社会经济协调发展。

以适宜人居休闲为本,以人为本,充分展示"山水秦岭、人文西安"的独特魅力。

具体如下:

1. 保护优先的原则

在保护与利用这对矛盾中,时刻明确保护优先的原则,保护的概念要广义化,不光保护秦岭北麓的生态环境、旅游资源,还要保护促进生态环境质量、提升旅游资源价值的空间构成。所有的基础设施和开发建设项目都要

---

① 秦岭北麓生态环境保护和利用总体规划实践并非一个人能完成,这部分主要由和红星教授领导组织,统筹协调相关规划编制人员完成,这里仅是部分展示论述。秦岭北麓生态环境保护和利用总体规划的整体成果来自《大秦岭西安段生态环境保护规划》和《大秦岭西安段保护利用规划》,西安市秦岭办,2012。

以不牺牲自然生态环境为目的。

2. 整体性和系统性的原则

在保护利用规划中始终把秦岭北麓作为区域系统整体的对待,而不是只考虑某一地段的局部利益。在秦岭北麓系统中要整体考虑空间划分、功能配置、基础设施配套等各类问题。

3. 因地制宜的原则

在整个秦岭北麓系统中根据各个区域的地块特点、地形状况、现状发展基础和发展潜力制定不同的空间保护利用规划策略。

4. 错位发展的原则

对不同区域进行不同发展定位,尤其是对于生态旅游等产业的定位更要如此,以形成错位发展的态势,产生产业互补,形成秦岭北麓整体化的生态产业链。

5. 地域文化的原则

地域文化是秦岭北麓的特色所在,体现秦岭地域文化,它既是对秦岭自然环境的回应,也是对秦岭生态保护的回应。

6.4.1.3　规划目标:保一山碧绿,护八水长流,建美丽西安[①]

在秦岭北麓空间保护利用的规划目标就是保卫秦岭,促进秦岭的生态环境走向可持续的发展道路。"保一山碧绿,护八水长流绿,建美丽西安"就是在秦岭北麓有效保护的基础上合理有限度的进行空间开发利用,促进秦岭动植物的生态环境平衡发展,绿树常在,碧水永流,山水环境共生永存,促进美丽西安建设的永续发展。

6.4.2　秦岭北麓空间保护利用总体规划

秦岭北麓空间保护利用总体规划分为两个层面:第一层面是保护规划,保护的主要内容包括山体、植被、水资源、生物多样性、矿产资源、地热资源及文物古迹资源。第二层面是利用规划,就是以生态保护为核心,利用秦岭独特的"山水资源、文化遗存"发展旅游文化、研发创意产业、康体生命产业、生态观光产业等。

秦岭北麓空间保护利用规划的总体构思为:一脉贯穿东西、四段错位发

---

① "保一山碧绿,护八水长流绿"由时任西安市市长陈宝根(现任西安市人大主任)提出,后经国家副主席李源潮增改为"保一山碧绿,护八水长流绿,建美丽西安",这无疑使秦岭北麓的规划目标定位更加清晰,明确化。

展、四大产业支撑、四十三峪口回归自然（图 6-17）。

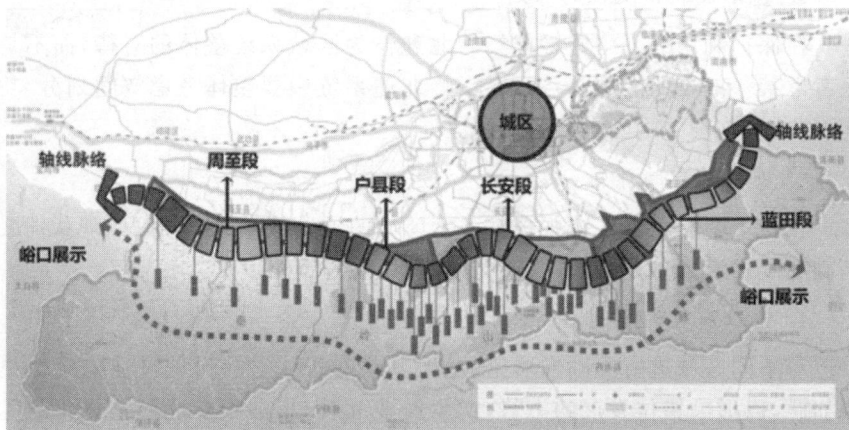

图 6-17　秦岭北麓空间功能结构图

资料来源:《秦岭北麓空间保护利用规划》,西安市秦岭办,2013

　　一脉贯穿东西——指整个秦岭北麓 170 公里沿线一脉相承,这个脉络既指代秦岭北麓的带状区域本身,也意指了秦岭北麓只有统筹于秦岭生态环境的大背景下,在秦岭地域文化一脉滋润下,才能和谐共生可持续发展。

　　四段错位发展——指结合行政区划,将秦岭北麓划分为周至段、户县段、长安段、蓝田段四个发展地段。

　　四大产业支撑——指旅游文化产业、研发创意产业、康体生命产业和生态观光产业。旅游文化产业大类具体可以划分为佛文化旅游度假区、佛文化休闲旅游区、农耕文化博览园、道文化旅游风景区、动植物文化休闲区、民俗文化旅游休闲区等;研发创意产业大类具体可以划分为现代农业产业研发中心、关中民俗文化创意中心、国际前沿科技论坛、企业培训研发中心、创意产业交流中心等;康体生命产业大类具体可以划分为温泉旅游度假区、温泉康体休闲区、休闲养生度假山庄、峪口极限运动、山林探险娱乐、马术及跑马场等;生态观光产业具体可以划分为现代设施农业示范园、农业生态观光园、农业采摘园、农业自耕园、农业科技示范园等。在四大产业统筹发展的基础上鼓励发展传统农业种植、果业、林业、农副产品加工、设施农业、渔业、畜牧业、观光农业、有机农业、科技农业等农业生产开展,积极引入餐饮业、酒店业、停车场以及加油站等服务配套类产业,严格杜绝采矿业、化工产业、河道挖沙、高能耗产业和大型加工制造业等高污染、高能耗产业的进驻。

四十三峪口回归自然——秦岭北麓共有 72 峪口,西安段有 43 峪口^①。

6.4.2.1 空间管制规划

根据秦岭保护利用规划将用地划分为:不宜建设区域、允许建设区域、都市农业区、近期重点建设区域、配套服务区等(图 6-18)。具体分区类型及规划要点如下:

1. 不宜建设区域

不宜建设区域包括世界自然文化遗产、自然保护区、风景名胜区、森林公园、地质公园和重要水源保护区等六大类,其中有 13 个生态利用峪口可适当进行旅游配套建设。在不宜建设区禁止有开垦、采石、采砂、取土;采脂、割漆、剥皮、挖根及其他毁林行为;禁止新建道路;严禁机动车辆进入本区域;沿该区域周边较醒目区域设置禁止入内警示标语。损坏、擅自移动界桩、标牌等行为以及法律、法规禁止的其他行为。

2. 允许建设区域

允许建设区域主要集中在环山路两侧秦岭保护利用规划中确定的城市建设区域,总面积约 147.1 平方公里。

允许建设区域的建筑规划要点:建筑应以"自然生态型、地域文化型、山体对话型、绿色科技型"等体现秦岭地域文化的建筑风格为主。建筑屋顶提倡采用坡屋顶形式或设计屋顶花园,建筑色彩采用素雅色调。

允许建设区域的配套设施规划要点:(1)建筑配套的停车设施应与建筑主体同时设计、同时建设、同时使用,采用地面停车场、地下停车库、地上停车楼等多种形式结合,公共停车场应布置在区域中心地区或者大型公建周围,以生态型停车场为主。(2)厕所采用新技术生态环保型厕所,间距为 500~800 米,最大间距不大于 2000 米。(3)标识系统要充分考虑其自然条件、历史文化等创立起来的整体印象,在设计中利用强调、对比、点缀、烘托等艺术手法,形成展示特色形象的空间序列。

---

① 43 峪口分别为黑河、就峪、田峪、甘峪、石砭峪、大峪、库峪、岱峪、赤峪、栗峪、潭峪、烧柴峪、化羊峪、黄柏峪、乌桑峪、鸽勃峪、紫阁峪、白石峪、皇峪、抱龙峪、天子峪、姣峪、土门峪、羊峪、小峪、白道峪、扯袍峪、道沟峪、清峪、泥峪、西骆峪、耿峪、涝峪、太平峪、高冠峪、祥峪、沣峪、子午峪、太峪、汤峪、小羊峪、辋峪、竹峪。

图 6-18　空间管制区划图

资料来源：《秦岭北麓空间保护利用规划》，西安市秦岭办，2013

允许建设区域的景观规划要点：景观以自然景观为主，人文景观为辅。人文景观在硬质空间的表达要与周围环境相协调，并能反应历史空间序列，要考虑与周围背景山体的关系，尤其不能以水泥墙等硬质闭合空间阻断视线通廊，要以通透型并与周围环境相协调的方式来进行范围的界定，不能破坏周围的整体环境。

3. 都市农业区

都市农业区主要集中在环山路两侧基本农田区域和秦岭保护利用规划中确定的非城市建设区域。

都市农业区的建筑物和构筑物规划要点：在都市农业区仅允许规划建设一些小型配合观光农业旅游服务设施（如一日餐厅、停车场、户外娱乐设施、小型商店等），风格应体现农耕文化主题，尽量采用生态环保材料，提倡绿色建筑。

都市农业区的配套设施规划要点：(1)各农业观光项目按建设规模在项目地块内配置相应数量的停车位，停车位建设结合环境景观，进行必要的隐蔽遮挡。(2)在区域内配置相应规模的厕所，厕所选用新技术生态环保型厕所，如智能水冲型生态环保厕所、免水打包型生态厕所、微生物型环保生态厕所等。(3)都市农业区沿线单位门户标识，应反映农耕文化主题，但不应对道路景观造成影响。

都市农业区的景观规划要点：(1)绿化，应选用适宜秦岭地区生长的树种，景观可结合观赏型农作物，突出农耕文化主题。(2)小品：突出农耕文化主题。(3)围墙：严禁采用封闭式，应采用穿墙透绿生态型围墙。围墙形式尽量选用绿篱形式，尽量减少对周边环境的影响。

4. 近期重点建设区

近期重点建设区选择原则：（1）区域内拥有独特的自然及文化资源。（2）区域现状知名度及品牌价值高。（3）区域现状是旅游的热点及重点区域。（4）区域对整个秦岭北麓 170 公里发展带及 43 个峪口的保护利用在空间和功能上有带动和引领作用。（5）重点建设区内的节点和峪口在先期能够结合开发。

近期重点建设区域具体规划为周至楼观台道文化旅游区、东大温泉旅游度假区、动物园周边区域、太乙镇五台山文化旅游区、汤峪温泉旅游度假区。

环境容量控制为容积率不能高于 0.3，建筑密度低于 10％，绿地率不得低于 60％。

建筑风格以"自然生态型、地域文化型、山体对话型、绿色科技型"等体现秦岭地域文化的建筑风格为主，在建筑总体布局上应充分考虑与背景山体的关系，并结合具体地形地势布局，形成灵活多样的建筑空间。

停车场采用地面停车场为主，并结合旅游需要集中建设生态停车场，以自然、生态为原则，可采取分片区、分区域的布置方式，避免采用大范围的水泥地等停车场布置方式。停车场铺地以绿色镂空铺地为主，以便和周围环境相结合。

厕所的设置要以免水生态型、微生物降解环保型等为主，以对生态环境的破坏最小化为原则，并根据人口规模设置相应的厕所数量。

5. 配套服务区

配套服务区分为一般配套服务区和重点配套服务区两大类。

6.4.2.2 空间功能分区

根据环山路沿线空间发展形态及行政区划，规划形成主线明确、组团发展、城镇点缀、山水掩映、田园衬托的四大功能结构片区，实现"山、水、田、城"的生态格局。

具体分为四片区：蓝田康体生命旅游区；长安文化旅游休闲区；户县高新科技旅游观光区；周至道文化旅游休闲区（图 6-19）。

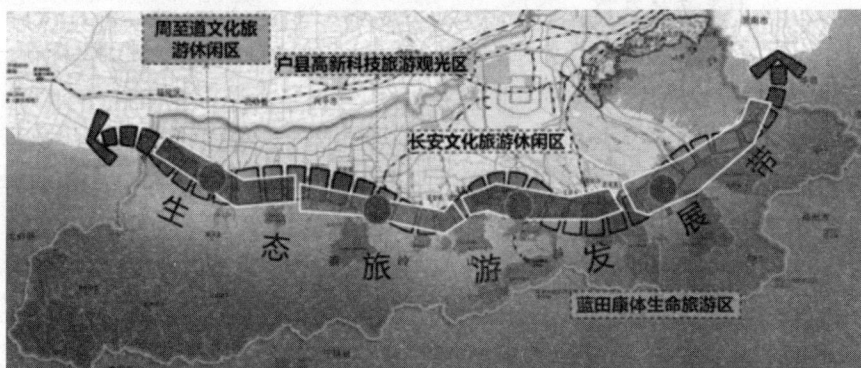

图 6-19　秦岭北麓空间功能分区图

资料来源:《秦岭北麓空间保护利用规划》,西安市秦岭办,2013

1. 蓝田康体生命旅游区(图 6-20)

概况:规划总用地 11220.1 公顷,平均长度 49 千米,平均宽度 2.9 千米(图 6-20)。

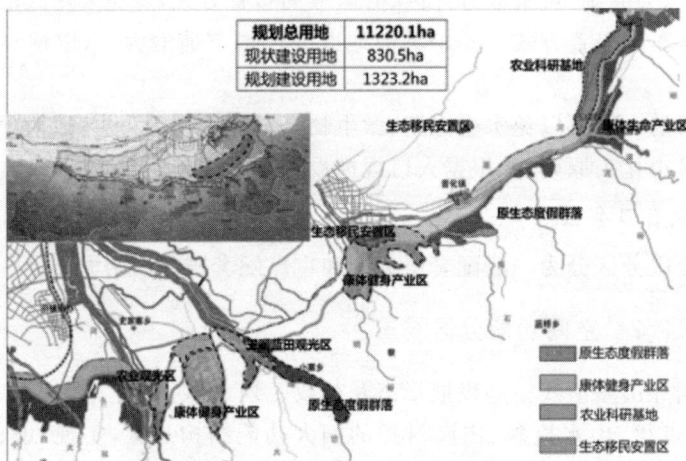

图 6-20　蓝田区土地利用规划图

资料来源:《秦岭北麓空间保护利用规划》,西安市秦岭办,2013

其中的大秦岭西安段东部特色产业多元集聚区,以生态园区带动、龙头引领、基地示范为抓手,以温泉度假、小镇体验为特色的特色旅游目的地,建设大秦岭西安段东部新的经济增长极。

2. 长安文化旅游休闲区

概况:规划总用地 9593.8 公顷,平均长度 32.8 千米,平均宽度 3.7 千米(图 6-21)。

规划总用地	9593.8ha
现状建设用地	1879.3ha
规划建设用地	2167.9ha

图 6-21 长安区土地利用规划图

资料来源:《秦岭北麓空间保护利用规划》,西安市秦岭办,2013

功能定位:围绕终南山佛文化结合生态观光、农业旅游、农庄体验、养生度假为特色,复合休闲旅游、文化娱乐、生态农业、文化创意等多重产业类的产业区打造秦岭北麓具有区域影响力,形成商业多业态的旅游目的地和休闲旅游区。

功能分区:本区建设用地主要为文化休闲娱乐区用地和文化生活居住区用地。本段总体可分为现代农业科技示范区、秦岭生态小镇、养生文化度假区、文化旅游配套服务区、文化休闲观光区、文化休闲娱乐区、文化生活居住区、康体文化度假区八大区域(图 6-22)。

图 6-22 长安区功能分区图

资料来源:《秦岭北麓空间保护利用规划》,西安市秦岭办,2013

3. 户县高新科技旅游观光区

概况:规划总用地 5991.8 公顷,平均长度 29.5 千米,平均宽度 1.9 千米(图 6-23)。

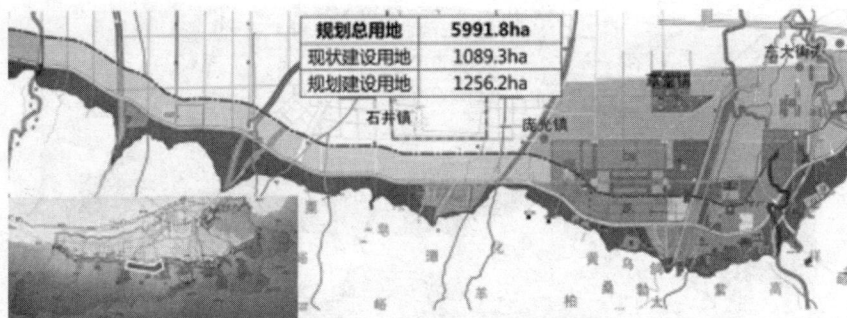

图 6-23 户县区土地利用规划图

资料来源:《秦岭北麓空间保护利用规划》,西安市秦岭办,2013

功能定位:高新科技旅游观光区——规划集科技产业园区及猕猴桃风情区、滨水度假、康体疗养、商务会议、创意产业、户外运动为一体的国际化大都市卫星新城,将基地建设成为世界一流科技园区主导产业的配套服务区。

4. 周至道文化旅游休闲区

概况:秦岭周至段全长约 45 千米,该区段主要以楼观台道文化旅游为核心打造道文化旅游休闲区,承接大西安文化休闲功能,同时以展演参禅悟道为特色的秦岭北麓旅游观光区(图 6-24)。

图 6-24 周至区土地利用规划图

资料来源:《秦岭北麓空间保护利用规划》,西安市秦岭办,2013

功能定位:道文化旅游休闲镇。

6.4.2.3　交通网络支撑

交通网络支撑主要是从区域的角度,构建秦岭北麓的交通网络,改善交通组织,确保无缝衔接,实现畅通秦岭。

落实"缓堵工程",区域交通推进"12511"交通规划方案(图 6-25)。"12"即 12 条中心区与秦岭的快速通道,新建西安南横线、长安大道,提升西沣路、西汤路、长鸣路等级,使中心区与秦岭的快速通道达到 12 条,改善交通条件。"5"即五条观光绿廊,沿环山公路、西太路、西沣路、子午大道、长安大道等规划 5 条观光绿廊,提升区域旅游品质。"1"即直达秦岭北麓的高架快速干道,沿子午大道(绕城高速至环山路段)建设直达秦岭的高架快速干道。"1"即观光旅游专线,结合主城区地铁线路修编,将南向地铁线路延伸至秦岭环山路区域,规划同时考虑了沿山旅游观光专线。

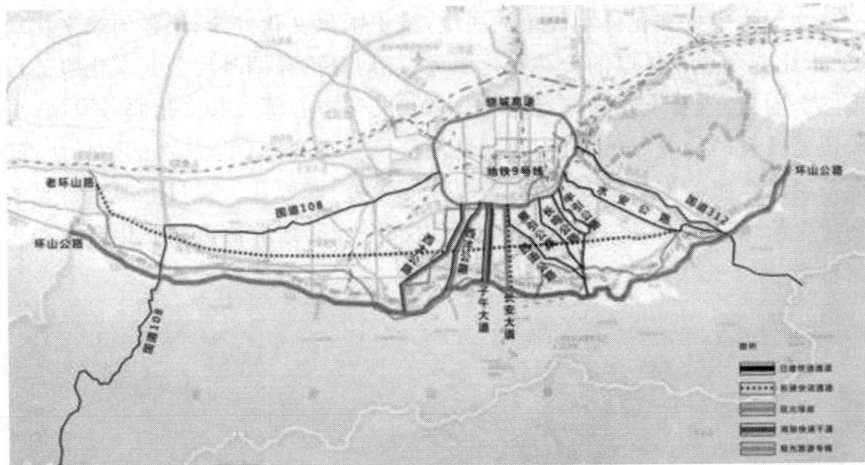

图 6-25　"12511"交通规划方案图示

资料来源:《秦岭北麓空间保护利用规划》,西安市秦岭办,2013

规划建议远期环山路,按照道路红线宽度为 60 米,两侧各有 50 米防护绿化带建设,其总体横断面设计(图 6-26)为 20 米(轨道交通空间)＋30 米(地下基础设施管线)＋9 米(绿化景观自行车道)＋3 米(人行道)＋4 米(快速公交车道)＋3 米(绿化分隔带)＋22 米(双向六车道)＋3 米(绿化分隔带)＋4 米(快速公交车道)＋3 米(人行道)＋9 米(绿化景观自行车道)＋30 米(地下基础设施管线)＋ 20 米(轨道交通空间)。

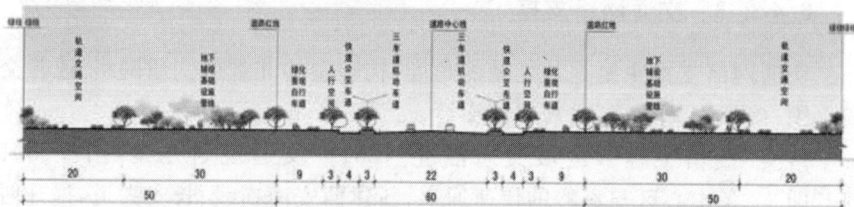

图 6-26 环山路户县、周至、蓝田段规划道路断面

资料来源:《秦岭北麓空间保护利用规划》,西安市秦岭办,2013

6.4.2.4 公共服务设施规划

公共服务设施规划结合新城、组团、城镇、片区及农村社区进行体系化均衡布局。

为深化中央文化体制改革的决定,维护国家文化安全,增强国家文化软实力,让群众享有优厚的公共文化服务,规划着重强调基层公共文化服务设施网络的建立,着重建立博物馆、图书馆、文化中心等公共文化服务设施;形成覆盖城乡的商业服务网络;建立各级全民健身的体育设施和活动场所;健全基层医疗服务配套体系;完善教育配套设施,既要让人民过上殷实富足的物质生活,又要让人民享有健康丰富的文化生活,培养高度的文化自觉和文化自信(图 6-27)。

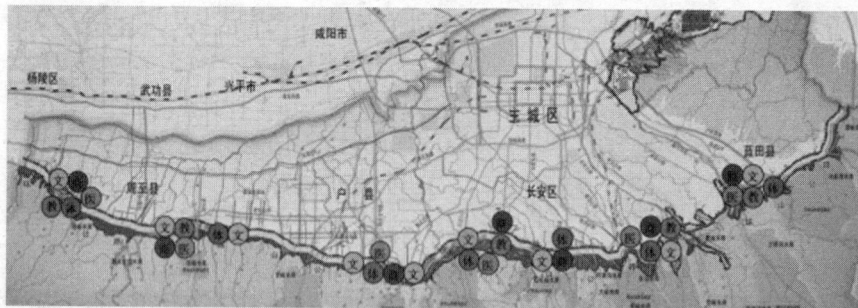

图 6-27 公共服务设施规划布点图

资料来源:《秦岭北麓空间保护利用规划》,西安市秦岭办,2013

6.4.2.5 生态峪口管控

1. 峪口管控通则

坚决停止审批新的砂石、粘土、建筑石料等采矿权;既存的采矿权到期必须退出,并做好已闭坑矿矿山的生态修复。

禁止修建以开发为目的秦岭山区各类道路；停止景区、森林公园内部道路和基础设施建设。

加强对农村宅基地的管理工作，对已实施各类移民搬迁的农村宅基地要及时收回并进行统一管理，不得变相买卖农村宅基地。

不得以开发名义对景区、森林公园进行转让、承包和租赁；不得对文物古迹周边地区进行转让、承包和租赁；禁止以开发名义对重点文物保护单位、宗教寺庙和文化遗迹进行改扩建。

采用生物、工程等方式防治水土流失。

2. 峪口分类及保护策略

峪口分为生态保护峪口和保护利用峪口，生态保护峪口又分为全封闭保护峪口和半封闭峪口，具体保护策略见表6-11。

表6-11　峪口分类及保护策略列表

峪口类型		峪口名称	保护利用策略
生态保护峪口(30)	全封闭保护峪口(8)	黑河、就峪、田峪、甘峪、石砭峪、大峪、库峪、岱峪	现状及未来规划水库，在生态敏感区范围内的村庄、建筑物一律迁建
	半封闭保护峪口(22)	赤峪、粟峪、潭峪、烧柴峪、化羊峪、黄柏峪、乌桑峪、鸽勃峪、紫阁峪、白石峪、皇峪、抱龙峪、天子峪、姣峪、土门峪、羊峪、小峪、白道峪、扯袍峪、道沟峪、清峪	以自然村落为主，禁止任何开发建设，保护峪口生态环境
保护利用峪口(13)	生态利用峪口(13)	泥峪	依托峪口内龙潭、双龙洞、仙人墓、石门一线天、石林等景点打造休闲探险旅游
		西骆峪	利用古栈道遗迹重点发展休闲户外运动
		耿峪	打造西观音山养生度假山庄
		涝峪	依托朱雀国家森林公园打造生态度假旅游
		太平峪	依托太平国家森林公园打造康体度假旅游

续表

峪口类型		峪口名称	保护利用策略
保护利用峪口(13)	生态利用峪口(13)	高冠峪	依托圭峰山、大寺遗迹结合自然山水打造佛文化主题旅游
		祥峪	峪口利用东大温泉结合祥峪森林公园打造温泉康体旅游度假圣地
		沣峪	依托秦岭野生动物园结合自然山水打造秦岭休闲旅游欢乐谷
		子午峪	挖掘峪口内金仙观道文化打造道文化养生度假区
		太峪	联合周边终南山文化资源打造秦文化休闲旅游
		汤峪	利用汤峪规划建设温泉康体旅游度假圣地
		小羊峪	依托云台山打造休闲旅游度假区
		辋峪	重点打造提升辋川烟雨、辋川漂流、辋川溶洞景区

6.4.3 秦岭北麓适度利用分区规划

6.4.3.1 分区依据

根据秦岭北麓空间保护利用总体规划,要对长达166千米的浅山地带进行规划管理难免落于空洞,所以进行必要的分区规划,制定更加详细的用地部署和规划细则,显得十分必要。秦岭北麓分区规划的依据主要是秦岭北麓空间保护利用总体规划,以及现状各区块功能结构的相对完整性,行政区划的相对完整性,便于统一规划部署,整体协调管理。

6.4.3.2 典型分区规划——以草堂片区为例

1. 规划目标

依据秦岭北麓空间保护利用总体规划,对城市土地进一步细分,对公共设施、城市基础设施的配置做出进一步的安排,以便与详细规划更好的衔接,形成既符合城市总体规划,又贴切实际、能落到实处、能促进秦岭草堂片区社会经济全面发展的规划蓝图。

2. 规划指导思想

(1)坚持以科学发展观为指导,以人为本,构建和谐社会。

(2)以总体规划为基础,深入用地分类,保持与整个城市的有机结合,以便与详细规划更好的衔接。

(3)完善用地配置,整合零散土地,大力加强以道路交通、市政设施为主的基础建设,保证区域协调发展。

(4)进一步优化经济结构,加快区域产业结构升级,做强、做大优势产业。

(5)协调旅游产业和城乡统筹的互利发展。

(6)合理的区域旅游发展定位。

(7)落实生态保护原则,科学的旅游发展用地界定,兼顾经济发展和生态保护的平衡。

(8)合理规划土地利用结构,打造独具魅力的旅游目的地。

3. 规划定位

草堂片区是秦岭西安段的重要组成部分,草堂片区是以文化生态旅游产业为主导,以佛教文化、高新技术、教育科研为特色的生态文化旅游观光片区和国家级宗教研究地。

4. 规划结构

规划形成"两轴、四区、四节点"的用地布局结构(图6-28)。

两轴:即沿环山路发展主轴和滨河商业发展次轴。

四区:自西向东分别为生态保育区、文化旅游体验区、教育科研与高新技术产业区、休闲旅游体验区。

四节点:分别为绿地景观核心节点、教育科研核心节点、滨水商业核心节点、旅游服务核心节点。

5. 规划布局(图6-29)

(1)居住用地:规划居住用地总面积为518.79公顷,占城市建设总用地25.17%。居住用地主要分布于环山路与南北九号路交叉口两侧、沿沟峪河两侧、高冠峪以西环山路两侧。规划以居住区为单位配建开闭所、垃圾转运站、供热站、调压站等基础配套设施。

(2)公共管理和公共服务设施用地:总面积为471.72公顷,占城市建设用地总面积的5.53%。其中,行政办公用地主要包括空管基地民航西北空管局、草堂管委会等,总面积21.28公顷。文化设施用地主要包括秦岭艺术博物馆。教育科研用地总面积 370.16 公顷,主要集中在片区中部柏峪河两岸的六一八研究所和片区东侧的西安建筑科技大学草堂校区。社会福利设施用地主要布局在片区西侧,民航西北空管局东侧,规划设置养老院一座,面积为 66.09 公顷。文物古迹包括草堂寺和大圆寺,文物古迹用地总面积为 10.27 公顷。

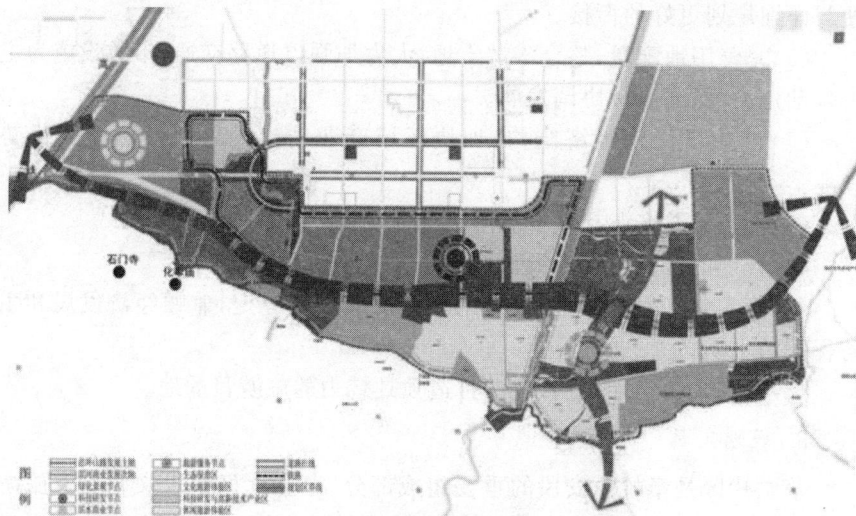

图 6-28　草堂片区规划结构图

资料来源:《秦岭北麓草堂片区分区规划》,西安市秦岭办,2013

(3)商业服务业设施用地总面积为 320.14 公顷,占城市建设用地总面积的 15.53%。其中,商业设施用地总面积 147.39 公顷,主要集中在地块中部沟峪河两岸的滨河商业发展轴线两侧。商务设施用地总面积 41.89 公顷,主要布局于环山路两侧,以旅游综合服务区的形式体现。娱乐康体设施用地总面积 121.8 公顷,主要布局于环山路两侧,包括亚建高尔夫等。公用设施营业网点主要包括加油站一座,位于圭峰农庄以北,草堂管委会以南。

(4)工业用地:规划工业用地 81.35 公顷,占总建设用地的 4.47%。以集中布置、环境先为原则,布置在片区北侧,考虑到片区职能定位要求,选取对环境影响较小的一类工业。

(5)绿化与广场用地:规划绿地与广场用地共计 417.87 公顷,占城市建设用地总面积的 20.27%。其中公园绿地为 113.17 公顷,防护绿地为 302.7 公顷,广场用地为 2 公顷。

6. 土地开发强度控制(图 6-30)

规划对环山路绿带、环山路以南和环山路以北分别进行了建设布局、建筑高度、建筑密度和容积率的控制,作为下一层次相关规划的控制要求。

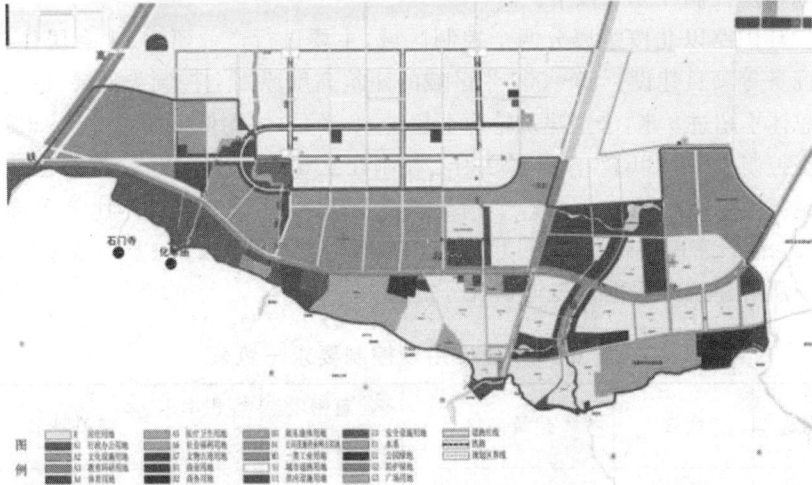

图 6-29　草堂片区土地利用规划图

资料来源:《秦岭北麓草堂片区分区规划》,西安市秦岭办,2013

环山路两侧控制 50 米防护绿带。作为环山路防护林带和重大基础设施管网预留用地,绿带内禁止一切开发活动。

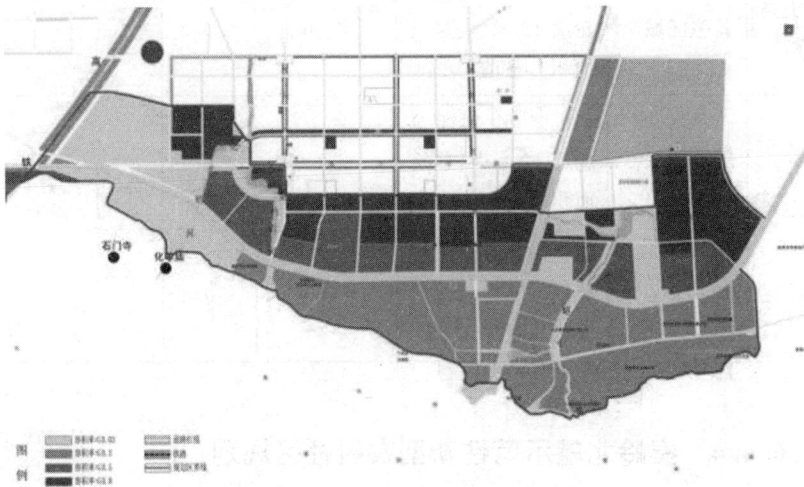

图 6-30　草堂片区土地开发强度控制图

资料来源:《秦岭北麓草堂片区分区规划》,西安市秦岭办,2013

环山路以南建筑高度控制为低层,在地势开阔、离山体较远的地区点状组团式布置一些旅游服务设施。建筑高度总体不超过 9 米,个别建筑轮廓不超过 12 米(总体比例不超过 10%),区域建筑密度控制在 10% 以下,容积率原则上控制在 0.3 以下。

环山路以北按距离分两个控制区域,主要进行产业研发、生态居住、综合商务等项目建设。50~500 米区域的建筑高度原则上控制为低层,建筑高度总体不超过 9 米,个别建筑轮廓不超过 12 米(总体比例不超过 10%),建设密度控制在 15% 以下,容积率原则上控制在 0.5 以下。500~1000 米区域的建筑高度总体不超过 12 米,个别建筑轮廓不超过 15 米(总体比例不超过 10%),建设密度控制在 25% 以下,容积率原则上控制在 0.8 以下(表 6-12)。

所有建筑必须进行视觉景观分析。

表 6-12 建设用地控制要求一览表

名称	区域	建筑高度	建筑密度(%)	容积率(%)	相关要求
环山路两侧	环山路红线两侧 50 米	—	—	≤0.03	作为环山路防护林带和重大基础设施管网预留用地,绿带内禁止一切开发活动
环山路以南	其他区域	≤9 米,个别建筑轮廓 12 米(≤建筑面积总量的 10%)	≤10	≤0.3	—
环山路以北	50~500 米	≤9 米,个别建筑轮廓 12 米(≤建筑面积总量的 10%)	≤15	≤0.5	—
	500~1000 米	≤12 米,个别建筑轮廓 15 米(≤建筑面积总量的 10%)	≤25	≤0.8	—

6.4.4 秦岭北麓示范性新型农村社区规划

秦岭北麓的现状村庄众多,本书选取其中一个示范性新型农村社区——户县蔡家坡生态新村,将其作为秦岭北麓村庄建设的代表,对其规划实践加以分析论述。为了论述的精确性,最后选取户县蔡家坡①下属的六组示范农场规划设计实践加以具体说明。

1. 户县蔡家坡村概况

户县蔡家坡生态新村隶属于户县石井镇。

蔡家坡村紧邻曲峪,曲峪因谷道弯曲不直而得名②。

蔡家坡村内有几座老建筑保留下来。曲峪古栈道年代待考证。老君庵③是建于隋代,宋元鼎盛,地处三峰山下,依山傍水,竹木掩映。还有金龙河口庙,庙堂占地很小其建筑旁还建有土地庙。

(1)传统民风民俗

蔡家坡村的传统民风民俗主要由户县社火④、传统集会⑤和农民画等民居创作⑥组成。

(2)人口构成

蔡家坡全村共 1900 人,480 户。共分成 10 个小组,13 个组团(建筑群)。

---

① 户县位于中国陕西省关中平原中部,隶属于世界闻名的古都西安。南依秦岭,北临渭河,风光秀美,气候宜人,是八百里秦川上一颗璀璨的明珠,自古就有"银户县"的美称。石井镇位于户县县城正南 7 公里,地跨平原及终南山北麓。东与太平旅游管委会、庞光镇为界,南与涝峪旅游区管委会毗邻,西与天桥乡相依,北与余下镇接壤。蔡家坡村就位于石井镇西南方。村庄位于曲峪河与潭峪河之间,被高速环山公路分割成南北两部分。曲峪则隶属户县辖区。

② 谷道南北走向,12 千米长。将军山在曲峪口东面,山体高大雄伟而突出于左右山峰,远看象一位威武雄立,头戴盔帽,身披铠甲,扬鞭策马,挥戈北驰于关中平原之上,故名"将军山"。登临将军山顶,八百里秦川尽收眼底。

③ 老君庵,比西安市香火最旺的八仙庵还早。据《户县志》记载,老君庵属周至楼观台第 17 下院,唐时为青牛观,清康熙中改为老君庵,传说是太上老君诵经的地方。杨虎城将军曾慕名来此,留言题匾。老君庵梨沟茂林修竹 20 余亩,甜竹,木竹为主,是户县种植面积最大的品种。

④ 社火源于古时对土地与火的崇拜,"社"即土地神,"火"即火祖。远古人们认为火也有灵,将之视为神物加以崇拜。随着社会的发展,社火的意识逐渐增加了更多的娱乐成分,成为规模盛大、内容繁复的民间娱乐活动。现代的社火已经成为民间娱乐活动如锣鼓、芯子、高跷、竹马、跑旱船、舞狮子、耍龙灯的总称。这种民间艺术的最大特点就是热闹,与节日期间的喜庆气氛非常吻合,所以深受人民群众喜爱。每当要社火时,彩旗招展,锣鼓开道,炮声震天,人们成群结队竞相观看,把传统的节日气氛烘托得红红火火。

⑤ 蔡家坡集会于每年农历的十月十三开始准备,十四号开始。集会在蔡家坡村的第九组团与第八组团间的道路两旁展开。届时各地的商贩汇集于此,场面甚是热闹。

⑥ 作为"中国现代民间绘画之乡"的户县,民俗绘画源于民间,与当地戏剧、舞蹈、民间社火、竹马、旱船、龙灯等丰富的民间文化形式有深厚渊源,富于明显地域特色,民间风情强烈,乡土气息浓郁。在民间艺术奇葩——农民画。作为"中国现代民间绘画之乡"的户县,广大农民一手拿锄头,一手挥画笔,创造的农民画贴近生活,反映时代,浪漫稚拙,具有强烈的乡土气息和鲜明的地方特色。

2. 户县蔡家坡村现状分析(图6-34)

(1)交通网络

环山公路穿村而过,将村庄分割成南北两部分的环山公路,宽28米。环山公路已经被列为省市重点工程建设项目,道路等级将全面提升,原设计二级或二级加宽路段全部提升为一级,并在公路两侧规划了各10米宽的绿化带(图6-31)。环山公路是蔡家坡村的对外联系道路由于公路将村庄分割成两部分,产生较大的穿越性交通,为学生的出行带来不便。

图6-31　蔡家坡村现状道路设施

资料来源:作者自摄

由于原先进行过道路的规划整修故村庄内部交通较为完善。道路多为水泥路面和沥青路面。

(2)公共配套设施现状(图6-32)

公共建筑:由于环山公路从村庄中穿过,村委会以及小学位于中心偏南。小学与村委会设在一起,占地332平方米。穿越交通带来不便。

图6-32　蔡家坡村现状公共建筑及基础设施

资料来源:作者自摄

基础设施:村内建有水塔为村民供水,排水系统较为古老,沿用以前的排水沟进行排水,给环境造成污染。电力网络已经接通,村民家中都已通上电。目前,燃气、供暖、网络都未建设。

(3)景观与开放空间(图6-33)

村庄入口:蔡家坡村的主入口位于环山路北面。

村庄中心:村庄的中心位于第九与第八组团间,村庄的集会就在这里展开。而且村内主干道的东面就是村委会和蔡家坡小学。

景观:蔡家坡村植有众多的果树与苗圃,故景观较有层次感。待到玉米收成之时家家户户都会在各家的院前晒玉米,也形成了一道独特的风景线。

图 6-33　蔡家坡村村庄景观现状

资料来源:作者自摄

(4)产业结构

蔡家坡村主要以种植小麦、玉米为主,果业种植较多,有葡萄、苹果、桃、梨、杏、樱桃、猕猴桃、枣等。村庄在山脚下,村内有众多苗圃种植区。户县养殖业持续发展,是陕西省瘦肉型猪和肉牛的主要基地,但蔡家坡村未涉及养殖业。

蔡家坡村村内建有一家水泥厂——户县水泥厂蔡家坡分厂,东靠潭峪河北临环山公路,有一定的污染,与整个环山路不协调。

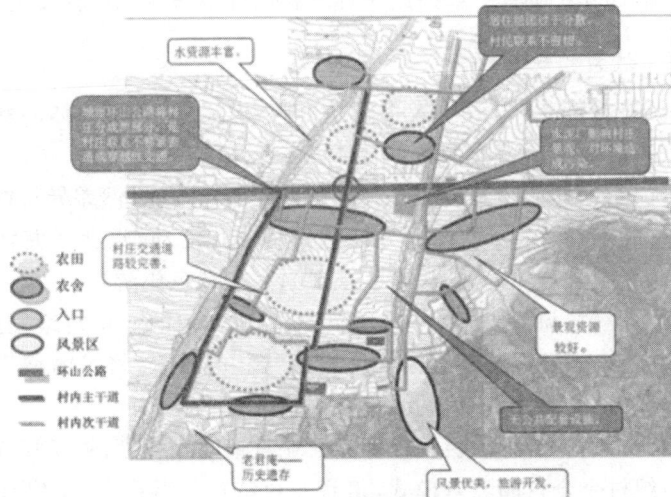

图 6-34　蔡家坡村现状分析图示

资料来源:《蔡家坡村示范性新型农村社区规划》,西安市秦岭办,2013

3. 村庄面临的问题与对策研究

村庄面临的问题从村庄肌理、交通组织、产业结构、公共配套和生态环保五个方面展开，具体见表 6-13：

表 6-13　村庄面临问题与对策列表

类别	问题	对策
村庄肌理	村庄呈组团零散分布,如何利用此优势,并且改善分散太开的缺点	依据原有组团布置新功能,使其环绕串联
交通组织	村庄呈组团零散分布,如何在组团间相互联系,道路组织如何便通	各个功能分区环形串联,并且加强分区之间的直接道路联系,形成密度较大的路网结构
产业结构	目前村庄靠务农为主,如何提升村民的收入,如何改良单一的产业结构,减少人口的流失,并且吸引更多的人口迁入	发展生态农业以及观光娱乐项目,使村民的就业可多元化
公共配套	村庄组团分布过散,如何方便村民利用村庄的公共设施	适当集中农舍组团,减少散布状况
生态环保	如何保护村庄先天的自然条件,加强生态环保建设	发展生态有机高科技农业,建设使用生态工法,注重建筑节能、节材、节地原则

资料来源：作者整理自《蔡家坡村示范性新型农村社区规划》,西安市秦岭办,2013

4. 蔡家坡村的规划理念

产业调整与优化：以产业入手建立生产、生活、生态于一体的新型农村社区,形成亲切而又活力的乡村综合体。

生态优先：保护原生态地貌、乡野气息及与城市的天然差异特性。

特色文化旅游：充分挖掘地方特色民俗文化活动,定期举办特色活动（如葡萄节、新型农耕体验节、民俗表演等）,发展特色旅游。

建筑与环境协调：建筑风格体现旅游村庄的多样化、可持续发展化,体现过去、现在、未来发展的动态模式。运用"藏"的概念,将组团藏于流动的绿色中,形成山、林、村为一体的大地景观。

新型合作开发经营模式：积极探索农业直销模式、景区依托复合开发模式、乡村组织村企合营的经营模式,培育乡村特色旅游产品,丰富乡村旅游产品体系,使乡村旅游成为户县旅游产业的重要支柱和旅游品牌;成为秦岭北麓乡村旅游引领板块和特色板块。

5. 规划定位及目标

形象定位：陕西城乡统筹的示范标杆。

产业定位：以生态农业、休闲旅游、体验秦岭美好风光为主，辅以农业体验与农业加工的产业结构。发挥乡村旅游效应和拉动功能，建立旅、农、工联动发展模式。

功能定位：集农场体验、休闲度假、生态旅游等功能于一体的新型农村社区、乡村综合体。

规划目标：利用区域旅游优势，对特色优势及农业资源进行利用、整合、提升，形成以展示现代农业和休闲体验旅游为主的农业产业基地和休闲度假功能的"乡野公园"。

6. 户县蔡家坡村六组示范农场规划

户县蔡家坡村六组示范农场是蔡家坡村的一个组团，由于功能定位多偏向对外性，发展示范农业观光旅游等产业，所以在这里重点介绍。

(1)功能分区

依据目标定位及区域现有资源，将该规划区分为以下四个功能片区（图 6-35）：

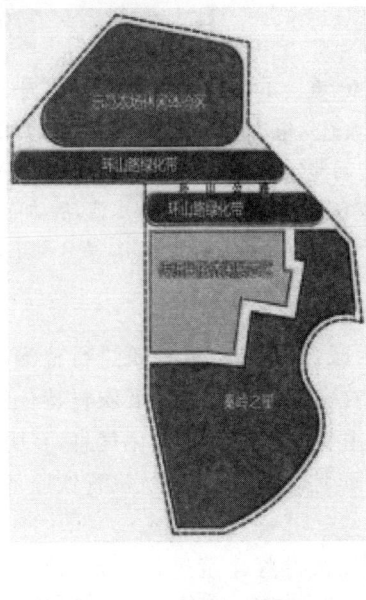

图 6-35　示范农场功能分区

资料来源：《户县蔡家坡村六组示范农场规划》，西安市秦岭办，2013

环山路两侧绿化区:沿环山路两侧强化绿化景观。两侧树种可选用具有经济效益的果林(杏树)与低矮农作物搭配形成立体的大地生态景观。

示范农场休闲体验区:该区域主要以现代农业、农场展示体验为重点。让游客置身于此,体会到回归自然的亲近感。使该区域成为生态教学及体验活动的最好休闲娱乐之地。设置儿童认知园、迷你型农场、花海和杏林等区域(图6-36)。

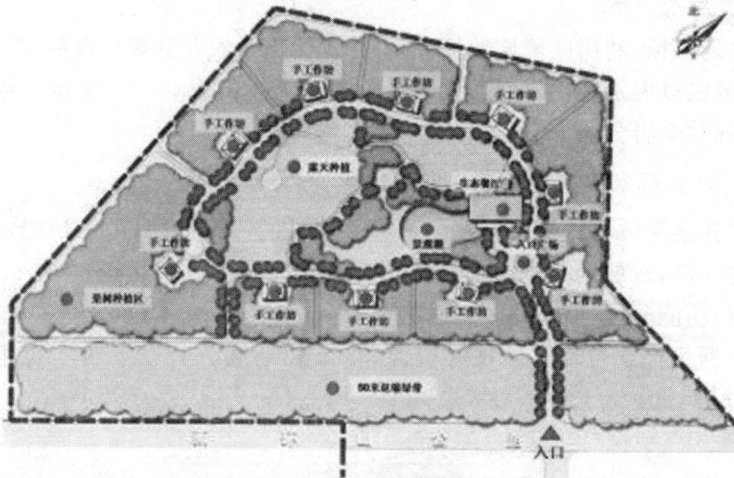

图6-36 示范农场休闲体验区平面

资料来源:《户县蔡家坡村六组示范农场规划》,西安市秦岭办,2013

注:主要道路围合的中间部分为露天种植区(露天种植,感受自然气息)和休闲体验区(设置智能温室作为科技农业示范,并配有景观水池、活动草坪,提供游客活动之用);四周为综合种植区(提供不同种类果树与谷物栽培,结合手工作坊,让游客体验手工制作以及物产系统的粗加工)。

传统民俗休闲展示区:对现状村落建筑进行整治、改造。将特色建筑予以保留,增添地方民俗农家文化元素。发展农村特色经济,提高农民收入。

秦岭之星:该区域主要以体现乡土文化气息,乡野山林特色的关中生态旅游服务配套区,提供原生态特色农家住宿、餐饮服务。

(2)村庄环境改造

现有民居整治:对现状村落建筑进行整治、改造。将特色建筑予以保留,增添地方民俗农家文化元素。对区域现有民居进行分类划分,针对其特点进行保护、美化。改造33户,保留45户,共计78户。

村庄内部环境改造:将原有的硬质铺地减少,增加绿化种植空间;保持原有的村庄气息,增加一些环境要素(如墙面处理),使农村气氛更加强烈;

绿化种植应结合现有树种及农村特有蔬菜(如西红柿、豆角、茄子、丝瓜、冬瓜等不同季节作物穿插种植,保持村庄内一年四季常绿的美好景色。

建筑环境改造详见表6-14。

表6-14 建筑环境改造分类列表

类型	图示	详细手法
立面改造一(泥墙类)		对原有屋顶进行清洗、修补保留原有墙体材质,对其进行修补、美化;保留建筑立面要素,对其进行清洗、美化;改变现有屋前环境,以绿化代替原有的硬面保留门及门框图案,保持原有的古朴风格
立面改造二(白墙类)		对原有屋顶进行清洗、修补;将原有墙面刷白改变现有屋前环境;以绿化代替原硬质路面保留原有窗户
立面改造三(砖墙类)		对原有屋顶进行清洗、修补;保留现有建筑立面元素;对原有窗户清洗;改变现有屋前环境;以绿化代替原硬质路面;对建筑立面做清洗
保留建筑环境改造(新建筑)		绿化现有屋前环境;以绿化代替原硬质路面

资料来源:作者整理自《蔡家坡村示范性新型农村社区规划》,西安市秦岭办,2013

(3)交通规划

依据现状道路及功能分区,将规划区道路分为对外联系道路、主干道、次干道、登山步行道四个等级。

对外联系道路:以现状道路布局,以环山公路作为规划区域对外联系道路。

主干道:依据功能分区及需求,分别设置各区域主干道路(宽度 8 米)。使传统民俗休闲展示区与秦岭之星具有各自独立的出入口。

次干道:依据各区域功能需求,布置次干道(宽度 5 米)。

登山步行道路:依据现状道路布局及规划功能布局,在秦岭之星区内设置登山步行道路(宽度 3 米),秦岭之星与小曲峪水库连接(1.5 千米)。

(4)经营与管理

由村委会和专业的管理公司组成一个合作公司,聘用职业的管理团队进行统一管理,公司利润由村委会和专业营运管理公司按比例分成。

职业管理团队可以组建自己的财务管理、总农艺师、项目建设、市场营销、综合管理及人力资源部门。

6.5 本章小结

秦岭北麓空间保护利用规划策略的建立是本书研究的现实意义所在,整个策略体系是通过系统化思想贯穿连接的。不论是对秦岭北麓空间评价和原则建立,还是具体策略的建构都坚持了整体综合性的态度。

秦岭北麓空间规划评价包括社会评价、环境评价和经济评价。

秦岭北麓空间保护利用规划的原则主要是整体性、地方性和生态性原则,整体性原则是地方性和生态性原则的核心,并且整体性贯穿于秦岭北麓规划的整个体系之中。生态性原则是秦岭北麓的基础性原则。地方性原则是整体性原则和生态性原则在秦岭地域文化发展中的体现。

秦岭北麓空间保护利用规划的具体规划策略主要是从秦岭北麓规划机制的建立,秦岭北麓规划方法对策——弹性规划模式引入到秦岭北麓空间系统规划策略,秦岭北麓空间具体区域层面的策略,以及秦岭北麓空间详细设计层面的策略,构建秦岭北麓空间保护利用规划的整体策略体系。

本章还对秦岭北麓空间保护利用规划的典型问题进行了论述。具体分为秦岭北麓新型农村社区建设、秦岭北麓地域建筑风格塑造和秦岭北麓秦岭品牌营建三个方面。

通过秦岭北麓空间保护利用规划实践项目的参与,笔者接触了更多的非规划本身的因素,比如经济、行政管理等,这加深了笔者对于秦岭北麓空间保护利用的综合性和复杂性的认识。秦岭北麓规划建设时间紧迫,任务重大,所以光凭借设计师以往的经验和认识,以及专家团的咨询是远远不够的,还需要更深入的调查和研究。秦岭北麓不能回避城市快速发展、生态环境破坏带来的影响。只有构建秦岭北麓适应性空间保护利用规划策略体系,合理规划秦岭北麓,为发展留有余地,才是正确的应对之道。

7. 结论

7.1 研究的主要结论

"建设生态文明"、"构建国土生态安全格局"、"实现中国梦"是当下中国社会的热点。生态文明建设的核心目标是增强生态系统的稳定性,明显改善人居环境;生态文明建设的主要途径是构建国土生态安全格局,具体包括:保护生物多样性、增强城乡防洪排涝抗旱能力、加强防灾避险体系建设等。并且,特别强调了生态保护应该"给自然留下更多修复空间"、"顺应自然"。这样的时代背景,带给了秦岭北麓更多的发展机遇和挑战。秦岭北麓空间的保护及适度利用是秦岭生态保护的有益组成部分,也是生态文明建设的重要部分。大秦岭的生态恢复,秦岭北麓的合理开发利用是大西安区域乃至全体国人"中国梦"的一部分,"中国梦"的实现需要生态文明的支撑。在城市飞速发展的今天,秦岭北麓已经呈现多元化的倾向,同时,又伴随着决策、规划和具体建设的各种问题,给秦岭北麓的发展带来更复杂化的影响。因此,研究秦岭北麓生态环境的空间保护及适度利用问题显得十分重要。

本书在山水城市的视野下,对秦岭北麓各个层面进行了整体化、系统性的研究探讨。这在相关专业对待秦岭北麓问题,偏重自身理论、研究方法介绍,缺乏整体层面的层次研究背景下,是非常有现实意义的。

研究主要采用理论梳理、调查研究、比较分析、资料收集归纳分析的研究方法,在梳理相关理论,研究相关问题的基础上总结深化理论研究,最后结合实践深化对秦岭北麓的问题的认识。

研究主要从秦岭北麓的研究背景下对山水城市视野下秦岭北麓相关理论梳理及秦岭北麓生态环境保护和适度利用的发展定位,发展诉求下的适应观引入,秦岭北麓适应性保护模式构建、秦岭北麓适应性规划策略构建几个方面对秦岭北麓适应性保护模式及规划策略进行研究。具体内容如下。

7.1.1　相关理论研究

本书是在山水城市视野下寻找秦岭北麓空间保护利用的发展道路,所以,对山水城市相关理论的梳理是十分必要的。这部分分为四个面,第一方面,首先从中国紧迫而严峻的社会发展形势谈起,分析了当代中国社会背景,然后梳理"山水城市"概念提出历程,并分析了山水城市研究兴起的过程,进而对山水城市的概念做了准确的定位,然后从中国古代山水城市思想演变和现代山水城市理论角度,剖析了山水城市理论演变与发展,并提出现代山水城市理论发展的机遇和挑战,总结归纳山水城市理论对秦岭北麓的启示。最后,将秦岭北麓的空间保护利用的研究建立在山水城市的理论视野之下,指出秦岭北麓,是大西安山水城市空间格局的重要组成部分,是大西安"山—水—城"文化的重要载体。第二方面,在分析研究山水城市空间建构的需求、人口、生态、景观和管控五个影响因素的基础上,提出山水城市空间建构的基本内容是城市空间结构与自然山水形态匹配、城市空间形态和自然山水形态匹配、城市生态环境空间与自然山水生态空间匹配、城乡地域空间一体化建构和城市历史山水地理文脉的承启五个方面,并指出山水城市空间建构和生态环境适应性保护利用是不相矛盾的。第三方面,在山水城市视野下讨论了和秦岭北麓相关的人居环境理论、景观生态学理论和景观美学理论,梳理这些理论中能指导秦岭北麓空间保护的具体部分。第四方面,在山水城市视野下对秦岭北麓有关的空间发展理论展开讨论,主要是从规模门槛理论、错位发展理论和自组织理论三个方面展开论述。

7.1.2　秦岭北麓空间保护利用现状问题及原因剖析

要建构秦岭北麓适应性保护模式及规划策略首先就是要对秦岭北麓的现状问题有所掌握,并分析其中的深层次原因。所以,首先从地理条件和空间区位对秦岭北麓的空间类型进行了分类研究。其次,按照系统论的观点,对秦岭北麓系统的现状问题进行了剖析,指出秦岭北麓系统的问题是:作为城市发展边界的山水格局被不断侵蚀突破、无序开发私建乱建严重导致山水生态环境被破坏,开发的同质化与特色缺失的秦岭北麓系统的整体效益下降问题、缺少生态过渡区和必要的规划层级,导致秦岭北麓系统存在层次不足问题,以及生境破碎化,景观发展无序,空间规模不合理,功能单一的秦岭北麓系统开放性不足等相关问题。最后,剖析了秦岭北麓生态环境保护利用的深层次原因(成因):过于强调局部利益和商业利益导致整体规划统筹缺失,环境生态保护缺失,以及缺少精细明确的保护利用法律法规法。

7.1.3　秦岭北麓适应性保护模式研究

秦岭北麓保护是第一位的,在适应性保护模式研究中,应明确秦岭北麓应该在坚守"保护底线"前提下追求"发展优先"。所以,秦岭北麓的适应性保护首先应该遵循适应自然环境、响应经济要素和彰显历史文化的保护理念。其次,秦岭北麓适应性保护的技术手段应该按照不同层次划分为整个秦岭北麓的相互关联区域整合模式,具体区域的结构形态类型保存模式,具体景观的空间修复与功能协调模式三个模式。当然,适应性保护除了技术手段,还应有与之对应的政策和管控措施才行,应在秦岭北麓适应性保护中建立激励机制,完善法律保障、管理保障和多元经济保障等机制,并强化公众参与,只有这样,才有可能做到秦岭北麓真正意义上的适应性保护。

7.1.4　秦岭北麓规划策略研究

秦岭北麓规划策略研究主要是针对秦岭北麓的空间利用问题展开讨论。秦岭北麓规划策略的建构,首先应该建立社会、环境、经济的有效评价,并注重体现整体性、地方性和生态性的规划理念。其次秦岭北麓适应性规划策略应该从行政策引导、技术手段和规划管理措施三个方面展开。

政策引导:主要是多方参与的引导和多元投资的引导。

技术手段:应建立一种弹性规划的方法对策,在此基础上,在宏观层面形成溶解空间的类山居人居环境规划策略;中观层面注重空间的开放性建设,形成完整的城市设计纲要,保护开敞景观空间;微观层面通过渗透自然景观和历史文化等多方面形成适应性规划策略。

规划管理措施:主要是从规划编制体系、法律法规、政府行政管理、经济手段和公众参与几个层面形成秦岭北麓适应性规划管理措施。

并且,秦岭北麓适应性规划策略构建还应注意新农村建设、建筑风格和秦岭品牌等典型问题的适应性研究。

7.2　研究的主要创新点

研究的创新点主要是围绕秦岭北麓空间保护利用的适应性展开的,从秦岭北麓的现状认识,到秦岭北麓保护模式的构建,再到秦岭北麓规划策略的提出,均贯穿适应性理念,主要的创新点如下。

7.2.1 提出山水城市空间建构的影响因素和基本内容以及其和生态环境适应性保护的关系

山水城市空间建构是本书研究的理论基础和理念出发点,山水城市空间建构和生态环境适应性保护利用的是不矛盾的。生态环境适应性保护利用的是山水城市空间建构的手段与工具,山水城市空间建构是城市与自然环境匹配可持续发展的方向与目的。结合不同环境对象,系统高效的生态环境适应性保护利用方法及策略研究是和谐可持续发展的山水城市空间建构的理论与管控基础。

山水城市空间建构的影响因素由"需求因素"、"人口因素"、"生态因素"、"景观因素"和"管控因素"五个方面组成。"需求因素"包括人亲近自然的需求与商业开发的需求两个因素。"人口因素"是山水城市空间建构的对象性因素。"生态因素"是秦岭北麓空间保护利用的底线性、基础性要素,任何开发建设都不能以牺牲秦岭北麓的生态环境为前提。"景观因素"源自于"生态因素",作用于"需求因素"和"管控因素",景观美学基础上的山水城市空间——秦岭北麓空间安全格局的建立,空间规模的划分,空间功能的分布都与秦岭北麓的"景观因素"不可分割。山水城市空间建构中,"管控因素"虽然不像"需求因素"对空间要求多,也不像"生态因素"和"景观因素"那么显性,但"管控因素"却是必要因素之一。

山水城市空间建构的基本内容包括:城市空间结构与自然山水空间结构的匹配、城市空间形态与自然山水形态匹配、城市生态环境空间与自然山水生态空间的匹配,城乡地域空间一体化建构和城市历史山水地理文脉的承启五个方面。

7.2.2 提出秦岭北麓生态环境的适应性保护模式

秦岭北麓的保护分为针对生态景观的生态保护和针对文化遗迹的文化保护两大类。因此,秦岭北麓适应性保护模式应该具有明确的针对性:首先,适应性保护的理念是适应自然环境、响应经济要素和彰显历史文化;并在此基础上,在保护中应该区分保护的层级,从秦岭北麓整体到具体区域,再到具体生态景观或者具体的文化遗迹,针对不同层级通过区域整合、类型保存、空间修复和功能协调三个具体模式达到适应性保护的要求;当然,适应性保护模式必须构建适应性的政策和管控措施,具体应引入激励机制,并坚守"保护底线"前提追求"发展优先",还应注重法律法规、管理措施和经济保障等问题,并强化公众参与,只有这样才能达到真正的适应性保护的目标诉求。

7.2.3 提出秦岭北麓生态环境适度利用规划策略

秦岭北麓适应性规划策略是秦岭北麓发展的必由之路。在社会、环境和经济评价的基础上，结合整体性、地方性和生态性的适度利用规划理念，秦岭北麓适应性规划策略由政策、技术手段和管理措施三个方面组成。政策主要是多方参与和多元化投资政策；技术手段首先是建立弹性规划模式，并从宏观层面的溶解空间，中观层面的开发空间和微观层面的城市设计三个层面构建秦岭北麓适应性规划技术方法；管理措施由四个方面构成：完善规划编制体系、健全法规和行政管理、经济手段，公众参与规划。

7.3 存在的问题与展望

7.3.1 存在的问题

万事没有十全十美的，本书的研究也是如此，由于笔者学识和研究能力的有限，加之研究区域的复杂和庞大，相关资料获取的条件限制等，课题虽然经过作者的思考探究，整理成篇，但对于秦岭北麓空间保护利用的研究仍然存在问题，并遗憾颇多。

适应性保护利用只是为秦岭北麓系统研究打开一扇窗，通过它，我们可以看到秦岭北麓系统的另一面，但这个角度的风景绝不是秦岭北麓系统的全部，这幅风景中还欠缺了一些内容，研究还有待深化，具体如下：

（1）秦岭北麓景观生态安全格局的评判和量化分析，这是基于秦岭北麓需要进行生态规划而提出的。也就是说需要通过研究界定秦岭北麓的生态因子，建立生态区划，进行生态评估研究，从而形成一套合理有效的秦岭北麓生态规划体系，来指导秦岭北麓生态环境保护及适度利用。具体测度上需要综合运用 3S 技术，测算研究秦岭北麓景观的斑块、基质和廊道的具体数量，并运用景观生态学的模型建立方法，建立秦岭北麓的景观模型，用以指导秦岭北麓的空间保护利用的具体问题，这有待秦岭北麓整体测绘完成后，在掌握最新的遥感影像和测绘数据后深化完成。

（2）秦岭北麓的保护利用和社会制度变迁、政府政策的制定等社会学问题密切相关，在下一步的研究中应运用社会学相关的研究方法，强化这方面的研究，研究秦岭北麓保护利用如何和社会制度、政府管控尤其是规划后管理等社会学问题建立良好互动的关系，从而促进秦岭北麓的保护利用。

(3)本课题的研究多是从宏观和中观层次对秦岭北麓保护利用的问题作出讨论,对保护模式和规划策略提出构建想法,文中有些章节对微观层面的秦岭北麓保护利用问题有所涉及,但这远远不够,比如对于具体的秦岭北麓的原住民问题,三线建设时期遗留的工矿企业、军事科研院所问题等,在下一步的研究中应该着重对微观层面的、具体针对性的问题展开讨论,使秦岭北麓的保护利用真正落到实处,达到可持续发展的最终目的。

7.3.2 研究展望[①]

1. 文化秦岭的研究

"我家门前一条河,这条河叫渭河。我家屋后一座山,这座山叫秦岭"。秦岭山水养育了西安人,形成了华夏古都,塑造了中国人所特有的"自强不息,厚德载物"的精神。秦岭,承载着华夏民族的回忆与荣耀,更是新时代"中国梦"的重要根基。通过对大秦岭深度保护和科学的利用,秦岭必将成为西安乃至整个中国的一个高度统筹的、可续发展的、衔接中国南北的中央公园,从而使之进一步成为具有中国文明之都烙印的国际生态保护示范区,最终成为保护性和传承体系相结合的生态体验式综合景区,为问鼎世界级的旅游目的地打下坚实的基础。

在快速发展的中国当下,"十八大"提出的"中国梦"已在逐步变为现实。作为"中国梦"的重要组成部分——"西安":大西安规划定位为世界文化之都,正在揽八水、纳人文,提升84平方公里的唐长安城和打造新区,这是其他国家城市无法和西安相比的。文化复兴是中华民族复兴的基础,是西安的优势,更是西安在国家层面的责任。文化搭台、板块唱戏,做大做强西安文化是我们的特色,更是我们的优势。

因此,在对秦岭北麓的研究中,重塑秦岭文化,探讨构建文化秦岭的理论和实践体系,这是秦岭生态保护的更深层次的研究视角,在后续的研究中应该加强。

2. 秦岭保护利用的西安模式研究

吴良镛先生指出:"长安寻梦,愿西安模式能在探索中成为现实!",而西安城市快速发展下的"西安模式"有目共睹。如今,西安正迈向世界城市之文化之都,"华夏故都,山水之城"的时代要求愈加强烈,古城西安正

[①] 由于秦岭北麓系统的庞大,所以研究展望的写作曾困扰笔者,觉得千头万绪,不知从何谈起。"文化秦岭"和"秦岭保护利用的西安模式"给秦岭保护利用提高了一个方向和目标性的研究高度。

携带着自身体内的"正能量"和"创想力"从一个高度上升到另一个高度，从一种境界跨越到另一种境界，从"求温饱"转向"盼环保"、从"谋生计"变为"要生态"。

大秦岭是西安的，是陕西的，是中国的，更是世界的。如果说，十年前古都长安启动的"唐皇城复兴规划"是西安建设世界城市之文化之都，重返世界城市舞台的最后一次机会，那么今天，"国家级生态文明建设示范区、亚洲区中华文明传承体验地、世界级旅游度假休闲目的地"的秦岭将是古都长安建设"美丽中国体验地"，向世界发出声音的最佳载体。

建设美丽西安离不开、绕不过秦岭。美丽西安，既是环境之美、生活之美，也是文化之美、社会之美；既是西安经济从"快"到"好"、从"好"到"美"发展的重大转折，也是从非均衡增长向均衡发展转变的重要宣示；既是人们美好愿望的集中体现，也是人与自然和谐、人与社会和谐、人与人和谐的一种状态。

未来的秦岭，将以"山水人城"为主题描绘着"好山好水好人家"的动情画面，体现生态名山、文化名山的发展态势。"保一山碧绿、护八水长流，建美丽西安"，秦岭不仅属于历史，更属于未来，发现和认识秦岭自然风光、人文胜迹与地质遗迹之美，强化顺应自然意识，提倡人与自然和谐共生，最终促进人类可持续发展。

由此而来的秦岭保护利用的"西安模式"研究还远远不够，应在后续研究中继续努力。

附　录

陕西省人民政府关于开展秦岭北麓生态
环境保护专项整治工作的通知

陕西省人民政府 陕政发[2003]17 号

西安、宝鸡、咸阳、渭南市人民政府,省人民政府各工作部门、各直属机构:

秦岭北麓是秦岭国家级生态功能保护区的重要组成部分,是我省关中地区的水源涵养地和天然生态屏障,对于提高关中地区的生态环境质量,促进经济社会的可持续发展具有极其重要的地位和作用。2002 年 7 月,省政府组织有关市、县、区政府和省政府工作部门对秦岭北麓生态环境保护现状进行了实地调查。从调查情况看,这些年来秦岭北麓生态环境保护工作取得一定成效,已建立自然保护区 4 个,划定水源保护区 8 个,建成风景名胜区 7 个、森林公园 19 个。但是,随着秦岭北麓资源开发和经济建设步伐加快,生态环境保护出现了一些不容忽视的问题。主要表现在有些矿产开发企业特别是小采石场乱采滥挖,旅游开发项目特别是小型旅游景点和各类接待服务设施乱修乱建情况比较突出,废水、废气、废渣包括生活垃圾未经处理乱排乱放的问题普遍存在,有些地方 25 度以上陡坡地退耕还林进展缓慢等。这些问题导致秦岭北麓生态破坏和环境污染加重,水土流失加剧,水源涵养等生态功能下降,如不尽快制止和解决,将会对关中"一线两带"建设和人民群众生活质量的提高带来严重影响。对此,省委领导同志十分关注,省委常委会议专门作了研究。根据省委的意见,省政府决定集中开展一次秦岭北麓生态环境保护专项整治工作。现就有关问题通知如下。

一、整治工作目标

坚持资源开发与生态保护并重方针,依据有关生态环境保护法律法规,集中半年时间对秦岭北麓生态环境保护存在的重点问题进行一次专项整治，认真查处和制止各种违法违规行为，使严重破坏和污染秦岭北麓生态环境的局面得到有效遏制。通过专项整治工作，进一步增强各级领导和广大干部群众的生态环境保护意识，完善区域资源开发与生态保护规划，建立生态保护长效机制，为关中"一线两带"建设和可持续发展创造良好的生态环境，努力促进区域经济与生态环境协调发展。

二、整治工作范围和重点

（一）秦岭北麓整治工作范围涉及 16 个县、区、86 个乡镇，约 9400 平方公里。其中西安市包括环山公路以南区域，宝鸡市和渭南市包括山脚底坡线外延 1 公里区域，咸阳市包括渭河支流沣河、太平河、新河流域。

（二）整治工作重点

1. 采矿企业（包括采石场）违法乱采滥挖，废石废渣随意堆放等破坏生态环境问题；

2. 旅游景区、景点（包括未经行政主管部门批准擅自修建的庙宇）和各类接待服务设施（包括宾馆、饭店、度假山庄）擅自乱修乱建等破坏生态环境和自然景观问题；

3. 修建公路违反环境保护规定，随意毁坏植被，弃土弃渣乱堆乱放问题；

4. 开发经营企业和建设项目不执行环境影响评价制度和"三同时"制度，废水、废气、废渣（包括生活垃圾）未经处理任意排放，严重污染和破坏生态环境问题；

5. 违法在 25 度以上陡坡开垦种地，毁林毁草造成植被破坏和水土流失问题；

6. 地方政府及其有关主管部门越权审批造成严重生态破坏与环境污染问题等。

三、整治工作措施和要求

（一）明确地方政府职责，切实把整治工作任务落到实处。西安、宝鸡、咸阳、渭南市及所辖有关县区政府是这次整治工作的责任主体，要充分认识这次整治工作的重要性和紧迫性，切实加强领导，把此项工作列入重要议事日程，并确定一名领导同志专门负责，精心制定整治工作方案，采取坚决有效措施，形成齐抓共管、全力落实的局面，确保全面完成各项整治工作任务。要把秦岭北麓生态环境保护工作纳入创建国家环境保护模范城市和国家级生态示范县的整体规划，作为政府环境保护目标责任制的一项重要内容，长期不懈地抓下去。

省宣传、计划、经贸、财政、公安、监察、建设、国土资源、交通、林业、水利、环保、旅游等有关部门要按照各自职责,切实加强对整治工作的协调指导和督促检查,及时解决整治工作中出现的重大问题。

（二）加大查处力度,集中整治各种环境违法行为。

1. 对属于"十五小"、"新五小"等国家明令淘汰的采矿、选矿、冶炼及小造纸等企业,坚决依法予以取缔和关闭。

2. 对在划定的自然保护区核心区、缓冲区内和水源一级保护区、二级保护区内,违法建设的企业事业单位、工程项目与排污设施,一律责令搬迁或者关闭。对于违法开展的旅游开发活动,责令停止并依法予以取缔。

3. 对采矿企业（包括采矿点和采石场）违反建设项目环境保护管理规定的,责令停止开采并依法严肃查处。对将废石废渣沿沟沿河乱堆乱放的,责令彻底清理并限期恢复原貌。个别清理确有困难且对生态环境影响较小的,可以就地规范堆放,修筑护坡,并尽快恢复植被。

对采石场必须按照规划严格控制选址和数量,原则上一个县、区可选择保留二、三个采石场。禁止在浅山外坡面、风景名胜区、水源保护区、交通道路两侧以及林木植被良好的区域设点开采。

4. 对违反环境影响评价制度和"三同时"制度所修建的旅游度假区、旅游景点（包括未经行政主管部门批准擅自修建的庙宇）和接待服务设施（包括宾馆、饭店、招待所、度假山庄）以及游乐设施、缆车索道等建设项目,一律依法责令停建、停业,从严履行审批手续,并限期治理达标。对不符合生态保护规定,或者治理仍未达标的,依法予以关闭和拆除。

5. 禁止任何单位和个人在秦岭北麓区域内从事房地产开发,修建商品住宅和私人别墅。对本《通知》下发前已经通过立项建设和环境影响评价审批的房地产开发项目,尚未开工建设的,一律禁止开工建设;已经开工建设或建成的,要从严监督实施"三同时"规定,不得造成生态破坏和环境污染。

6. 对公路建设项目包括修建景区和矿区公路违反环境保护规定,随意毁坏植被,弃土弃渣乱堆乱放,造成生态破坏和水土流失的,责令采取措施清理弃渣和恢复植被。

7. 对各种违法毁林毁草,破坏植被的行为,按照"谁破坏,谁恢复"的原则,责令依法予以补偿和恢复。对于 25 度以上的陡坡耕地,应在本季作物收获后分两年安排实施退耕还林。

8. 在查处上述各类问题中,对拒不执行处理处罚决定和整改要求,以及屡查屡犯、顶风违法违规的,必须对单位负责人和有关责任人员依法严肃处理。对于有令不行,有禁不止,乱批项目,纵容袒护违法企业,甚至干预行政执法监管的有关领导人和责任人,要按照省纪委、省监察厅《关于对环境违法违纪行为给予党纪政纪处分的规定》从严查处,触犯刑律的,移交司法机关处理。

（三）认真搞好区域规划，建立资源管理与生态保护协调发展的长效机制。坚持先规划、后开发，重保护、促发展的指导方针，认真组织实施《陕西秦岭国家级生态功能保护区规划》。在集中整治的基础上，省政府行政主管部门要抓紧编制秦岭北麓风景名胜区建设规划、森林公园开发建设规划、矿产资源开发利用规划、旅游发展规划、公路建设规划。今后秦岭北麓各项开发建设活动和生态保护工作要严格按照规划实施，对各种违反规划行为必须及时查处纠正。

（四）调整产业结构和布局结构，从源头控制环境污染和生态破坏行为。在秦岭北麓要优先开发科技含量高、资源消耗低、环境污染少的产业。对矿产企业要关小上大，保优去劣，适度扩大规模，相对集中建设，增强生态环境保护和可持续发展能力。旅游开发要坚持发展生态旅游的方向，按照规划要求调整优化旅游路线，提升旅游服务水平，提高旅游业的整体效益。

（五）加强生态保护监督管理工作，依法保护秦岭北麓生态环境。各有关部门要切实履行职责，建立责任制，健全各项规章制度。认真实施各项资源管理与生态保护法律法规，严格执行矿产、旅游等资源开发与公路建设审批制度和建设项目环境影响评价与"三同时"制度，强化日常监督检查，严肃查处各种违法行为。对行政执法部门执法不力和行政不作为或违规违法操作的，监察部门要依法予以查处。

（六）加强宣传教育，营造秦岭北麓生态环境保护的良好氛围。各级各种媒体，要采取多种形式，大力宣传保护秦岭北麓生态环境和开展整治工作的重大意义，宣传秦岭北麓资源开发与生态保护的规划和措施，提高广大人民群众的生态保护意识，促进专项整治工作顺利开展。

四、整治工作组织领导和总体安排

为了加强对整治工作的领导，省政府成立秦岭北麓生态环境保护整治工作领导小组，西安、宝鸡、咸阳、渭南市政府和省政府有关部门负责同志为成员，领导小组办公室设在省环保局（领导小组组成人员名单附后）。各市要设立相应的整治工作机构，根据省上统一部署，制定实施方案，组织有关县、区开展各项整治工作。

整治工作的总体安排是：2003 年 6 月底前为工作部署和宣传动员阶段，召开整治工作电视电话动员会，各市制定实施方案；7 月至 11 月为集中整治阶段，各市在全面调查摸底的基础上，组织开展集中查处整顿工作；12月份为考核验收阶段，由省政府对集中整治阶段工作进行考核验收；2004年 1 月至 6 月为遗留问题补课和建立长效机制阶段，各市完成遗留问题整改和建章立制等工作，省政府各有关行政主管部门完成规划编制工作。省环保局开展秦岭北麓生态环境保护立法调研工作。

　　在集中整治期间,省整治工作领导小组要加强协调指导和督促检查,适时召开整治工作进度汇报会,研究和解决工作中出现的重大问题,并建立整治情况月报制度。各市要在每月底前向省整治工作领导小组报告工作进展情况,12月10日前各市政府向省政府上报整治工作阶段性总结报告。

西安市人民政府办公厅关于转秦岭北麓开发
建设项目审批处理意见的通知

市政办发〔2004〕27 号 2004 年 3 月 8 日

　　根据《陕西省人民政府关于开展秦岭北麓生态环境保护专项整治工作的通告》（陕政发〔2003〕18 号）第五条：禁止任何单位和个人在秦岭北麓区域内从事房地产开发，修建商品住宅和私人别墅。对本《通告》发布前已经通过立项建设和环境影响评价审批的房地产开发项目，尚未开工建设的，一律禁止开工建设；已经开工建设或建成的，要从严监督实施"三同时"规定，不得造成生态破坏和环境污染。市秦岭北麓生态环境保护专项整治工作领导小组对长安区和户县第一批上报的 70 个项目进行了研究。其中户县上报的 9 个项目，保留的有 6 个；暂缓或调整的有 3 个。长安区上报的 61 个项目，保留的有 23 个；无偿收回土地的项目 1 个；有 8 个项目已经市政府 4 月 1 日专题会议研究过，通过进行环境影响评价，对生态环境无影响的项目继续进行；其余 29 个符合土地利用规划的项目由市规划局在编制环山路两侧规划时予以一并考虑。

　　对于允许保留的项目，规划和环保部门从严控制，必须是以生态环境、绿化建设为主的旅游类开发项目，且开发强度小于 2∶8，20% 的建设用地中建筑以低层为主，容积率控制在 0.8 以下。由市规划局负责批准项目的详细规划，环保部门根据市规划局批准的详细规划，通过环境影响评价，从严控制污染物排放。涉及水土保持的项目，还必须有经水行政主管部门审查同意的水土保持方案。

　　此文附件涉及项目主要是从环保和规划控制形成的意见，新征地项目涉及的土地征用及供地方式等按有关土地管理规定执行。具体保留项目的审批处理意见见附表。

西安市人民政府关于进一步加强秦岭北麓及环山路区域规划管理工作的通知

市政发〔2006〕72 号　2006 年 8 月 3 日

秦岭北麓是国家级生态保护区的重要组成部分,是我市的水源涵养地和绿色安全屏障,是西安经济可持续发展和人民生产生活的生命线。为了遏制近年来秦岭北麓区域及环山路两侧乱占耕地、破坏绿化、乱搭乱建的势头,市政府决定进一步加强秦岭北麓及环山路区域规划管理工作,现通知如下:

一、各区县秦岭北麓新环山路以北 1000 米线以南区域,所有建设项目(村民建房除外)的规划许可(审批)权由市规划行政主管部门行使。

对该区域内的村民建房问题,仍由各区县建设局按照 2005 年颁布的《陕西省实施〈村庄和集镇规划建设管理条例〉办法》和 2004 年修改的《西安市村镇规划建设管理条例》规定,按各自行政职能进行审查与管理,并进行违法建设查处。

二、该区域内所有新建项目(遗留项目除外),均需提交市秦岭北麓领导小组审查。现有的遗留项目经市规划行政主管部门审查同意后,交市秦岭北麓领导小组相关成员单位会审。

三、加强规划监督管理工作。市规划行政主管部门应将已许可(审批)的建设项目档案及时转至各规划分局、各县建设局。各规划分局、各县建设局按照各自行政职能,严格按市规划行政主管部门审定的规划方案进行批后管理,对各种违法建设要严格查处,对严重影响环境、违反规划的项目,要坚决依法予以拆除。市规划行政主管部门定期对各区县的规划执行情况进行监督检查。

四、该区域内所有建设项目竣工时,由市规划行政主管部门组织验收,验收不合格的项目,各区县相关部门不得办理后续手续。

五、对越权审批、不按程序审批、土地乱批乱租、建设乱搭乱建的要追究当事人的责任,对整治不力的领导干部要追究其领导责任,情节严重的依法查处。

六、在秦岭北麓范围内,省、市政府对规划的审批、管理、验收另有规定的区域和建设项目除外。

陕西省秦岭生态环境保护条例

（2007 年 11 月 24 日陕西省第十届人民代表大会
常务委员会第三十四次会议通过）

目　录

第一章　总　则

　　第一条　为了保护秦岭生态环境，维护秦岭水源涵养、水土保持功能，保护生物多样性，规范秦岭资源开发利用活动，促进人与自然和谐相处，实现经济与社会可持续发展，根据国家有关法律、行政法规，结合本省实际，制定本条例。

　　第二条　在秦岭生态环境保护范围内从事植被、水资源、生物多样性保护以及开发建设等活动适用本条例。

　　秦岭生态环境保护范围，东西以省界为界，南北以秦岭山体坡底为界。具体范围由秦岭所在地设区的市人民政府据此提出方案，报省人民政府批准并公布。

　　第三条　秦岭生态环境保护坚持统筹规划、保护优先、科学利用、严格管理的原则。

第四条　省人民政府全面负责秦岭生态环境保护工作。

秦岭所在地设区的市、县(市、区)、乡(镇)人民政府负责本行政区域内的秦岭生态环境保护工作。

第五条　省人民政府设立秦岭生态环境保护委员会。秦岭生态环境保护委员会的主要职责是：

(一)组织编制秦岭生态环境保护总体规划；

(二)审查涉及秦岭生态环境保护的有关专项规划；

(三)调研秦岭生态环境状况,提出秦岭生态环境保护政策的建议；

(四)协调秦岭生态环境保护工作；

(五)督促检查秦岭生态环境保护工作；

(六)省人民政府规定的其他职责。

秦岭生态环境保护委员会主任由省长担任,其成员、办事机构及工作规则由省人民政府规定。

第六条　秦岭所在地县级以上人民政府的发展和改革、环境保护、国土资源、林业、水利、农业、建设、交通、旅游、公安等相关部门,在各自职责范围内,共同做好秦岭生态环境保护工作。

秦岭的自然保护区、风景名胜区、森林公园、动植物园、国有林场等的管理机构,做好其管理范围内的生态环境保护工作。

第七条　秦岭所在地县级以上人民政府应当将秦岭生态环境保护纳入工作目标责任制,由上级人民政府考核并予以奖惩。

第八条　秦岭所在地设区的市、县(市、区)人民政府根据秦岭生态环境保护工作需要,在特定区域可以组织综合执法。

第九条　省人民政府以及秦岭所在地设区的市、县(市、区)人民政府应当将秦岭生态环境保护纳入国民经济和社会发展规划,并将秦岭生态环境保护资金纳入财政预算。

省人民政府和秦岭所在地设区的市人民政府应当建立专项资金,用于秦岭山区基础设施建设,支持秦岭山区因地制宜地发展对生态环境有益的各类产业,改善当地人民群众的生产生活条件。

第十条　省人民政府应当根据国家有关规定建立健全生态环境补偿机制,依法对秦岭生态环境保护地区给予经济补偿。

第十一条　建立多种投融资渠道,吸引国内外资金用于秦岭生态环境保护。鼓励社会组织和个人捐助、资助秦岭生态环境保护工作。

第十二条　科技、林业、农业、水利、环境保护等有关部门应当鼓励和支持秦岭生态环境保护的科学研究,加强生物多样性保护、水土保持和生态恢复等科学研究工作,推动科技成果在秦岭山区的应用。

第十三条 报刊、广播电视、新闻出版以及文化、教育等有关单位应当加强秦岭生态环境保护的宣传教育工作,提高公民对秦岭生态环境保护的意识。新闻媒体应当加强对秦岭生态环境保护的舆论监督。

第十四条 鼓励企业、事业单位、社团组织、个人参与秦岭生态环境保护工作。

制定涉及秦岭生态环境保护的有关专项规划以及按照规划进行的资源开发等建设项目,涉及当地居民切身利益的,应当征求当地居民的意见。

第十五条 各级人民政府及相关部门对秦岭生态环境保护做出突出贡献的单位和个人应当给予表彰和奖励。

第二章 生态环境保护规划和生态功能区划

第十六条 秦岭生态环境保护委员会应当组织发展和改革、环境保护、国土资源、林业、农业、水利、建设、交通、旅游、公安等有关行政主管部门编制秦岭生态环境保护总体规划,报省人民政府批准实施。

秦岭生态环境保护总体规划应当包括生态环境保护的长期目标和近期目标、保护的重点区域、主要任务、治理措施等内容。

第十七条 秦岭开发建设应当遵循先规划、后建设的原则。涉及秦岭开发建设的各类专项规划须经环境影响评价,并与秦岭生态环境保护总体规划相衔接。

须报省人民政府批准的涉及秦岭开发建设的专项规划,应当经秦岭生态环境保护委员会审查后,报省人民政府批准。上级人民政府认为下级人民政府批准的专项规划不符合法律、法规规定和秦岭生态环境保护总体规划要求的,可以责成其改正或者依法予以撤销。

县级以上人民政府及其有关部门对不符合规划要求的建设项目不得办理相关手续。

第十八条 海拔2600米以上的秦岭中高山针叶林灌丛草甸生物多样性生态功能区为禁止开发区;海拔1500米以上至2600米之间的秦岭中山针阔叶混交林水源涵养与生物多样性生态功能区为限制开发区;海拔1500米以下的秦岭低山丘陵水源涵养与水土保持功能区为适度开发区。

秦岭所在地设区的市人民政府可以根据秦岭生态环境保护的需要,在适度开发区划定一定区域的建设控制地带,并报省建设行政主管部门备案。

第十九条 秦岭生态功能区的禁止开发区内,不得进行与生态功能保护无关的生产和开发活动。

秦岭生态功能区的限制开发区内,严格限制房地产开发和对生态环境影响较大的工业项目。

秦岭生态功能区的适度开发区内,应当采取有效措施减少各类开发建设和生产活动对生态环境的负面影响。适度开发区内的建设控制地带不得建设有污染的工业项目,严格限制房地产开发。

第二十条　省发展和改革行政主管部门提出秦岭所在地的产业发展政策和方向,应当符合秦岭生态环境保护总体规划的要求。秦岭所在地的县域经济发展规划,应当与秦岭生态环境保护目标相结合,优化产业结构,发展特色优势产业。

第三章　植被保护

第二十一条　秦岭所在地各级人民政府应当采取天然林保护、封山育林、退耕还林、植树造林和预防火灾、防治病虫害等措施,提高森林覆盖率,改善秦岭的生态环境。

第二十二条　按照天然林优先保护的原则实施秦岭植被保护。当地人民政府应当制定、落实天然林保护的优惠政策和措施,做好天然林的保护工作,不得变更国家划定的秦岭天然林范围。

第二十三条　县级以上林业行政主管部门应当根据生态保护的要求,制定封山育林长期规划和年度计划,报本级人民政府批准后组织实施,并报上一级人民政府林业行政主管部门备案。

县级以上人民政府应当明确封山育林区域四至、封育期限,设置界桩、标牌,并向社会公布。

第二十四条　封山育林区内禁止下列行为:

(一)开垦、采石、采砂、取土;

(二)采脂、割漆、剥皮、挖根及其他毁林行为;

(三)损坏、擅自移动界桩、标牌;

(四)法律、法规禁止的其他行为。

第二十五条　秦岭25°以上的坡耕地应当逐步退耕还林(草)。

鼓励在25°以下的坡耕地进行退耕还林(草);没有退耕的,应当修建梯田或者采取其他水土保持措施,防止水土流失。

第二十六条　秦岭所在地各级人民政府应当采取多种措施植树造林,将植树造林成活率纳入考核目标。秦岭所在地的单位应当根据当地人民政府的要求,组织完成义务植树的任务。

省人民政府应当拨出专款用于秦岭的飞播造林。

第二十七条　防护林和特种用途林禁止经营性采伐。

列入国家天然林保护工程范围内的天然林和坡度在46°以上的森林以

及秦岭山系主梁两侧各一千米及其主要支脉两侧各五百米以内的森林,严禁采伐。

第二十八条　省林业、农业行政主管部门应当依照各自职责制定秦岭湿地、天然草场保护的长期规划,并监督实施。

第二十九条　秦岭所在地县级以上水行政主管部门应当合理规划,采取措施,控制区域水土流失面积,减少水土流失。

在秦岭进行建设活动的单位应当制定水土保持方案,报县级以上水行政主管部门批准后实施。

第三十条　秦岭所在地各级人民政府应当建立林区防火责任制,制定森林防火应急方案,落实防火责任,做好森林防火工作。

县级以上林业、农业行政主管部门应当加强对病虫害和有害生物的监测,及时通报病虫害和有害生物发生信息,采取措施做好病虫害的防治工作,防止有害生物的侵入。

第四章　水资源保护

第三十一条　省水行政主管部门会同有关行政主管部门和设区的市人民政府,编制秦岭水资源保护和开发利用的专项规划时,应当与秦岭生态环境保护总体规划相衔接,经秦岭生态环境保护委员会审查后,报省人民政府批准。

第三十二条　在秦岭调度水资源,建设水电站、水库等,应当符合秦岭生态环境保护和水资源开发利用规划,保障江河的合理流量和湖泊、水库以及地下水的合理水位,维护生态平衡。

第三十三条　秦岭所在地各级人民政府应当采取措施,保护植被,涵养水源,防止水资源枯竭和水质污染,保证饮用水水源安全。

第三十四条　建立秦岭饮用水水源保护区。饮用水水源保护区分为一级保护区、二级保护区。必要时,可以在饮用水水源保护区外围划定一定的区域作为准保护区。水源保护区的划定可以与其他功能区重叠。

秦岭饮用水水源保护区的划定,由秦岭所在地设区的市人民政府提出方案,报省人民政府批准并公布;跨设区的市饮用水水源保护区的划定,由有关的市人民政府协商提出方案,报省人民政府批准并公布。

秦岭饮用水水源保护区由所在地县级人民政府设置标牌、界桩。

秦岭饮用水地表水、地下水的水源一级保护区、二级保护区、准保护区的禁止行为依照《陕西省城市饮用水水源保护区环境保护条例》的规定执行。

第三十五条　禁止使用不符合国家规定防污条件的运载工具,运载油类、粪便及其他有毒有害物品通过地表水水源保护区。禁止运输危险化学品的车辆通过饮用水地表水水源保护区;确需通过的,应当采取有效安全防护措施,报公安部门依法办理有关手续,并通知水源保护区管理机构。

第三十六条　环境保护行政主管部门应当严格控制秦岭所在地重点水污染物排放总量,制定的重点水污染物排放总量应当与水体功能容量相适应。设区的市、县(市、区)环境保护行政主管部门应当根据上级行政主管部门下达的重点水污染物排放总量控制计划,拟定本行政区域重点水污染物排放总量控制实施方案,并报上一级环境保护行政主管部门备案。

第三十七条　环境保护和水行政主管部门应当加强秦岭水质状况的监测,发现重点水污染物排放总量超过控制指标或者超过水体功能容量的,应当及时报告当地县级以上人民政府,县级以上人民政府应当采取措施组织治理。

第五章　生物多样性保护

第三十八条　省林业行政主管部门会同农业、水行政主管部门根据野生动植物种类、分布情况和秦岭生态环境保护总体规划,制定秦岭生物多样性保护规划,加强对秦岭生态系统多样性、物种多样性、遗传基因多样性的保护。秦岭生物多样性保护规划经秦岭生态环境保护委员会审查,报省人民政府批准实施。

第三十九条　秦岭所在地县级以上人民政府及相关部门应当加强对秦岭野生动植物及其生息环境的保护。省野生动植物行政主管部门对列入国家和省重点野生动植物保护名录的野生动植物,应当采取保护措施,必要时建立繁育基地、种质资源库或者采取迁地保护措施。

第四十条　秦岭所在地县级以上人民政府依照有关法律法规的规定,应当在国家和省重点保护野生动物主要生息繁衍的地区和水域,国家和省重点保护野生植物物种的天然集中分布区,具有特殊保护、科学研究价值或者代表性的湿地以及集中连片、面积较大的天然林区,重要的自然遗迹,建立自然保护区或者种质资源保护区。

其他区域可以根据实际情况建立野生动植物保护点或者设立保护标志。

第四十一条　禁止任何单位和个人进入自然保护区的核心区和缓冲区内开展生产经营活动。在自然保护区的实验区开展旅游活动应当符合自然保护区管理要求,由自然保护区管理机构提出方案,经秦岭生态环境保护委员会审查后按规定报其行政主管部门批准。

第四十二条　在秦岭禁止以下危害野生动植物的行为:

（一）非法猎捕国家和省重点保护的野生动物，非法采集、采挖国家和省重点保护的野生植物；

（二）在国家和省重点保护的野生动物主要生息繁衍地使用污染其生息环境的农药；

（三）采集、破坏国家和省重点保护野生动物的卵、巢、穴、洞；

（四）损坏保护设施和保护标志；

（五）擅自引入外来物种；

（六）法律法规禁止的其他危害野生动植物的行为。

第六章　开发建设生态环境保护

第一节　矿产资源开发生态环境保护

第四十三条　省发展和改革、国土资源行政主管部门根据秦岭矿产资源的分布情况和生态环境保护总体规划，依照法定权限编制秦岭矿产资源开发规划，经秦岭生态环境保护委员会审查后，报省人民政府批准。

在秦岭新建、扩建、改建矿产资源开采项目应当符合秦岭矿产资源开发规划和生态环境保护要求。

第四十四条　禁止在自然保护区、风景名胜区、森林公园、植物园、重要地质遗迹保护区、重点文物保护区勘探、开发矿产资源。

第四十五条　矿产资源开发单位应当采用先进技术和工艺，提高资源综合利用率，减少污染物的排放。

矿产资源开发单位不得采用国家明令淘汰的落后工艺或者设备。已建成的项目采用落后工艺或者设备，对生态环境有严重影响和破坏的，由县级以上人民政府依照管理权限责令限期改造、停产或者关闭。

第四十六条　因矿产资源开发造成生态环境破坏和地质灾害的，开发单位应当依法承担治理和赔偿责任。

开发单位不履行治理责任或者治理不符合要求的，由有关行政主管部门组织代为治理，所需费用由开发单位承担。

第四十七条　在秦岭进行矿产资源开发的单位应当按照《中华人民共和国环境影响评价法》进行环境影响评价，根据环境影响评价文件要求，项目建设单位应当编制生态环境治理方案，经县级以上环境保护行政主管部门会同其他有关部门审批后实施。

在秦岭从事矿产资源开发的单位应当提取环境治理保证金，用于本单位生态环境治理方案的实施。环境治理保证金按照企业所有、专款专用、专户储存、政府监管的原则管理。具体办法由省人民政府制定。

第四十八条　在秦岭进行矿产资源开发实行生态环境综合治理补偿制

度,开发单位应当缴纳生态环境综合治理补偿费,用于水系破坏、水资源损失、水体污染、植被破坏、水土流失、生态退化、土地破坏等方面的生态环境综合治理。生态环境综合治理补偿费纳入财政预算管理。具体征收标准和管理办法由省人民政府制定。

第二节　交通设施建设生态环境保护

第四十九条　在秦岭进行交通设施建设应当符合秦岭生态环境保护总体规划的要求,秦岭道路建设应当避免或者减少对生态环境的破坏。

第五十条　在秦岭进行交通设施建设应当落实环境影响评价文件提出的各项生态环境保护措施,不占或者少占林地,对建设周期长、生态环境影响大的建设工程实行工程环境监理。

施工单位应当搞好道路两侧绿化,并对取料场、废弃物堆放场进行有效治理,不得向河道、湖泊、水库等水体倾倒废弃物。

第五十一条　在秦岭进行交通设施建设时应当采取措施,保护秦岭生物多样性和水源涵养功能。

交通设施建设应当采取修建野生动物通道等防护措施,减少对野生动物栖息环境的影响。

第五十二条　自然保护区、风景名胜区、森林公园内的道路设计方案应当经省有关行政主管部门审核。

第三节　城镇乡村建设生态环境保护

第五十三条　秦岭所在地市、县人民政府编修城镇、乡村总体规划,应当与土地利用总体规划和秦岭生态环境保护总体规划相衔接,落实秦岭生态功能区的禁止开发区和限制开发区的管理措施。

第五十四条　严格控制在秦岭进行房地产开发。在秦岭生态功能区的限制开发区和设区的市人民政府划定的建设控制地带从事房地产开发,须经设区的市人民政府审批后,报省建设行政主管部门备案。

第五十五条　秦岭城镇乡村建筑物及环境设施的设计和建设,应当与当地生态环境相协调。

第五十六条　在秦岭进行房地产开发和建设其他商业性项目,应当按照规定程序报批,并进行环境影响评价,不符合环境影响评价要求的,不得建设。

第五十七条　秦岭所在地县级以上人民政府应当根据经济社会发展状况和秦岭生态环境保护的需要,制定移民搬迁规划,有计划、有步骤地组织实施,做好移民的安置工作。

第五十八条　在秦岭的城镇应当逐步建立、完善生活污水处理、生活垃圾无害化处理、供排水等公共设施,在秦岭的农村推广和普及使用沼气,人口相对集中的村庄应当加强生态环境保护和公共卫生管理,统一规划建设生活垃圾、污水排放等收集处理设施。

　　第五十九条　秦岭生态功能区的禁止开发区、限制开发区和设区的市人民政府划定的建设控制地带不得新建、扩建宗教活动场所,其他地方扩建、改建宗教活动场所应当符合秦岭生态环境保护和城乡建设规划的要求。

第四节　旅游设施建设生态环境保护

　　第六十条　秦岭所在地设区的市人民政府应当依据秦岭生态环境保护总体规划,编制本行政区域秦岭旅游专项规划,经秦岭生态环境保护委员会审查,报省人民政府批准后实施。

　　第六十一条　在秦岭从事旅游开发,应当按照旅游专项规划,制定旅游开发和旅游设施建设方案,依法报设区的市以上人民政府有关行政主管部门审批后实施。需要建设索道的,应当依法进行环境影响评价,并报省人民政府批准。

　　第六十二条　秦岭的旅游景区、景点应当科学设计,与当地生态环境相协调,合理利用生态资源和旅游资源。

　　对有损自然生态环境和景观的旅游景点和设施,县级以上人民政府应当责令其限期关闭或者拆除。

　　第六十三条　秦岭所在地县级旅游行政主管部门应当对乡村旅游统一规划,合理布局。乡村旅游经营集中的地方,应当对生活垃圾和污水统一处置。

　　第六十四条　秦岭的旅游景区、景点应当加强公共卫生管理,对生活垃圾分类收集,专人管理,统一处理,禁止随意弃置和堆放。

　　进入秦岭的人员、游客不得随意丢弃废弃物污染环境。

　　第六十五条　秦岭的旅游景区、景点应当优先选择电能、太阳能、风能、水能、天然气、液化气等清洁能源;旅游观光车及其他服务设施应当符合环境保护要求。

第七章　法律责任

　　第六十六条　违反本条例第十九条第一款规定,在秦岭生态功能区的禁止开发区内进行与生态功能保护无关的生产和开发活动的,由县级以上人民政府予以取缔,对单位处五十万元以上二百万元以下罚款,对个人处五万元以上二十万元以下罚款;造成植被破坏的,应当承担治理费用;构成犯罪的,依法追究刑事责任。

　　第六十七条　违反本条例第二十四条第(一)项、第(二)项规定,致使森

— 236 —

林、林木受到毁坏的,依法赔偿损失;由县级以上林业行政主管部门责令停止违法行为,补种三倍毁坏的树木,可处毁坏树木价值一倍以上五倍以下的罚款。

第六十八条　违反本条例第三十五条规定,使用不符合国家规定防污条件的运载工具,运载油类、粪便及其他有毒有害物品通过地表水水源保护区的,由县级以上环境保护行政主管部门处一千元以上一万元以下的罚款;通过饮用水地表水水源保护区运输危险化学品,未向公安部门申请领取危险化学品公路运输通行证的,由县级以上公安部门责令改正,处二万元以上十万元以下的罚款,构成犯罪的,依法追究刑事责任。

第六十九条　违反本条例第四十四条规定,勘探矿产资源的,由县级以上国土资源行政主管部门责令停止违法行为,予以警告,可并处一万元以上十万元以下罚款;开发矿产资源的,由县级以上国土资源行政主管部门责令停止开采、赔偿损失,没收采出的矿产品和违法所得,可并处一万元以上十万元以下罚款。构成犯罪的,依法追究刑事责任。

第七十条　违反本条例第五十条第二款规定,向河道、湖泊、水库等水体倾倒废弃物的,由县级以上水行政主管部门责令停止违法行为,排除阻碍或者采取其他补救措施,可以处一万元以上五万元以下的罚款。

第七十一条　违反本条例第五十四条规定,未经批准在限制开发区或者设区的市人民政府划定的建设控制地带内进行房地产开发的,由县级以上建设行政主管部门责令拆除,恢复原状,处以五十万元以上二百万元以下罚款。

第七十二条　违反本条例规定的其他行为,法律、法规已有处罚规定的,按照其规定执行。

第七十三条　依照本条例第六十六条和第七十一条规定对单位处一百万元以上罚款,对个人处十万元以上罚款,应当告知当事人有要求举行听证的权利。

依照本条例其他规定对单位处五万元以上罚款,对个人处三万元以上罚款,应当告知当事人有要求举行听证的权利。

第七十四条　当事人对行政处罚决定不服的,可以依法申请行政复议或者提起行政诉讼。

第七十五条　国家工作人员在秦岭生态环境保护工作中违反本条例规定,有下列情形之一的,对直接负责的主管人员和其他直接责任人员依法给予行政处分;构成犯罪的,依法追究刑事责任:

(一)应当编制规划而不编制规划或者编制规划弄虚作假的;

(二)违反规定审批开发建设项目的;

（三）不履行法定程序和职责的；

（四）其他滥用职权、玩忽职守、徇私舞弊的行为。

第八章　附　则

第七十六条　本省行政区域内的巴山生态环境保护活动参照本条例规定执行。

第七十七条　本条例自 2008 年 3 月 1 日起施行。

西安市秦岭生态环境保护管理委员会办公室

关于提请审定《西安市秦岭生态
环境保护条例（草案）》的请示

市政府：

　　2012 年市人大常委会将《西安市秦岭生态环境保护条例》列入立法调研计划，市政府于去年 5 月 8 日召开了西安市秦岭生态环境保护立法调研工作会议，按照工作安排，我办立即启动起草工作。期间共召开 9 次专题工作会、座谈会，广泛听取和收集各方面意见，先后 12 易其稿，于 2012 年 11 月 19 日将《条例（草案）》报送市政府。

　　今年 1 月，我办与法制办邀请市人大法工委，共同对《条例（草案）》进行了修改，并在市政府网站全文公布，公开征求公众意见，同时征求了各市级相关部门、沿山六区县政府及相关开发区的意见。3 月 8 日，召开了《条例（草案）》立法听证会。根据各方意见，市法制办与我办对《条例（草案）》进行了集中修改，形成了《条例（草案）》（修改稿），现将《条例（草案）》（修改稿）报请市政府研究审定。

西安市秦岭生态环境保护管理委员会办公室

2013 年 3 月 28 日

西安市秦岭生态环境保护条例

（最终上报稿）

目 录

第一章 总 则

第一条 为了保护秦岭生态环境，维护秦岭水源涵养、水土保持、气候调节等功能，保护生物多样性和历史遗迹，规范秦岭资源开发利用活动，促进人与自然和谐共处和经济社会可持续发展，根据《陕西省秦岭生态环境保护条例》和有关法律、法规，结合本市实际，制定本条例。

第二条 本条例所称生态环境是指影响人类与其他生物（植物、动物、微生物）生理特性和生活习性的各种天然的和经过人工改造的自然因素的总和，包括大气、水、土壤、森林、矿藏、野生生物、自然地质地貌、人文遗存等。

第三条　在本市秦岭生态环境保护范围内从事生态环境保护以及开发建设等活动适用本条例。

本市秦岭生态环境保护范围以省人民政府批准的秦岭生态环境保护规划确定的范围为准。

第四条　秦岭生态环境保护坚持预防为主、保护优先、统筹规划、科学利用、严格管理的原则,保持生态环境系统的稳定和完整。

第五条　本市秦岭生态环境保护范围分为禁止开发区、限制开发区和适度开发区。

海拔2600米以上的区域及世界地质公园、世界人与生物圈保护区、自然保护区、饮用水水源保护区、天然林保护区、封山育林区为禁止开发区;秦岭山体坡脚线以上至2600米之间的区域为限制开发区;其他区域为适度开发区。

市人民政府可以根据秦岭生态环境保护的需要,在适度开发区内划定建设控制地带。

第六条　禁止开发区内,不得进行与生态功能保护无关的生产和开发活动,实施强制性保护措施,严格控制人为因素对自然生态和文化遗存原真性、完整性的干扰和破坏。

限制开发区内,禁止房地产开发和对生态环境影响较大的项目,禁止非当地居民违法购置宅基地修建房屋和购买房屋。

适度开发区内,应当控制各类开发建设和生产活动,减少对生态环境的负面影响。适度开发区内的建设控制地带不得建设有污染的工业项目,严格限制房地产开发。

第七条　市、有关区县人民政府应当将秦岭生态环境保护纳入国民经济和社会发展规划,将秦岭生态环境保护资金纳入财政预算。

市、有关区县人民政府应当建立专项资金,用于秦岭生态环境保护范围内的基础设施建设、移民搬迁、生态环境修复,支持发展生态环境友好型的各类产业,改善当地居民的生活生产条件。

建立多种投融资渠道,吸引国内外资金用于秦岭生态环境保护。鼓励社会组织和个人捐助、资助秦岭生态环境保护工作。

第八条　秦岭生态环境保护范围内的建设项目应当按照有关规定配套建设防治污染和其他公害的环境保护设施,并与主体工程同时设计、同时施工、同时投入使用。建设项目开工前,应当按照法律、法规规定,须经环境影响评价、须编制水土保持方案、办理节能评估和审查等手续。

第九条　市人民政府应当建立秦岭生态环境治理保证金和生态环境综合治理补偿费制度,并依据省人民政府相关规定制定具体管理办法。

生态环境治理保证金用于本单位生态环境治理方案的实施。生态环境综合治理补偿费用于植被破坏、水系破坏、水资源损失、水体污染、水土流失、生态退化、土地破坏、环境污染等方面的生态环境综合治理。市财政部门应当按照规定将生态环境综合治理补偿费纳入财政预算管理。

第十条 根据秦岭生态环境保护范围内的区域环境状况，相关行政管理部门可以提出在一定期限内对部分区域进行恢复生态环境、封闭保护等措施，经市人民政府批准后实施。封闭的时间、区域应当经科学论证，提前向社会公布。

第十一条 市人民政府应当建立秦岭生态环境保护专家咨询机制，鼓励和支持生态环境保护科学研究，加强与大专院校、科研单位的合作，加强人才培养和人员培训工作，推动科技成果在秦岭生态环境保护范围内的应用。

第十二条 每年四月第二个星期为"秦岭生态环境保护宣传周"。鼓励志愿者组织依法开展秦岭生态环境保护的宣传、展示、推广等活动。

鼓励设立展示和宣传秦岭生态环境保护的图书馆、博物馆、历史纪念馆、艺术馆、民俗文化演艺等文化场馆。

第十三条 市秦岭生态环境保护管理委员会办公室应当加强对区县人民政府、市级相关行政管理部门秦岭生态环境保护工作监督检查，并进行考核。考核结果纳入市人民政府年度目标责任考核体系。

第十四条 秦岭生态环境保护范围内的单位和个人应当积极配合有关部门的工作，自觉维护秦岭生态环境。

第二章 生态环境保护机构与职责

第十五条 市人民政府设立秦岭生态环境保护管理委员会，负责统筹协调秦岭生态环境保护重大事项。市秦岭生态环境保护管理委员会办公室，是本市秦岭生态环境保护行政管理机构，负责秦岭生态环境保护监督管理工作。

发展和改革、规划、财政、环境保护、国土资源、林业、水务、农业、建设、交通运输、旅游、文物、宗教、气象、民政、公安等有关行政管理部门及有关开发区管理委员会在各自职责范围内，共同做好秦岭生态环境保护工作。

第十六条 秦岭所在地的区、县人民政府应当做好辖区内的秦岭生态环境保护工作，其所属的秦岭生态环境保护管理机构在市秦岭生态环境保护管理委员会办公室指导下负责日常监督管理工作。

乡、镇人民政府、街道办事处负责本辖区内的秦岭生态环境保护工作。

第十七条 秦岭生态环境保护范围内的世界地质公园、世界人与生物圈保护区、自然保护区、天然林保护区、封山育林区、国家植物园和动物园、风景名胜区、森林公园、国有林场、饮用水水源保护区等的管理机构,应当做好其管理范围内的生态环境保护工作。

第十八条 市秦岭生态环境保护管理委员会办公室的主要职责是:

(一)组织编制秦岭生态环境保护规划、专项规划,负责区域内开发建设项目审查工作;

(二)负责秦岭生态环境保护工作,监督市级相关部门和区县人民政府做好秦岭生态环境保护工作;

(三)督促检查市级相关部门和区县人民政府依法查处秦岭生态环境保护区范围内违规建设和生态环境破坏行为;

(四)组织开展秦岭生态环境保护管理宣传教育和调查研究,提出政策措施建议;

(五)根据市人民政府有关规定负责秦岭生态环境保护资金和生态环境综合治理补偿费的管理和使用;

(六)市人民政府授予的其他职权。

第十九条 市秦岭生态环境保护管理委员会办公室应当组织市级有关行政管理部门编制秦岭生态环境保护规划、保护利用总体规划,报市人民政府批准。

区、县人民政府、市级有关部门应当根据秦岭生态环境保护规划、保护利用总体规划,组织编制秦岭生态环境保护区域规划和专项规划,经市人民政府批准后实施。

须报省人民政府批准的涉及秦岭开发建设的专项规划,应当经市人民政府同意后,报省人民政府批准。

第二十条 秦岭生态环境保护范围内的开发建设项目,实行准入制度。实行审批制、核准制的项目,由市秦岭生态环境保护管理委员会办公室办理项目准入手续后,按照国家有关规定办理其他手续;实行备案制的项目,经区、县秦岭生态环境保护管理机构审核后,报市秦岭生态环境保护管理委员会办公室办理备案手续。

第二十一条 市秦岭生态环境保护管理委员会办公室、区县秦岭生态环境保护管理机构应当加强日常巡查,对违反秦岭生态环境保护规划和有关法律法规的行为,市、区县秦岭生态环境保护管理委员办公室可以先行制止,并通知有权处理单位依法进行处理。有权处理单位应当及时通报处理情况。

第二十二条 市、区、县人民政府根据秦岭生态环境保护工作需要,可以组织综合执法;市秦岭生态环境保护管理委员会办公室和区、县秦岭生态环境保护管理机构可以接受相关部门委托进行执法。

综合执法的具体规定，由市、区、县人民政府决定。

第二十三条 市人民政府应当逐步建立秦岭生态环境综合监测系统，对秦岭的气象、水文、土壤、植物、动物和微生物等要素实施动态监测，为生态环境保护、建设及其科学研究提供技术保障和支持。

第三章 自然人文资源保护

第一节 植被保护

第二十四条 市、区、县人民政府按照对天然林优先保护的原则，向社会公布划定的天然林保护区范围，落实天然林保护优惠政策。

第二十五条 市、区、县林业行政管理部门应当制定封山育林长期规划和年度计划，报本级人民政府批准后实施，并向社会公布封山育林区域四至、封育期限，设置界桩、标牌等。

第二十六条 世界地质公园、世界人与生物圈保护区、自然保护区、天然林保护区、国家植物园、动物园、风景名胜区、森林公园、饮用水水源保护区、封山育林区内禁止下列行为：

（一）开垦、采石、采砂、取土；

（二）采挖大树、采脂、采松子（国有林场、集体林自繁种子除外）、割漆、割竹、剥皮、挖根、挖药、放牧及其他毁林行为；

（三）损坏、擅自移动界桩、标牌；

（四）法律、法规禁止的其他行为。

第二十七条 市、区、县人民政府应当建立林区防火责任制，落实防火责任。市、区、县林业、农业行政管理部门应当采取措施做好森林病虫害的防治，防止有害生物的侵入。

第二十八条 市、区、县人民政府应当采取多种措施植树造林，秦岭25°以上的坡耕地应当逐步退耕还林（草）。

第二十九条 秦岭生态环境保护范围内严格控制征占用林地，确需征占用林地的，依照法律、法规执行。

秦岭生态环境保护范围内采伐林木须报林业行政管理部门审核、批准。

第三十条 市林业、农业行政管理部门应当制定秦岭湿地、天然草场保护长期规划。水行政管理部门应当采取生物、工程等措施，控制水土流失。

环境保护、水行政管理部门应当加强秦岭生态环境保护范围内开发建设项目的监管。建设施工单位不得有抛洒、违规堆放工程弃渣或者其他破坏植被的行为，凡可能造成植被破坏、水土流失的，应当依法缴纳水土保持治理费和水土流失补偿费。

第三十一条　气象部门应当充分利用有利的气象条件,采取人工影响天气等科学措施,最大限度开发利用区域空中水资源,补充植被生长所需。

第三十二条　根据国家、省生态公益林补助规定,市、有关区县人民政府应当加强秦岭水源涵养林的营造和保护,建立地方公益林生态效益补偿机制,多渠道筹集资金,用于地方公益林生态效益补偿。

第二节　水资源保护

第三十三条　市水行政管理部门应当根据秦岭生态环境保护规划,编制秦岭水资源开发利用专项规划,经市人民政府同意后,报省人民政府批准。

第三十四条　在秦岭生态环境保护范围内调度水资源,建设水电站、水库等,应当符合秦岭生态环境保护和水资源开发利用规划,经区县秦岭生态环境保护管理机构报市秦岭生态环境保护委员会办公室审核后,由水行政管理部门审批并按规定上报。

调度水资源、建设水库应当按照规定留足生态基流,建设水电站应当在拦河坝上设置生态基流口,保障河流的合理流量和湖泊以及地下水的合理水位,维护生态平衡。

第三十五条　秦岭生态环境保护范围内已纳入秦岭水资源开发利用专项规划的城市饮用水水源地,依照《中华人民共和国水污染防治法》、《陕西省城市饮用水水源保护区环境保护条例》、《西安市黑河引水系统保护条例》执行。秦岭城市饮用水水源地保护范围的划定可以与其他功能区重叠。

秦岭生态环境保护范围内饮用水水源保护区禁止设立排污口,已建成的厂矿企业、院校、宾馆、饭店、培训中心、乡村旅游等,应当在规定的期限内做到污水、垃圾及其他污染物零排放,并逐步迁出。未迁出前产生的污染物应当自行清运。

第三十六条　加强对秦岭生态环境保护范围内地热水、矿泉水的保护。地热水、矿泉水开发经市秦岭生态环境保护管理委员会办公室审核后,由市水行政管理部门审批。禁止以探代采、超出许可范围开采。

第三十七条　市人民政府应当制定秦岭生态环境保护范围内水源保护区移民搬迁规划,有计划、有步骤地实施水源保护区移民搬迁。

第三十八条　水行政管理部门应当会同有关部门加强对秦岭生态环境保护范围内蓄水、引水、调水和水源地设施的维护与管理,查处毁损、破坏水利设施的行为。

第三节　生物多样性保护

第三十九条　市、区、县人民政府及相关部门应当加强对秦岭野生动植物及其生息环境的保护。对列入国家及省重点野生动植物保护名录的野生动植物,包括濒危动植物和古树名木,应当采取保护措施,必要时建立繁育基地、种质资源库或者采取迁地保护措施。

第四十条 在国家和省重点保护野生动物主要生息繁衍的地区和水域,国家和省重点保护野生植物物种的天然集中分布区,具有特殊保护、科学研究价值或者代表性的湿地以及集中连片、面积较大的天然林区和重要的自然遗迹,建立自然保护区或者种质资源保护区。

其他区域可以根据实际情况建立野生动植物保护点或者设立保护标志。

第四十一条 在秦岭生态环境保护范围内禁止以下危害野生动植物的行为:

(一)非法猎捕国家和省重点保护的野生动物,非法采集、采挖国家和省市重点保护的野生植物;

(二)在国家和省重点保护的野生动物主要生息繁衍地使用污染其生息环境的农药;

(三)采集、破坏国家和省重点保护野生动物的卵、巢、穴、洞;

(四)损坏保护设施和保护标志;

(五)擅自引入外来物种;

(六)法律、法规禁止的其他危害野生动植物的行为。

第四节 文物与文化遗迹保护

第四十二条 秦岭生态保护范围内的文物保护单位应当编制保护规划,划定必要的保护范围,作出标志说明,建立记录档案。

第四十三条 在文物保护单位保护范围内禁止下列行为:

(一)在文物和文物保护单位标志上刻划、涂画、张贴;

(二)排放污水、挖沙取土取石、修建坟墓、堆放垃圾等可能损害文物安全的行为;

(三)存储易燃、易爆等危险物品;

(四)设置户外广告设施,修建人造景点等与文物保护无关的工程;

(五)法律、法规规定的其他行为。

第四十四条 秦岭生态环境保护范围内的建设活动,涉及不可移动文物点的,应编制方案,提出文物保护措施,经市秦岭生态环境保护管理委员会办公室审核,文物行政管理部门同意,并依法履行报批手续后,方可实施;涉及可移动文物的,应移交文物行政管理部门保管,任何单位和个人不得私自收藏、转卖。

第四十五条 利用文物保护单位拍摄电影、电视、广告和音像资料或者举办其他大型活动,应当制定文物和环境保护方案,按照审批权限报相应文物行政管理部门批准,文物行政管理部门应当对拍摄单位和举办者的活动进行监督。

第四十六条　在文物保护单位的保护区域内进行工程建设,应当进行考古勘探和环境影响评价,编制水土保持方案,并依法履行报批手续。建设工程的风格、色调和高度应当与文物保护单位的历史风貌和周边的自然环境相协调,不得建设污染文物保护单位及其环境的设施。

第四十七条　对宗教祖庭和国家、省、市确定的重要寺庙、道观应当划出保护范围,禁止随意开发,防止人为破坏。

第四章　开发建设生态环境保护

第一节　矿产资源开发生态环境保护

第四十八条　在秦岭生态环境保护范围内进行矿产资源开发的项目应符合矿产资源开发规划,经市秦岭生态环境保护管理委员会办公室审核后,进行环境影响评价,编制水土保持治理方案,依照法定程序审批后实施。

第四十九条　因矿产资源开发造成生态环境破坏和地质灾害的,开发单位应当依法承担治理和赔偿责任。

第五十条　市人民政府应当严格控制秦岭生态环境保护范围内的矿产资源开发活动,建立矿权退出补偿机制,依法保护企业及个人合法权益。

第二节　交通设施建设生态环境保护

第五十一条　在秦岭生态环境保护范围内严格控制交通设施建设。确需进行交通设施建设的,经省市相关部门批准后,建设单位应当采取相应的生态环境保护措施,并向市秦岭生态环境保护管理委员会办公室备案。

第五十二条　建设周期长、生态环境影响大的交通设施建设工程,建设单位应当采取修建野生动物通道等防护措施,减少对野生动物栖息环境的影响。不得向河道、湖泊、水库、林地倾倒沙石等废弃物,不得破坏水体、树木植被。

第五十三条　世界地质公园、世界人与生物圈保护区、自然保护区、天然林保护区、国家植物园、动物园、风景名胜区、森林公园、饮用水水源保护区内自建道路和村镇的道路设计方案应当经市秦岭生态环境保护管理委员会办公室审核后,依照法定程序报批。

第三节　村镇建设生态环境保护

第五十四条　在适度开发区建设控制地带进行房地产开发活动,应当经市秦岭生态环境保护管理委员会办公室审核,市人民政府审批后,报省建设行政主管部门备案。

第五十五条　秦岭生态环境保护范围内确需进行工程建设的,经区县秦岭生态环境保护管理机构报市秦岭生态环境保护委员会办公室审核,依法办理其他手续后,方可开工建设。

第五十六条 秦岭生态环境保护范围内禁止新建、改建、扩建经营性公墓。提倡村镇土葬公墓以植树方式取代坟头。提倡文明祭祀,禁止焚烧纸钱纸扎、燃放炮仗。

第五十七条 市、区、县人民政府应当根据经济社会发展状况和秦岭生态环境保护的需要,在禁止开发区、限制开发区有计划、有步骤地组织实施移民。移民搬迁后应当及时拆除原居住地建、构筑物,并恢复植被。

第五十八条 禁止开发区、限制开发区和建设控制地带内不得新建、扩建用于宗教活动的建筑物、构筑物及其他设施。其他区域扩建、改建用于宗教活动的建筑物、构筑物及其他设施,应当符合秦岭生态环境保护和城乡建设规划。

第四节 旅游设施建设生态环境保护

第五十九条 在秦岭生态保护范围内从事旅游开发,应当符合秦岭旅游专项规划,市秦岭旅游专项规划应当经市人民政府同意后,报省人民政府批准。

制定旅游开发和旅游设施建设方案时,应经市秦岭生态环境保护管理委员会办公室初审和市级有关部门审核,由市旅游行政管理部门按规定报批。

第六十条 市农业行政管理部门,应当编制秦岭生态环境保护范围内生态农业、观光农业发展规划并与秦岭生态环境保护规划相协调。区、县人民政府应当制定本辖区乡村旅游发展规划,经市秦岭生态环境保护管理委员会办公室审核后,组织实施。

任何单位和个人不得违反规划,私搭乱建旅游建筑和设施,不得进行毁坏林木、排放污染物、狩猎等破坏生态环境行为。禁止宾馆、饭店、培训中心、乡村旅游以及其他经营性场所砍伐林木作燃料使用。

第六十一条 区、县人民政府应当加强秦岭的旅游景区、景点以及乡村旅游经营集中区的公共卫生管理。旅游景区、景点以及乡村旅游经营集中区应当将污水、生活垃圾进行集中处理,禁止随意排放污水、弃置和堆放生活垃圾。

第六十二条 市人民政府应当根据秦岭生态环境保护范围内的区域生态环境承载量,划定生态敏感区和生态脆弱区。

秦岭生态敏感区、生态脆弱区,禁止游客进入。进入其他区域的人员应当保护生态环境,维护地质遗存原貌,不得随意丢弃废弃物污染环境。

第六十三条 秦岭生态环境保护范围内的旅游景区、景点、乡村旅游经营集中区应当优先选择电能、太阳能、风能、水能、天然气、液化气等清洁能源;景区、景点旅游观光车应当使用环保能源车辆,其他服务设施应当符合生态环境保护要求。

第六十四条　秦岭生态环境保护范围内的旅游景区应当保证通讯畅通,完善安全设施,配备救援人员和设备,及时发布暴雨、冰雹、寒潮等气象灾害及其他信息。

区、县人民政府应当制定救援应急预案,保证游客和当地居民生命财产安全。

第五章　法律责任

第六十五条　违反本条例第六条第一款规定,在秦岭生态功能区的禁止开发区内进行与生态功能保护无关的生产和开发活动的,由区县以上人民政府予以取缔,对单位处五十万元以上二百万元以下罚款,对个人处五万元以上二十万元以下罚款;造成植被破坏的,应当承担治理费用,治理费用以政府招标设计为准;构成犯罪的,依法追究刑事责任。

第六十六条　违反本条例第二十条规定,开发建设项目未按规定向市秦岭生态环境保护管理委员会办公室办理项目准入手续或者备案手续开工建设的,由市秦岭生态环境保护管理委员会办公室责令停止施工,处五万元以上十万元以下罚款。建设项目违法开工建设同时违反其他法律、法规规定的,由相关行政管理部门依法处罚。

第六十七条　违反本条例第二十六条第一项、第二项规定,致使森林、林木受到毁坏的,依法赔偿损失;由区县以上林业行政主管部门责令停止违法行为,补种三倍毁坏的树木,可处毁坏树木价值一倍以上五倍以下的罚款。

第六十八条　违反本条例第三十四条第二款规定,建设水库、水电站未按规定留足生态基流或未设置生态基流口的,由水行政管理部门责令限期改正,并处二万元以上五万元以下罚款。

第六十九条　违反本条例第三十五条规定,在饮用水水源保护区内设置排污口的,由区、县人民政府责令限期拆除,处十万元以上五十万元以下的罚款;逾期不拆除的,强制拆除,所需费用由违法者承担,处五十万元以上一百万元以下的罚款,并可以责令停产整顿。

未自行清运污染物的,责令限期改正,逾期未改正的处五千元以上三万元以下罚款,并由相关行政管理部门组织清理外运,集中处理,所需费用由违法者承担。

第七十条　违反本条例第五十四条规定,未经批准在建设控制地带内进行房地产开发的,由建设行政管理部门责令拆除,恢复原状,处以五十万元以上二百万元以下罚款。

第七十一条 违反本条例第六十条第二款规定,宾馆、饭店、培训中心、乡村旅游以及其他经营性场所砍伐林木,致使森林、林木受到毁坏的,依法赔偿损失;由林业行政管理部门责令停止违法行为,补种毁坏株数一倍以上三倍以下的树木。

拒不补种树木或者补种不符合国家有关规定的,由林业行政管理部门代为补种,所需费用由违法者承担。

第七十二条 违反本条例规定的其他行为,法律、法规已有处罚规定的,按照其规定执行。

第七十三条 依照本条例第六十五条、第七十条规定对单位处一百万元以上罚款,对个人处十万元以上罚款,应当告知当事人有要求举行听证的权利。

依照本条例其他规定对单位处五万元以上罚款,对个人处三万元以上罚款,应当告知当事人有要求举行听证的权利。

第七十四条 当事人对行政处罚决定不服的,可以依法申请行政复议或者提起行政诉讼。

第七十五条 国家工作人员在秦岭生态环境保护工作中违反本条例规定,有下列情形之一的,对直接负责的主管人员和其他直接责任人员依法给予行政处分;构成犯罪的,依法追究刑事责任:

(一)应当编制规划而不编制规划或者编制规划弄虚作假的;

(二)违反规定审批开发建设项目的;

(三)不履行法定程序和职责的;

(四)其他滥用职权、玩忽职守、徇私舞弊的行为。

第六章 附 则

第七十六条 本条例自 2013 年 10 月 01 日起施行。

参考文献

[1](美)冯·贝塔朗菲著,林康义,魏宏森译.一般系统论 基础、发展和应用[M].北京:清华大学出版社,1987.

[2](美)霍兰著.隐秩序 适应性造就复杂性[M].上海:上海科技教育出版社.2011.

[3](美)卡尔·斯坦尼茨等著,郑冰等译.变化景观的多解规划[M].北京:中国建筑工业出版社,2008.

[4](美)史蒂文·布拉萨著,彭锋译.景观美学[M].北京:北京大学出版社,2008.

[5](前苏联)B.P.克罗基乌斯.城市与地形[M].北京:中国建筑工业出版社,1982.

[6](日)芦原义信.外部空间设计[M].北京:中国建筑工业出版社,2006:28.

[7](英)Jo Treweek 著,国家环境保护总局环境工程评估中心译.生态影响评价[M].北京:中国环境科学出版社,2006.12.

[8]郑晓东.温州山水城市空间初探[J].现代城市研究,2001(1):29~32.

[9]李鹏宇,袁艳华,杨春娟.城乡结合地带景观生态修复研究——基于南京的实践[C]和谐共荣——传统的继承与可持续发展:中国风景园林学会2010年会论文集(下册),2010:548~557.

[10]李萍萍,袁奇峰,赖寿华等.从"云山珠水"走向"山城田海"——生态优先的广州"山水城市"建设初探[J].城市规划,2001(3):28~31.

[11]人民网.我国每年水土流失50亿吨[EB/OL].http://www.people.com.cn/GB/huanbao/57/20020528/739148.html.

[12]宋绍杭,张扬,徐鑫.历史文化名村保护规划中多元功能——空间适应性方法探索——以青街畲族自治乡为例[J].规划师,2011(5):32~36.

[13]王永胜,张定青.西安市秦岭北麓村镇生态化建设规划初探——以周至县为例[J].华中建筑,2010,163(12):126~130.

[14]杨莹,李建伟,刘兴昌等.功能性郊区发展的定位分析——以长安秦岭北麓发展带为例[J].西北大学学报(自然科学版),2006(4):655~658.

[15]朱美宁,宋保平.基于大尺度旅游地规划空间组织结构研究——以陕西秦岭为例[J].江西农业学报,2009,21(6):175~177.

[16]中华人民共和国环境保护部.2005年国家环保局地表水质报告[EB/OL].http://www.zhb.gov.cn/gkml/hbb/qt/200910/t20091023_179882.htm.

[17]百度百科.半透膜[EB/OL].http://baike.baidu.com/view/337373.htm.

[18]百度百科.边缘效应[EB/OL].http://baike.baidu.com/view/258583.htm.

[19]百度百科.关中—天水经济区[EB/OL].http://baike.baidu.com/view/3504612.htm,2013~03~20.

[20]百度百科.联合国人类环境会议宣言[EB/OL].http://baike.baidu.com/view/1920482.htm.

[21]百度百科.山麓[EB/OL].http://baike.baidu.com/.

[22]鲍世行,顾孟潮.杰出科学家钱学森论城市学与山水城市[M].北京:中国建筑工业出版社,1996.

[23]鲍世行,顾孟潮.杰出科学家钱学森论山水城市与建筑科学[M].北京:中国建筑工业出版社,1999.

[24]鲍世行.山水城市——21世纪中国的人居环境[J].中国工程科学,2002(9):19~23.

[25]彼得·霍尔,凯西·佩恩等编著,罗震东等译.多中心大都市——来自欧洲巨型城市区域的经验[M].北京:中国建筑工业出版社,2010.3.

[26]蔡琳,薛惠锋,寇晓东.基于CAS的城市空间演化多主体模型方法研究[J].计算机仿真,2007(4):145~148.

[27]蔡平.西安市秦岭沿线旅游资源开发研究[J].唐都学刊,2002(3):108~110.

[28]曹坤梓.城市化进程中山地城市空间形态演进与发展研究[D].重庆:重庆大学,2004:20.

[29]陈纪凯.适应性城市设计——一种实效的城市设计理论及应用[M].北京:中国建筑工业出版社,2004.

[30]陈建新,徐进波.城市景观设计的适应性[J].科教文汇(上旬刊),2007(9):201.

[31]陈玮.现代城市空间建构的适应性理论研究[M].北京:中国建筑工业出版社,2010.

[32]陈稳亮.大遗址保护中的弹性规划策略研究——基于雍城遗址保护的思考[J].城市发展研究,2009(8):77~82+90.

[33]陈宇琳,刘佳燕.欧洲委员会山区研究[J].国际城市规划,2007(3):112~116.

[34]陈宇琳.阿尔卑斯山地区的政策演变及瑞士经验评述与启示[J].国际城市规划,2007(6):63~68.

[35]陈羽.从"建设美丽中国"看生态文明建设[J].重庆科技学院学报(社会科学版),2013(6):12~14.

[36]程庆国.关于温州建设"山水城市·家园城市·网络城市"的思考[J].现代城市研究,2001(1):35~37.

[37]仇保兴.城镇化的挑战与希望[J].城市发展研究,2010(1):1~7.

[38]达婷.我国传统文化生态观对当代山水城市建设的启示[J].中国园林,2012(5):121~124.

[39]戴彦.巴蜀古镇历史文化遗产适应性保护研究[D].重庆:重庆大学,2008.

[40]戴月.探索山水城市发展之路——以常熟市城市总体规划为例[J].城市规划,1997(2):30~32+47.

[41]巅峰智业.黄石国家公园管理模式综述[EB/OL].http://www.davost.com/peakedness/135729071681702112576053129080 21.html.

[42]董红梅.陕西秦岭北麓生态旅游可持续发展研究[J].安徽农业科学,2011(2):928~929+932.

[43]董鉴泓.中国城市建设史[M].北京:中国建筑工业出版社,2004.

[44]段进.城市空间发展论(第2版)[M].南京:江苏科学技术出版社,2006.

[45]方舟,周波.对历史建筑适应性再利用的思考[J].四川建筑科学研究,2010(6):216~220.

[46]弗得雷德里克·斯坦纳著,周年兴等译.生命的景观——景观规划的生态学途径[M].北京:中国建筑工业出版社,2004.4.

[47]傅礼铭,陈颖环.山水城市建设与城市林业[J].华中建筑,2000(3):18~19.

[48]傅礼铭."山水城市"研究[M].武汉:湖北科学技术出版社,2004.

[49]傅熹年.中国古代城市规划、建筑群布局及建筑设计方法研究(上)[M].北京:中国建筑工业出版社,2001.

[50]高吉喜.可持续发展理论探索——生态承载力理论、方法与应用[M].北京:中国环境科学出版社,2001:15.

[51]高斯·罗卡斯尔,孙凌波.适应性的再利用[J].世界建筑,2006(5):17~19.

[52]高雪玲.秦岭山地植被生态系统服务功能及其空间特征研究[D].西安:西北大学,2004.

[53]顾朝林,甄峰,张京祥.集聚与扩散——城市空间结构新论[M].南京:东南大学出版社,2001:4.

[54]顾朝林.气候变化与适应性城市规划[J].建设科技,2010(13):28~29.

[55]顾孟潮.论钱学森与山水城市和建筑科学[J].建筑学报,2000(7):12~13+74.

[56]关杰灵.关于广东中山市创建"山水城市"设想[J].华中建筑,2009(1):11~12.

[57]郭威.西安市发展秦岭北麓农业休闲观光旅游应注意的问题[J].西北建筑工程学院学报(自然科学版),2001(4):101~104.

[58]国家正式发布《关中—天水经济区发展规划》[EB/OL].http://news.xinhuanet.com/politics/2009~06/25/content_11601737.htm,2009~06~25.

[59]郝丽君,肖哲涛.乡村超市的选址和建筑设计研究[J].现代城市研究,2013(1):52~56.

[60]郝丽君.西安地区居住建筑地方风格与自然环境关系初探[D].西安:西安建筑科技大学,2006:11~14.

[61]何红.陕西秦岭区域旅游合作与发展对策研究[J].安徽农业科学,2011(12):7216~7219.

[62]何晓昕,罗隽.中国风水史(增补版)[M].北京:九州出版社,2008.

[63]和红星.感恩秦岭[Z].西安市秦岭生态环境保护管理委员会办公室,2012.

[64]和红星.西安於我2:规划里程[M].天津:天津大学出版社,2010.

[65]赫磊,宋彦,戴慎志.城市规划应对不确定性问题的范式研究[J].城市规划,2012(7):15~22.

[66]胡锦涛.坚定不移沿着中国特色社会主义道路前进为全面建成小康社会而奋斗——在中国共产党第十八次代表大会上的报告[N].人民日报,2012-11-08.

[67]黄光宇.山地城市学原理[M].北京:中国建筑工程出版社,2006.

[68]黄曦涛."3S"技术在秦岭生态环境保护领域的应用[J].安徽农业科学,2010(9):4707~4709.

[69]霍耀中,刘沛林.黄土高原村镇形态与大地景观[J].建筑学报,2005(12):42~44.

[70]蒋建军,冯普林.秦岭北麓水资源利用现状与生态景观维护[J].

人民黄河,2010(7):68~70.

[71]亢文选.陕西生态环境保护[M].西安:陕西人民出版社,2006.

[72]柯敏.北京浅山区土地利用潜力与利用模式研究[D].北京:清华大学,2010:3.

[73]孔庆蕊,孙虎.基于垂直地带性的秦岭旅游资源开发研究[J].江西农业学报,2009(12):197~199+202.

[74]李保印,张启翔."天人合一"哲学思想在中国园林中的体现[J].北京林业大学学报(社会科学版),2006(01):19~22.

[75]李海燕,李建伟,权东计.长安秦岭北麓发展带生态景观规划研究[J].云南地理环境研究,2005(05):64~67.

[76]李勤.秦岭北麓森林公园生态旅游绿色营销策略研究[J].陕西行政学院学报,2007(1):62~64.

[77]李印.关于发展秦岭终南山世界地质公园旅游的思考[J].西安财经学院学报,2012(2):89~93.

[78]李志明.转型期我国景观规划体系的建立[J].沈阳建筑大学学报(社会科学版),2011(02):142~145.

[79]联合国开发计划署.2002年《中国人类发展报告》[EB/OL].百度百科 http://baike.baidu.com/.

[80]廖方,徐宁.城市公共空间危机与适应性设计概念的发展[J].规划师,2008(10):77~80.

[81]刘珺.大秦岭绿色产业发展与优化战略[J].宝鸡文理学院学报(社会科学版),2012(6):92~95.

[82]刘康,马乃喜,胥艳玲,孙根年.秦岭山地生态环境保护与建设[J].生态学杂志,2004(3):157~160.

[83]刘堃,仝德,金珊等.韧性规划·区间控制·动态组织——深圳市弹性规划经验总结与方法提炼[J].规划师,2012(5):36~41.

[84]刘樯,张颀.弹性设计的理论与实践初探[J].新建筑,2005(4):54~56.

[85]刘欣.山区发展:法国策略对北京的启示[J].北京规划建设,2007(4):107~110.

[86]刘彦随.土地类型结构格局与山地生态设计[J].山地学报,1999(2):9~14.

[87]刘宇峰.陕西秦岭山地旅游资源评价及开发研究[D].西安:陕西师范大学,2008.

[88]刘志林,秦波.城市形态与低碳城市:研究进展与规划策略[J].国

际城市规划,2013(2):4~11.

[89]龙彬.风水与城市营建[M].南昌:江西科学技术出版社,2005.

[90]龙彬.中国古代山水城市营建思想研究[M].南昌:江西科学技术出版社,2003.

[91]罗佩,阎小培.高速增长下的适应性城市形态研究[J].城市问题,2006(4):27~31.

[92]麦克哈格.设计结合自然.北京:中国建筑工业出版社,1992.

[93]中国城市规划学会.生态文明视角下的城乡规划——2008中国城市规划年会论文集[C].中国城市规划学会,2008:7.

[94]孟兆祯.山水城市知行合一浅论[J].中国园林,2012(1):44~48.

[95]苗东升.系统科学大学讲稿[M].北京:中国人民大学出版社,2007:4~6.

[96]齐杰,王芳.秦岭北坡森林旅游产业发展的SWOT分析[J].安徽农业科学,2007(28):9074~9075.

[97]齐增湘.秦岭山系区域景观规划研究[D].长沙:湖南农业大学,2011.

[98]乔彦军,徐冬寅,杨敏等.秦岭北麓公路生态旅游景观开发研究[J].生态经济,2010(2):91~93.

[99]秦红岭.环境美学视野中的山水城市理念[J].北京建筑工程学院学报,2008(4):5~8+2.

[100]荣先林.生态修复技术在现代园林中的应用——以杭州经济技术开发区为例[D].杭州:浙江大学,2010,12.

[101]陕西嘉猷轩置业有限责任公司.西安院子[M].北京:中国建筑工业出版社,2009:34~36.

[102]尚书,陈宪章,谢亚红.秦岭植物在西安园林建设中的应用[J].中国园林,2012(7):80~82.

[103]深圳市规划和国土资源委员会.深圳市城市总体规划(2010—2020)[EB/OL]. http://www. szpl. gov. cn/xxgk/csgh/csztgh/201009/t20100929_60694. htm.

[104]沈海虹."集体选择"视野下的城市遗产保护研究[D].上海:同济大学,2006:225~272.

[105]沈茂英.山区聚落发展理论与实践研究[M].成都:巴蜀书社,2006.

[106]盛科荣,王海.城市规划的弹性工作方法研究[J].重庆建筑大学学报,2006(1):4~7.

[107]史斌,靳淑玫,张军.秦岭环南山户外运动的可持续发展研究[J].价值工程,2011(26):293~294.

[108]史念海.汉唐长安与关中平原[M].西安:陕西师范大学出版社,1999.

[109]搜狐焦点网.未来学家格雷厄姆:人类从 2015 年进入大休闲时代[EB/OL].http://dl.focus.cn/news/2012~06~08/2054971.html.

[110]泰秀.秦岭北麓休闲产业带的开发策略[J].西安工程大学学报,2010(3):344~351.

[111]汤黎明,李玲,黎子铭.西方历史建筑保护激励政策初析[J].价值工程,2012(28):103~105.

[112]汪德华.中国山水文化与城市规划[M].南京:东南大学出版社,2002.

[113]王铎,叶苹."山水城市"的经典要义——再论"山水城市的哲学思考"[J].华中建筑,2009(1):6~8.

[114]王富平,王登云,栗德祥等.基于复杂性科学的低碳生态城规划实践与探索[J].城市发展研究,2013(1):131~135.

[115]王景全.河南省 新型农村社区建设的特点与发展建议[J].城乡建设,2013(1):65~67.

[116]王军.中国古都建设与自然的变迁——长安、洛阳的兴衰[D].西安:西安建筑科技大学,2000.

[117]王克西,任燕,张月华.秦岭北麓环山带生态环境保护问题研究[J].西北大学学报(哲学社会科学版),2007(2):44~49.

[118]王克西.秦岭北麓环山带的生态保护与经济发展模式选择[J].人文地理,2007(2):23~26.

[119]王其亨.风水理论研究[M].天津:天津大学出版社,1992.

[120]王书转,肖玲,吴海平.秦岭北麓生态承载力定量评价研究[J].水土保持研究,2006(1):148~150.

[121]王书转."一线两带"建设中秦岭北麓生态环境保护与可持续发展研究[D].西安:陕西师范大学,2006:44.

[122]王树声.黄河晋陕沿岸历史城市人居环境营造研究[D].西安:西安建筑科技大学,2006.

[123]王涛.城市公园景观设计研究[D].西安:西安建筑科技大学,2003.

[124]王香鸽,孙虎.陕西秦岭北坡浅山地带生态环境保护研究[J].陕西师范大学学报(自然科学版),2003(3):120~124.

[125]王向荣,林箐.西方现代景观设计的理论与实践[M].北京:中国建筑工业出版社,2002.

[126]王宇,延军平.秦岭生态演变及其影响因素[J].西北大学学报(自然科学版),2011(1):163~169.

[127]王中德.西南山地城市公共空间规划设计适应性理论与方法研究[M].南京:东南大学出版社,2011.

[128]魏清泉,王冠贤.广州市构建山水城市的思考[J].生态经济,2002(12):77~80.

[129]温春阳,周永章.山水城市理念与规划建设——以肇庆市为例[J].规划师,2006(12):71~73.

[130]温艳.大秦岭生态示范区的构建[J].安徽农业科学,2011(23):14278~14280+14284.

[131]邬建国.景观生态学——格局、过程、尺度与等级(第二版)[M].北京:高等教育出版社,2001.

[132]吴磊.陕西秦岭山地生态脆弱性评价[D].西安:西北大学,2011.

[133]吴良镛."山水城市"与21世纪中国城市发展纵横谈——为山水城市讨论会写[J].建筑学报,1993(6):4~8.

[134]吴良镛.人居环境科学导论[M].北京:中国建筑工业出版社,2001.

[135]吴人韦,付喜娥."山水城市"的渊源及意义探究[J].中国园林,2009(6):39~44.

[136]吴伟.城市特色:历史文化名城与山水城市[M].上海:同济大学出版社,2009.

[137]吴晓娟,孙根年,孙建平.秦岭北坡森林公园游憩价值与生态因子关系分析[J].中国生态农业学报,2008(3):754~759.

[138]西安房地产信息网.秦岭山水洋房已售罄200㎡别墅闺中待嫁[EB/OL].http://investigate.800j.com.cn/xafcxxw/zx00zxzx/zx01lpdt/zx0107ca/zx010704gz/201002/t20100221_356213.htm.

[139]西安日报数字报刊.打造一座会说话的大山[EB/OL].http://epaper.xiancn.com/xarb/html/2012~09/03/content_141579.htm.

[140]西安市秦岭办官网.秦岭办主要职责[EB/OL].http://www.xaqlb.gov.cn/.

[141]西安市统计网.西安市统计局关于第五次全国人口普查主要数据公报[EB/OL].http://www.xatj.gov.cn/tjgb/sort013/2644.html.

[142]西蒙兹.景观设计学——场地规划与设计手册[M].北京:中国建

筑工业出版社,2000.

[143]肖笃宁,李秀珍等.景观生态学[M].北京:科学出版社,2010.

[144]肖玲,王书转,张健等.秦岭北麓主要河流的水质现状调查与评价[J].干旱区资源与环境,2008(1):74～78.

[145]肖哲涛,郝丽君,和红星.秦岭北麓沿线建筑风格探析——以西安院子为例[J].现代城市研究,2013(05):60～64.

[146]新浪陕西.西安秦岭北麓多个景区收入为何比不过云台山[EB/OL].http://sx.sina.com.cn/news/b/2012～09～03/054614608.html.

[147]刑忠.边缘效应与城市生态规划[J].城市规划,2001(5):44～49.

[148]徐坚,李英全,姜鹏.山地环境中廊道对人居格局及城镇体系的影响——以滇西北为例[J].城市问题,2008(8):18～22.

[149]徐坚.山地城市空间格局建构的生态适应性——以滇西地区为例[J].城市问题,2006(6):21～25.

[150]徐坚.山地城镇生态适应性城市设计[M].北京:中国建筑工业出版社,2008.

[151]许云.以人为本和谐发展——瑞士山地地区发展对海南新农村建设的启示[J].今日海南,2007(3):34～35.

[152]亚洲开发银行.迈向环境可持续的未来:中华人民共和国国家环境分析[EB/OL].http://www.adb.org/publications/toward-environmentally-sustainable-future-country-environmental-analysis-prc-zh.

[153]严艳,宋秀云.基于旅游消费偏好的秦岭北麓观光农业园发展研究[J].西安电子科技大学学报(社会科学版),2008(6):73～79.

[154]严艳,杨晓美.秦岭北麓农业旅游资源空间结构研究[J].西安电子科技大学学报(社会科学版),2008,75(4):106～113.

[155]严艳.秦岭北麓观光农业旅游资源开发研究[M].北京:中国社会科学出版社,2012.

[156]杨侃,史斌,刘长江.对秦岭环南山体育旅游经济圈的SWOT分析[J].体育世界(学术版),2010(12):117～118.

[157]杨柳.风水思想与古代山水城市营建研究[D].重庆:重庆大学,2005:15～16.

[158]杨松茂,任燕.秦岭北麓"峪口型地域"深层次开发研究[J].西北大学学报(哲学社会科学版),2009(5):55～59.

[159]杨小贞.河南新型农村社区建设面临的挑战及对策分析[J].沧桑,2012(3):122～124.

[160]杨晓美.区域农业观光旅游资源开发潜力评价体系理论构建与实践[D].西安:西北大学,2009.

[161]杨新军,李同升.秦岭国家级生态功能区生态旅游开发与保护[J].水土保持通报,2004(3):64~68.

[162]杨宇振.人居环境科学中的"区域综合研究"[J].重庆建筑大学学报,2009(83):5~8,22.

[163]姚凯.试论城市总体规划的战略适应性[J].城市规划汇刊,1999(2):31~35+81.

[164]叶苹,袁友胜,王铎.洛阳"山水城市"建设解析[J].城市发展研究,2008(3):54~58.

[165]佚名.赵乐际:把和谐共生理念融入城镇化全过程[J].领导决策信息,2012(36):7.

[166]佚名.自贡:从园林城市到山水城市[J].城市发展研究,1999(2):21~24.

[167]于希贤,于涌.中国古代风水的理论与实践——对中国古代风水理论的再认识[M].北京:光明日报出版社,2005.

[168]余新晓,牛健植等.景观生态学[M].北京:高等教育出版社,2006.

[169]余祖圣,赵捷.人居环境科学思想在城市规划体系中的应用[J].中外建筑,2011(10):58~59.

[170]俞孔坚,袁弘,李迪华等.北京市浅山区土地可持续利用的困境与出路[J].中国土地科学,2009(11):3~8+20.

[171]俞孔坚.景观生态战略点识别方法与理论地理学的表面模型[J].地理学报,1998(53):11~20.

[172]袁清.现代景观设计的美学发展[J].大众文艺(理论),2009(14):96~97.

[173]詹姆斯·E·万斯.延伸的城市——西方文明中的城市形态学[M].北京:中国建筑工业出版社,2008.

[174]张壁田,刘振亚.陕西民居[M].北京:中国建筑工业出版社,1993.

[175]张炳淳,付康康.《陕西省秦岭生态环境保护条例》之创新[J].环境保护,2008(16):19~21.

[176]张波,王芳.溶解公园规划理论与实践[C].规划创新:2010中国城市规划年会论文集.2010:1~6.

[177]张弓.中国古代城市设计山水限定因素考量——以承德、南京为

例[D].北京:清华大学,2006.

[178]张会心.秦岭的文化基因[J].国学,2011(12):6~23.

[179]张沛.中国城镇化的理论与实践——西部地区发展研究与探索[M].南京:东南大学出版社,2009.

[180]张庆顺,马跃峰,魏宏杨.山地人居环境设计的缘地策略研究[J].新建筑,2011(5):76~80.

[181]张彤.整体地区建筑[M].南京:东南大学出版社,2003:40.

[182]张文开.利用山水特色,重现福州山水城市[J].热带地理,1998(1):29~33.

[183]张险峰.英国国家规划政策指南——引导可持续发展的规划调控手段[J].城市规划,2006(6):48~53+64.

[184]张小明.秦岭北麓"农家乐"存在的问题及对策[J].新西部(下半月),2008(10):98~99.

[185]张晓慧,苟小东,王谊.陕西秦岭北坡森林公园总体规划初探[J].西北林学院学报,2002(1):80~83+90.

[186]张耀辉.山水城市格局的营造[D].西安:西安建筑科技大学,2011:19.

[187]张永禄.唐都长安[M].西安:三秦出版社,2010.

[188]张占仓,蔡建霞等.河南省新型城镇化战略实施中需要破解的难题及对策[J].河南科学,2012(6):777~782.

[189]张中华.陕南秦岭地区城乡统筹发展的适宜模式及实施措施研究[J].现代城市研究,2012(10):72~81.

[190]郑生民,井涌.秦岭山地水文生态功能的战略地位[J].中国水利,2006(15):56~58.

[191]职晓晓.长安区秦岭北麓生态旅游资源的开发与保护[J].陕西教育学院学报,2009(01):71~74+106.

[192]钟苗,荆万里.当前我国城市设计导则编制的适应性思考[J].华中建筑,2008(11):84~87.

[193]周建军.论新城市时代城市规划制度与管理创新[J].城市规划,2004(12):33~36.

[194]周涛.浅谈秦岭地区在创建生态示范省中的地位和作用[J].陕西环境,2001(2):9~11.

[195]周秀云.自然山水资源与山水城市——以诸暨城市建设为例[J].中国园林,2002(4):87~89.

[196]朱士光,吴宏岐.西安的历史变迁与发展[M].西安:西安出版

社,2003.

[197]左龄. 城市中的自适应性空间[J]. 规划师，2007(12):107～110.

[198] Richard T. T Forman. *URBAN REGIONS——Ecology and Planning Beyongd theCity*[M]. Cambridge University Press ,2008.

[199] F. Kaid Benfielde, JutkaTerris, Nancy Vorsanger. *Solving Sprawl Models of SmartGrowth in Communities Across America*[M]. Island Press, 2001.

[200]Peter Calthorpe,William Fulton. *The Regional City*[M]. Island Press, 2001.

[201] Yu Kongjian. *Ecological security patterns in landscape and GIS application* [J]. Geographic Information Sciences, 1995, 1(2):88～102.

[202]Junyan YANG, Yi SHI, Xin SUN. *New City Spaces Zoning Suitability Evaluation in Landscape Environment:Exploration of Nanjing Riverside New City*[J]. Dongnan Daxue Xuebao(ziran Kexue Ban)/journal of Southeast University(natural Science Edition),2012,42(6):1132～1138.

[203]Tomoaki TANAKA. *A Consideration on Process of Consultation and Coordination During Practice of Landscape Policies Focusing on Examples in Urban Landscape Committee of Fuchu City* [J]. Aij Journal of Technology and Design,2011,17(37):1013～1018.

[204]Alicia ACOSTA,M. Laura CARRANZA,Michela GIANCOLA. *Landscape Change and Ecosystem Classification in a Municipal District of a Small City(isernia, Central Italy)*[J]. Environmental Monitoring and Assessment,2005,108(1):323～335.

[205]Naoji MATSUMOTO,Kazuki IWAI,Tsunaki TAKAKITA, et al. *Townscape Improvement Cooperated By Residents, Administration and Specialists After Establishment of Landscape Plan-a Case Study of Honmachi Nakasendo District in Nakatsugawa City*[J]. Aij Journal of Technology and Design,2010,16(32):357～362.

[206]Fanhua KONG, Haiwei YIN, Nobukazu NAKAGOSHI. *Using Gis and Landscape Metrics in the Hedonic Price Modeling of the Amenity Value of Urban Green Space:a Case Study in Jinan City, China*[J]. Landscape and Urban Planning,2007,79(3):240～252.

[207]C. Y. JIM,Sophia S. CHEN. *Comprehensive Greenspace Planning Based on Landscape Ecology Principles in Compact Nanjing City,*

China[J]. Landscape and Urban Planning,2003,65(3):95~116.

[208] J. ZHANG, Y. JIANG, G. ZHAO, et al. *Example for the Vague Evaluation of City Landscape*[J]. Huazhong Jianzhu-Hj/huazhong Architecture,2001,19(1):18~21.

[209] A. L. VIRTUDES, F. ALMEIDA. *Landscape Urbanism for Sustainable Cities*[J]. International Journal for Housing Science and Its Applications,2011,35(3):185~194.

[210]Manfred KUHN. *Greenbelt and Green Heart: Separating and Integrating Landscapes in European City Regions* [J]. Landscape and Urban Planning, 2003, 64(1):19~27.

[211]Stephen DOBSON. *Historic Landscape Characterisation in the Urban Domain* [J]. Proceedings of the Institution of Civil Engineers: Urban Design and Planning, 2012, 165(1):11~19.

[212]Su~Ning XU,Jie ZHAO. *Study of the Urban Cultural Landscape Protection in Northeast China Under the Perspective of the Cultural Security*[J]. Journal of Harbin Institute of Technology(new Series), 2009,16(SUPPL. 2):89~92.

[213]Frederick STEINER. *Landscape Ecological Urbanism: Origins and Trajectories* [J]. Landscape and Urban Planning,2011,100(4):333~337.

[214]J. PENG,Y. WANG,M. YE, et al. *Effects of Land~use Categorization on Landscape Metrics: a Case Study in Urban Landscape of Shenzhen, China*[J]. International Journal of Remote Sensing,2007,28 (21):4877~4895.

后 记

　　秦岭,中华民族的父亲山,它的生态环境保护是每一个中华民族儿女义不容辞的任务。由于政治的、经济的、地缘的各种原因,加之城市的快速扩张,秦岭生态环境保护已经到了刻不容缓的时刻。生长于秦岭脚下的我,自认为很了解秦岭,但随着研究的展开,方才发现,面对秦岭生态环境的复杂系统,自己的研究仅是开始。虽如此,仍是十分感谢导师和红星教授能给予我研究秦岭的机会,使我收获了规划理论,锻炼了规划实践,更重要的是学会了如何做人做事。从选题、调研,到具体项目实践中的理论指导,再到研究结论生成,处处都凝结了和老师对秦岭问题的深邃见地和对课题写作的学术掌控。和老师严谨治学、诲人不倦、宽广包容的胸襟,在我心中如同秦岭般厚重,无以回报,唯有加倍努力,并在心中常念:谢谢您,和老师!

　　感谢西安建筑科技大学建筑学院的汤道烈教授、张沛教授、任云英教授、雷振东教授、王树声教授,西安市规划局的陈道麟副局长,中国建筑西北设计研究院有限公司的赵元超总建筑师,他们对研究的选题,写作中的框架梳理、创新点的提炼形成,均倾心指导,使我受益匪浅并惠及终生。感谢亦师亦友的西安建筑科技大学建筑学院王涛博士,王博士给予我许多中肯的意见和建议,使得枯燥的写作变得丰富多彩。

　　感谢秦岭生态保护规划及其相关子规划的所有项目组人员,感谢同门师兄弟吴淼、李保华、田涛、崔哲、闫飞、王云、杨军等,感谢同宿舍好友王艳安博士,感谢华北水利水电大学建筑学院的学院领导和同事对我的大力支持。

　　感谢我妻子郝丽君女士,妻子和我专业相近,成为了我研究的第一读者,多次提出有益意见和建议,促成了本书的顺利写作。

　　辞不达意的感谢,总会挂一漏万,在此表示歉意!

肖哲涛

2014 年 3 月于郑州